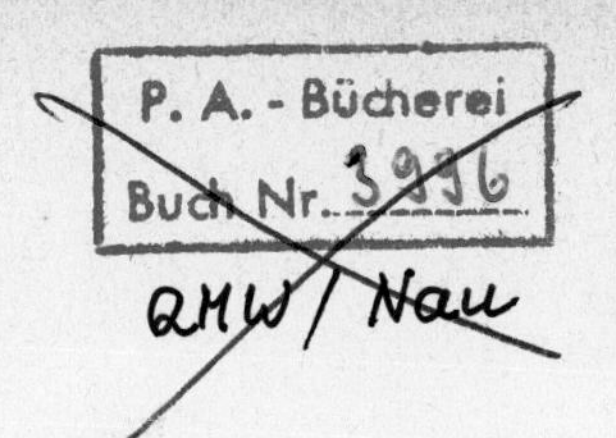

Martin Naumann

Meß- und Prüftechnik

Mit 214 Bildern

Vieweg · Braunschweig

Viewegs Fachbücher der Technik

Verlagsredaktion: *Alfred Schubert, Willy Ebert*

1974

Satz: Friedr. Vieweg & Sohn, Braunschweig
Druck: E. Hunold, Braunschweig
Buchbinder: W. Langelüddecke, Braunschweig
Printed in Germany

ISBN 3 528 04027 0

Vorwort

Im vorliegenden Werk werden nur die Längen-Prüf- und Längen-Meßtechnik für metallgewerbliche Berufe behandelt. Insbesondere ist das Buch für die Techniker der Sparte Fertigungs- und Entwicklungstechnik des Maschinenbaues und der Feinwerktechnik geschrieben worden.

Der Bildungsstoff soll den Unterricht an Fachschulen für Technik, aber auch an Berufs- und Berufsfachschulen ergänzen und auch dem Selbststudium dienen.

Außer der Längenmeßtechnik der industriellen Fertigung und Forschung sind die Meßverfahren für Winkel und Oberflächengüte sowie die neueren Prüfverfahren der Schichtdicke aufgeführt.

Im Bildquellennachweis sind die Firmen aufgezählt, die mir Bilder und sonstige Unterlagen für die Gestaltung des Buches zur Verfügung gestellt haben.

Hiermit danke ich allen Beteiligten für die wertvollen Anregungen und die Hilfe, ohne die dieses weite Feld der Längen-Prüf- und Längen-Meßtechnik von mir nicht in dieser Ausführlichkeit behandelt werden konnte.

Krefeld, August 1974 *M. Naumann*

Inhaltsverzeichnis

D. Interferenzkomparatoren

E. Elektrische Längenmeßgeräte

F. Das Messen von Winkeln

G. Prüfen der Oberfläche

H. Prüfen und Messen der Form

I. Prüfen des Gewindes

K. Messen an Zahnrädern

L. Das Messen dünner Schichten

M. Dickenmessung mit dem Durchstrahlungsmeßverfahren

Bildquellennachweis

Dolezalek, Meßzeuge und Meßanordnungen. Springer, Berlin 1965. Bilder A.12; C.25, 26, 28, 30, 34; K.2.

Fischer & Co. GmbH, Maichingen. Bilder L.8, 9, 10.

Feinprüf, Feinmeß und Prüfgeräte GmbH, Göttingen. Bild B.4.

Frieseke & Höpfner GmbH, Erlangen-Bruck. Bilder M.2, 3, 4, 5.

Hart, Radioaktive Isotope in der Betriebsmeßtechnik. VEB-Technik, Berlin 19. Bilder L.6, 7.

Haug, Elektronisches Messen mechanischer Größen. Hanser, München. Bilder L.2, 3.

Heidenhain, Dr. Johannes, Traunreut. Bilder C.39, 40, 41, 42; F.10, 11; H.9.

Hensoldt. H. & Söhne, Wetzlar. Bilder C.16, 17, 35, 36, 37, 38.

Hommel-Werke, GmbH, Mannheim-Käfertal. Bilder B.3, 4; G.3.

Johansson, C. E. Eskiltuna, Aktiebolag, Schweden. Bilder A.37, 38, 39, 49; B.11.

Jenaoptik, VEB, Jena. Bild C.20.

Lehmann, Leitfaden der Längenmeßtechnik, VEB-Technik, Berlin 1960. Bilder D.5; H.6, 8; I.16, 17.

Leineweber, Taschenbuch der Längenmeßtechnik, Springer, Berlin 1954. Bild K.15.

Leitz, Ernst GmbH, Wetzlar. Bilder C.2, 6, 10, 11, 22, 23, 24, 31, 32, 33; F.8, 9; K.7.

List, Dr. Magnetik, Oberaichen. Bild L.4.

Lorenz-Verzahntechnik GmbH & Co., Ettlingen, aus dem Handbuch für Konstruktion und Betrieb 1952/61. Bild K.12.

Maag-Zahnräder A.G., Zürich, Schweiz. Bilder K.6, 13, 14.

Mahr, Carl, Spezialfabrik für Lehren und Feinmeßgeräte, Esslingen. Bilder A.31, 35, 40, 47; C.44, 45, 46, 47, 48; E.1, 3; I.2, 4, 5, 6, 7, 9, 10, 11, 12, 14; K.3, 4, 8, 11.

Mauser-Meßzeuge GmbH, Oberndorf. Bilder F.5, 6; K.9.

Nieberding & Co. Neuss/Rhein. Bilder B.1, 4, 8b, 9a, 9b, 17, 18.

Perthen, Dr. GmbH, Hannover. Bilder G.6, 7.

Pflier, Elektrisches Messen mechanischer Größen. Springer, Berlin 1956. Bild L.1.

Rank Taylor Hobson, Stoughton street, Leicester/England. Bild G.8.

Schulz, Helmut, Die Pneumatik in der Längenmeßtechnik, Hanser, München 1967. Bilder B.6, 13.

Sheffield, Corporation The, Dayton 1, Ohio, Mass. USA. Bild B.2.

Société Genevoise d'Instruments de Physique, Genf/Schweiz. Bilder D.6, 7, 8; G.9, 10, 11.

Tesa S. A. Renens-VD/Schweiz. Bilder A.34; E.4, 5; F.7.

Zeiss, Carl, Oberkochen. Bilder C.8, 9, 12, 13, 14, 15, 18, 21; D.1, 2, 4; G.12, 13, 14; L.11, 12.

Literaturverzeichnis

Banhart, A.: Ebenheitsprüfung von Präzisionsflächen mit Planglasplatten. Werkstatt und Betrieb 4/1967.

DIN-Taschenbuch: Längenmeßtechnik Band 11. Beuth, Berlin W 15, 1963.

Dolezalek, C. M.: Meßzeuge und Meßanordnungen für die Fertigung. Springer, Berlin 1965.

Dubbel: Taschenbuch für Maschinenbau. Springer, Berlin 1953.

Gerling, H.: Längenprüftechnik in der Fertigung. Westermann, Braunschweig 1969.

Graf. A.: Meßtechnik für Maschinenbau und Feinwerktechnik. Hanser, München 1969.

Hart, H.: Radioaktive Isotope in der Betriebsmeßtechnik. VEB-Technik, Berlin 1962.

Haug, A.: Elektronisches Messen mechanischer Größen. Hanser, München 1969.

Heidenhain, Dr. *Johannes:* Präzisionsmaßstäbe. Werkdruckschriften Dr. Joh. Heidenhain, Traunreut.

Hodam, F.: Optik in der Längenmeßtechnik. VEB-Technik, Berlin 1966.

Kolb, K. und *Kolb, W.:* Grobstrukturprüfung mit Röntgen- und Gammastrahlen. Vieweg, Braunschweig 1970.

Lehmann, R.: Leitfaden der Längenmeßtechnik. VEB-Technik, Berlin 1965.

Lorenz GmbH & Co.: Verzahnungswerkzeuge, Ein Handbuch für Konstruktion und Betrieb. Werkdruckschrift der Verzahntechnik Lorenz & Co., Ettlingen 1961.

Martin, P.: Die Grundlagen der Metrologie. Werkdruckschrift: Société Genevoise d'Instruments de Physique, Genf 1969.

Merz, L.: Grundkurs der Meßtechnik, Teil I und II. Oldenbourg, München 1968.

Müller, W.: Galvanische Schichten und ihre Prüfung. Vieweg, Braunschweig 1972.

Pflier, P. M.: Elektrische Messung mechanischer Größen, Springer, Berlin 1956.

Philips: Taschenbuch für die elektronische Meßtechnik. Franzis, München 1965.

Rohrbach, Ch.: Handbuch für elektrisches Messen mechanischer Größen. VDI-Verlag, Düsseldorf 1967.

Schulz, H.: Die Pneumatik in der Längenmeßtechnik. Hanser, München 1967.

A. Längenprüftechnik

1. Allgemeines

Eine wirtschaftliche Fertigung stützt sich nicht nur auf geeignete Verfahren der Formung, sie muß auch durch das Prüfen der geforderten Beschaffenheit der Werkstücke ergänzt werden. In der Regel enthalten Zeichnungen alle Angaben, die dem Werkstück seine Längenmaße, Oberflächengüte und die geometrische Form zuordnen.

Die Maßhaltigkeit wird durch das Messen festgestellt.

Häufig ist die Lage des Werkzeuges zum Werkstück oder zur Hauptspindel der Werkzeugmaschine einzustellen, damit der nachfolgende Zerspanvorgang die geforderte Maßhaltigkeit ergibt. Auch dieses Positionieren erfolgt durch einen Meßvorgang, der aber vor der eigentlichen Formgebung stattfindet.

Das Prüfen der Oberflächengüte und der geometrischen Form geschieht stets nach der Formgebung mit Geräten, die ebenfalls zur Längenprüftechnik gehören.

2. Grundbegriffe

Prüfen. Prüfen heißt feststellen, ob ein Prüfgegenstand die geforderten Maße hat und der geometrischen Form entspricht.

Messen. Zahlenmäßiges Vergleichen eines Meßgegenstandes mit einem Meßgerät, das ein anzeigendes Meßgerät oder eine Maßverkörperung sein kann. Das Ergebnis des Messens ist das *Istmaß*.

Lehren. Lehren heißt, einen Prüfgegenstand mit einer Lehre vergleichen. Die Lehre ist eine Maß- und/oder Formverkörperung. Das Ergebnis des Lehrens ist ein Urteil, also kein Zahlenwert. Eine Lehre ist das Gegenstück zum Prüfgegenstand.

Positionieren. Messen an einer Werkzeugmaschine, um eine gewollte Eigenschaft des Meßgegenstandes zu erreichen.

Einmessen, Kalibrieren. Einmessen heißt, Ermitteln der vorhandenen Abweichungen eines Meßgerätes vom Sollwert. Dem Sinne nach ist das Einmessen ein Kontrollieren.

Einstellen. Einstellen heißt, ein Prüfmittel mit einer Maßverkörperung (Endmaß oder Stahl- oder Glasmaßstab) auf ein gefordertes Maß einstellen. Häufig wird dabei eine Null-Anzeige angestrebt, dann handelt es sich um eine Null-Einstellung.

Justieren. Justieren heißt, ein Prüfmittel so abgleichen, daß die Fehlergrenzen eingehalten werden. Dies gilt analog auch für Ist- und Sollmaß.

Meßwert. Der Meßwert ist ein Zahlenwert der Meßgröße, ergänzt durch die Maßeinheit.

Maßzahl + Maßeinheit = Meßwert

z. B. 20 mm.

Meßergebnis. Zwischen dem Meßwert und dem Meßergebnis besteht ein Unterschied. Der Meßwert wird auf einer Skale mit einem Zeiger oder einem Indexstrich abgelesen. Im Meßergebnis steckt außerdem eine kritische Beurteilung des Meßgerätes und des Meßverfahrens. So ist das Meßergebnis durch die Angabe der Meßunsicherheit vervollkommnet.

Meßwert + Meßunsicherheit = Meßergebnis

z. B. $20 \pm 0{,}001$ mm.

Analoge Meßwerte ergeben Meßgeräte mit Zeigern. Der Winkelausschlag des Zeigers ist analog der Meßgröße. Z. B. die Uhrzeit läßt sich aus der Winkelstellung der beiden Zeiger erkennen.

Digitale Meßwerte liest man von Meßwerken ab, die Zahlen in Fenstern zeigen, z. B. bei Zählwerken, wie sie beim Kilowattstundenzähler üblich sind.

3. Maßeinheit der Länge

Als Längenmaßeinheit ist das Meter gesetzlich festgelegt. Der Zoll, als 25,4 mm definiert, ist nur noch in angelsächsischen Ländern eingeführt.

Das Meter ist unterteilt:

$$1\ \text{m} = 10\ \text{dm} = 100\ \text{cm} = 1000\ \text{mm}$$
$$1\ \text{mm} = 1000\ \mu\text{m}$$
$$1\ \mu\text{m} = 10^{-6}\ \text{m}$$

Die heute noch gültige Definition des Meters wurde auf der 11. Generalkonferenz der Meterkonvention beschlossen. Seit dem Jahre 1960 ist das Meter das 1 650 763,73-fache der Wellenlänge der von den Atomen des Nuklids ^{86}Kr beim Übergang vom Zustand 5 d_5 zum Zustand 2 p_{10} ausgesandten, sich im Vakuum ausbreitenden Strahlung. Damit ist eine Entwicklung beendet, die über den 40-millionsten Teil des Erdmeridians, dargestellt durch das Urmeter in Sèvres bei Paris, ihren Anfang nahm. Jetzt tritt anstelle dieses Strichmaßes bei 0 °C eine *Naturkonstante,* die den Vorzug hat, jederzeit reproduzierbar zu sein.

In der Praxis sind jedoch die vom Schweden Johansson vorgeschlagenen Parallelendmaße als Normal gültig. Für die Prüfung dieser Endmaße gibt es Interferenz-Komparatoren, die mit Hilfe von Lichtwellenlängen die Fehler der Endmaße feststellen.

4. Meßfehler

Jedes Meßergebnis wird verfälscht durch:

a) Unvollkommenheit der Meßmethode, der Meßeinrichtung und der Maßverkörperung,
b) Umwelteinflüsse und subjektive Unzulänglichkeiten der Beobachter.

Man unterscheidet *systematische* und *zufällige* Meßfehler.

Systematische Meßfehler. Zu ihnen gehören:

a) Teilungsfehler in Getrieben von Meßuhren,
b) Steigungsfehler bei Gewindenormalen von Meßschrauben,
c) Abweichungen von der Bezugstemperatur,
d) Einflüsse der Meßkraft, die Abplattungen an Meßflächen und Durchbiegungen an Meßständern und Meßbügeln verursachen.

Sie können durch Wiederholungen der Messungen nicht verkleinert werden. Aber nicht alle systematischen Fehler lassen sich exakt erfassen, man behandelt sie dann wie zufällige Fehler.

Zufällige Meßfehler nennt man solche Fehler, die unter gleichen Bedingungen nicht stets die gleiche Größe haben. Die Meßwerte schwanken nach Vorzeichen und Betrag. Die Meßfehler sind dann nicht einzeln bestimmbar, da ihre Ursache unerfaßbar bleibt. Zu ihnen zählen unter anderem:

a) Ablesefehler durch falsches Schätzen der Teilungsabstände,
b) unterschiedliche Reibungswiderstände in Führungen und Lagerungen,
c) Verlagerungen der Wellen und Zapfen durch Lagerspiel und Zahnflankenspiel.

Zufällige Fehler können durch statistische Mittel (Meßreihen) eingekreist und ihre Auswirkungen auf das Meßergebnis verkleinert werden. Die Meßwerte sind daher *unsicher*. Ein Maß für die Größe der zufälligen Meßfehler ist die *Standardabweichung*, mit der die *Reproduzierbarkeit* (Güte) des Meßgerätes näher gekennzeichnet wird.

a) Einfluß der Temperatur bei Längenmessungen

Eine der häufigsten Fehlerursachen ist die Wärmedehnung, die zwar zu den beherrschbaren Fehlern gehört, aber in der Praxis nicht immer auszugleichen ist. Die Handwärme ist eine zufällige Wärmequelle, die nicht immer erkannt wird. Als Faustregel gilt:

> Ein 100 mm langer Meßgegenstand mit beliebigem Querschnitt ändert bei einem Temperaturunterschied von nur einem Grad Celsius seine Länge um ein Mikrometer.

Zur Übersicht folgt eine Liste der Längenänderungen von einigen Werkstoffen bei Temperaturänderungen von 5 °C für die Länge von 100 mm in Mikrometern:

Stahl	Hartmetall	Grauguß	Invar	Glas	Quarz	Bakelit	Hartgummi
6	3	5	0,8	5	0,3	11	38

b) Abplattungen an Meßflächen

Die Übertragung der Meßkraft erfolgt mit Tastbolzen, die mit ihrer Stirnfläche den Meßgegenstand berühren. Die Meßkörper, meist Stahlkugeln, platten sich unter der Meßkraft ab. Bei der häufigen Paarung Kugel-Ebene gibt die Hertzsche Formel die Längenänderung „l" an:

$$l = 0{,}019 \sqrt[3]{\frac{F^2}{d}}\ [\mathrm{mm}]$$

F Meßkraft in daN
d Kugeldurchmesser in mm

Einige Beispiele geben die Größenordnung des Fehlers an:

$F = 2{,}5$ N ≙ 0,5 μm
$F = 5$ N ≙ 1,0 μm — gültig für 2 mm Kugeldurchmesser
$F = 10$ N ≙ 2,0 μm

Daraus ergibt sich, daß der Abplattung kein zu großer Wert beizumessen ist, falls die Meßkraft unter 2,5 N bleibt.

c) Durchbiegung von Meßständern und Bügeln

Die Meßständer oder -stative für Feinzeiger biegen sich durch die Meßkraft elastisch auf. Diese Aufbiegung ist von dem Säulendurchmesser und der Länge des Kragarmes abhängig, der das Meßgerät aufnimmt.

Als Beispiel seien folgende Meßständer aufgezählt:

Meßkraft $F = 0{,}5$ N, Kraglänge = 100 mm

Durchmesser der Säule in mm	Durchbiegung in μm
10	10
20	0,8
30	0,2

Aus diesen Werten der Aufbiegung ist ersichtlich, daß die üblichen Meßuhrständer für Feinmessungen mit Feinzeigern ungeeignet sind.

d) Einflüsse der Reibung

Zufällige Fehler sind auf die Einflüsse der Reibung zurückzuführen. Ihre Wirkungen sollen in zwei Richtungen behandelt werden.

Verschleiß durch Gleitreibung. Zwischen den Werkstoffen des Meßgerätes und des Meßgegenstandes besteht meist kein Unterschied, beide sind üblicherweise aus gehärtetem Stahl gefertigt. Dieses Werkstoffpaar neigt zum Kaltschweißen (Fressen) der aufeinander trocken gleitenden Oberflächen. Die hohe Flächenpressung begünstigt die Abnutzung oder Schädigung der Meßflächen, da der aufgeschraubte Meßeinsatz mit seiner Stahlkugel auf dem Meßgegenstand reibend gleitet. Abhilfe für den raschen Verschleiß schaffen folgende Maßnahmen, in der Reihenfolge ihrer Wirksamkeit genannt:

1. Hartmetell-bestückte Meßflächen oder -Kugeln,
2. hartverschromte Meßflächen,
3. nichtmetallische Paarung bei Punktberührung durch Rubine, Saphire und Diamanten.

Obwohl das berührungslose Antasten keinen Verschleiß oder Beschädigung der Oberflächen verursacht, ist zumindest an Werkzeugmaschinen das Messen mit mechanischer Antastung nötig, um den Öl- und Kühlflüssigkeitsfilm sicher durchbrechen zu können.

Reibung als Verschiebwiderstand. Bei der trockenen Gleitreibung sind zwei Zustände zu unterscheiden. Die Reibung der Bewegung (Gleitreibung) und die der Ruhe (Haftreibung). Liegt langsames Gleiten (Kriechen) vor, wechselt die Größe des Reibbeiwertes periodisch und es entsteht eine ruckweise, anstelle einer gleichförmigen Bewegung. Diese Erscheinung heißt „*Stick*-slip-Effekt", einen passenden deutschen Begriff gibt es nicht. Dieser Effekt ist die Ursache der als unangenehm empfundenen Quietschgeräusche, wie sie jeder von der Türangel her kennt, oder als angenehmer Ton beim Anstreichen der Geigensaite mit dem Geigenbogen. Jedes Metallbarometer zeigt den störenden Einfluß bei der Anzeige. Der Zeiger springt erst nach einem Erschüttern, z. B. durch Klopfen mit dem Finger, in die richtige Stellung. Die höhere Haftreibung gegenüber der Gleitreibung verhindert ein selbsttätiges Einspielen des Zeigers.

Eine erhöhte Normalkraft schafft niemals Abhilfe des Stick-slip-Effektes auf die Reibflächen, sondern eher ein Verringern der Meßkraft. Die Zugabe von Schmiermitteln hat nur zeitlich begrenzte Wirkung. Mit Öl benetzte Flächen verschmutzen rascher, so daß diese Maßnahme abzulehnen ist. Die wirksamste Abhilfe schafft die Rollreibung, da sie den Verschiebewiderstand beträchtlich verkleinert und noch dazu keiner Schmierung, also auch keiner Wartung, bedarf. Jede Art der Schmierung erhöht sogar die Reibung bei sich abwälzenden Körpern. Reibungs- und verschleißfrei sind nur Federbandgelenke.

e) Hebelverlagerungen

Feinzeiger und Fühlhebelmeßgeräte (Meßuhren mit schwenkbarem Meßbolzen) übertragen die Meßgröße auf den Zeiger über den Meßbolzen mit ein- oder mehrfacher Hebelübersetzung. Mit der Größe des Winkelausschlages verändert sich die wirksame Hebelarmlänge (Bild A.1) und damit auch die Übersetzung. Durch einen Korrekturfaktor k läßt sich die Anzeige wieder richtigstellen. Das folgt aus der Beziehung:

$$\cos\varphi = \frac{k}{r} \quad \text{somit} \quad k = r \cdot \cos\varphi.$$

Mit anderen Worten: Der Einfluß des Winkels φ (zwischen Meßbolzen und Meßfläche, siehe Bild A.1) wird durch den Faktor k ausgeglichen, wenn der abgelesene Meßwert mit dem Cosinuswert des Winkels φ multipliziert wird.

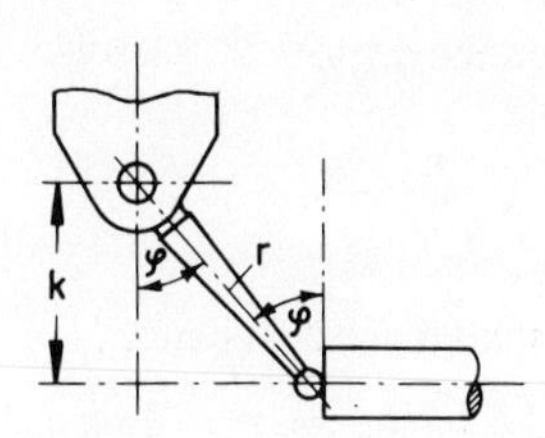

Bild A.1
Antastwinkel φ am Meßbolzen des Fühlhebelmeßgerätes

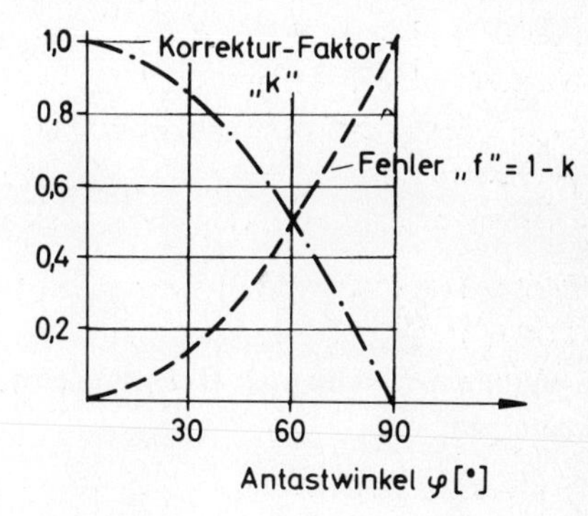

Bild A.2
Korrekturfaktor und Fehler über dem Winkel φ

Der Fehler f ergibt sich aus der Differenz: $f = 1 - k$. Der Verlauf des Faktors k und des Fehlers f ist im Bild A.2 dargestellt.

Ein systematischer Fehler entsteht auch durch die Hebel- oder Zeigerverlagerung, die durch das notwendige Spiel zwischen der Zeigerwelle und der Lagerbuchse verursacht wird (Bild A.3). Jeder Zeiger ist ein Hebel, der um das Maß des Lagerspiels pendeln kann und deshalb auf der darunterliegenden Skale keine eindeutig definierte Anzeige ergibt. Der Verlauf des Meßfehlers f ergibt sich aus der Funktion:

$$\frac{f}{s} = \frac{a + b}{a},$$

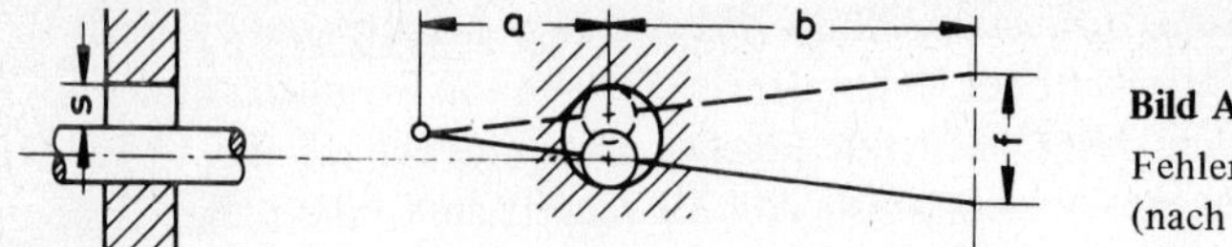

Bild A.3
Fehler f infolge Lagerspiels (nach *Leinweber*)

daraus folgt:

$$f = s\left(1 + \frac{b}{a}\right)$$

Diese Funktion ergibt eine Gerade mit der Steigung $1 + \frac{b}{a}$, so daß ein proportionales Verhalten zwischen dem Lagerspiel und dem Meßfehler vorhanden ist.

Bei der Übertragung der Meßgröße durch Hebel benutzt man häufig Schneiden, die in Pfannen abwälzen können. Eine Abart dieser Lagerung mit Rollreibung verwendet ebene Pfannen, auf denen gehärtete Stahlkugeln abwälzen (Bild A.4). Auch hier entsteht ein Fehler, der nach der folgenden Funktion anwächst.

$$\tan\varphi = \frac{a}{r}\text{ , folglich }\ a = r\tan\varphi$$

$$\sin\varphi = \frac{f}{a}$$

$$\sin\varphi = \frac{f}{r\tan\varphi}\text{ , somit}$$

$$f = r\sin\varphi\tan\varphi\,(\sin\varphi = \tan\varphi \text{ für kleine Winkel})$$

also

$$f = r\sin^2\varphi\,.$$

Das ergibt einen Fehler der II. Ordnung, der bei kleinen Hebelwinkeln vernachlässigt werden kann.

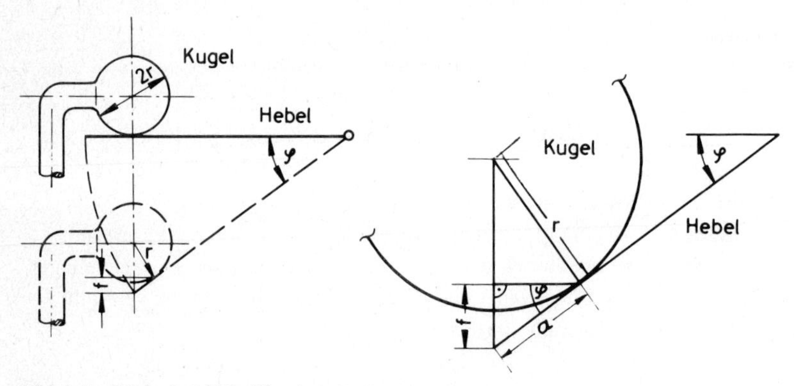

Bild A.4. Fehler bei Hebelübertragung

f) Führungsfehler und Komparatorgrundsatz von Abbe (1890)

Der Mitbegründer der Zeiss-Werke, *Abbe,* hat schon 1890 einen Grundsatz geprägt, der für die gesamte Längenmeßtechnik von so großer Bedeutung ist, daß hier eine ausführliche Behandlung nötig erscheint.

Als Komparator bezeichnet man ein Längenmeßgerät, das mit der denkbar höchsten Sicherheit (Genauigkeit) erdacht und auch ausgeführt worden ist. Solch ein Komparator vergleicht nur solche Meßgegenstände mit einem Normal, die nur die geringstmöglichen Maß- und Formabweichungen zulassen. Es sind also Meßmaschinen, die nur zum Prüfen von Maßverkörperungen, wie Parallelendmaßen, Stahl- und Glasmeßstäben, in klimatisierten Meßräumen verwendet werden.

Der von *Abbe* aufgestellte Grundsatz lautet:

> *Normal und Meßgegenstand sollen hintereinander in gleicher Fluchtlinie und* nicht *nebeneinander (parallele Anordnung von Normal und Meßgegenstand) liegen.*

Die fluchtend hintereinander liegende Anordnung von Normal und Meßgegenstand ist deshalb so bemerkenswert, weil üblicherweise das Quervergleichen bei Längenmessungen als selbstverständlich und natürlich gilt. Bild A.5 zeigt als Beispiel das parallele Nebeneinanderstellen von Meßgegenstand und Normal. Dann werden die Stirnseiten anvisiert, um die zu kurzen oder zu langen Werkstücke sortieren zu können. Diese Anordnung des Quervergleichens ist auch bei der Schieblehre verwirklicht (Bild A.6). Das Kippen des Meßschenkels um den Winkel φ erfolgt durch das Spiel in der Geradführung, das für eine leichte Beweglichkeit sorgt, damit eine definierte Meßkraft zum Antasten zur Verfügung steht. Dieses Kippen führt zu einem Fehler I. Ordnung; er ist so bedeutend, daß er nicht vernachlässigt werden sollte. Die Kennlinie dieses Fehlers zeigt die Kurve f_I des Bildes A.7 und leitet sich durch die Funktion

$$f_I = S \tan\varphi$$

ab.

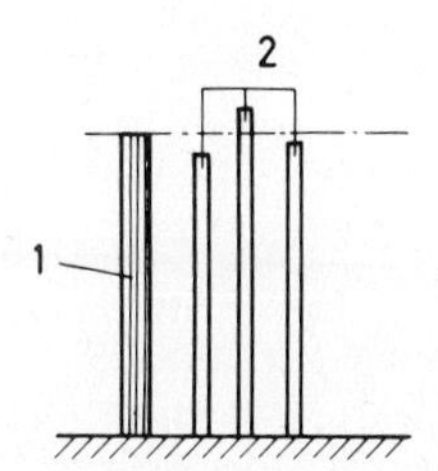

Bild A.5. Meßanordnung: Normal parallel zum Meßgegenstand
1 Normal, 2 Werkstücke

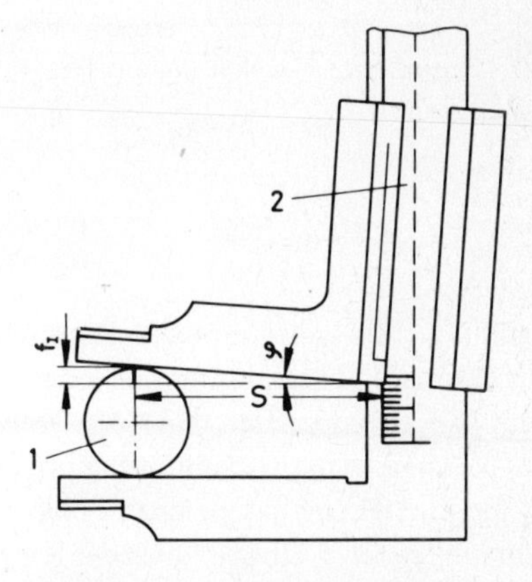

Bild A.6. Kippen der Schieblehre
1 Meßgegenstand, 2 Normal, φ Kippwinkel, S Abstand: Normal–Meßgegenstand, f_I Fehler I. Ordnung

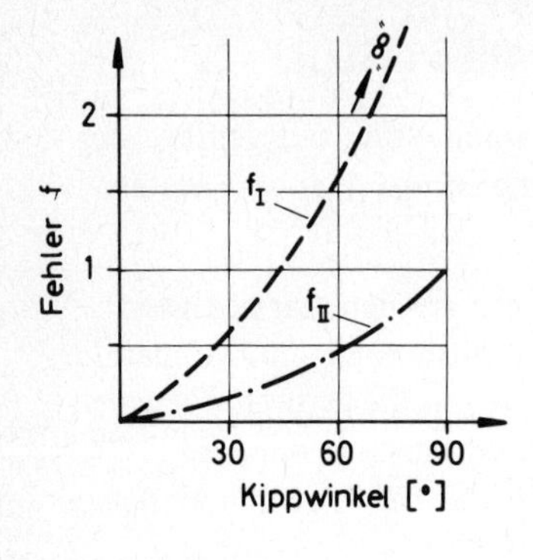

Bild A.7
Fehlergröße der Fehler I. und II. Ordnung über dem Kippwinkel φ

f_I Fehler I. Ordnung Quervergleicher

f_{II} Fehler II. Ordnung Längsvergleicher

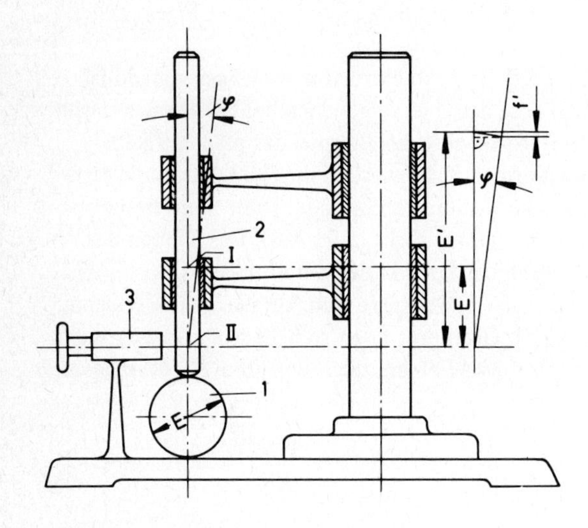

Bild A.8
Komparator nach Abbe

1 Meßgegenstand,
2 Normal,
3 Ablesemikroskop,
E Durchmesser (Meßgröße),
φ Kippwinkel,
f' Fehler bezogen auf E', E' vergrößerte Meßgröße, I Anfangsstellung, II Endstellung

$$\cos\varphi = \frac{E' - f'}{E'} \qquad E' - f' = \cos\varphi \, E'$$

$$f_{II} = E - E \cos\varphi \qquad f_{II} = E\,(1 - \cos\varphi)$$

Erfüllt die Meßanordnung den Komparatorgrundsatz, so liegen der Meßgegenstand und das Normal fluchtend hintereinander, wie es das Bild A.8 zeigt. Dieses Schema gleicht dem Längenvergleicher, den *Abbe* entworfen hatte. Hierbei entsteht durch das Kippen des Normals in der Geradführung um den Winkel φ ein Fehler II. Ordnung. Im Bild A.9 ist die Entstehung des gleichen Fehlers durch das Verbiegen des Meßbügels einer Meßschraube gezeigt. Obwohl hier der Kippwinkel φ besonders stark vergrößert erscheint, ist die geringe Entwicklung des Fehlers eindrucksvoll zu erkennen. Der Fehler folgt der Funktion:

$$f_{II} = E\,(1 - \cos\varphi)\,.$$

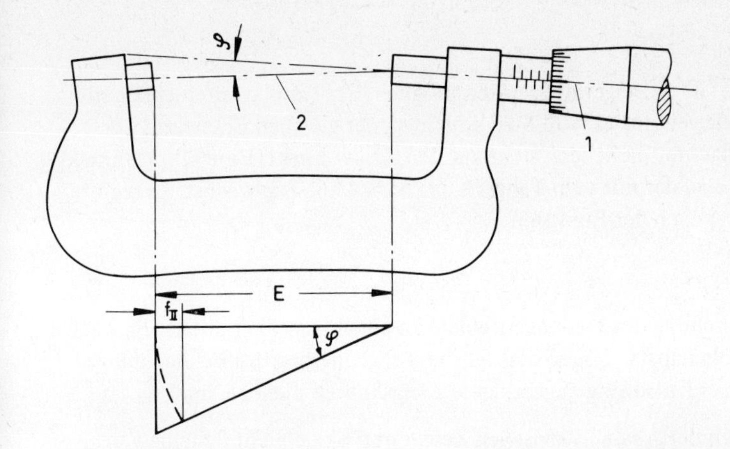

Bild A.9
Entstehung des Meßfehlers II. Ordnung bei der Anordnung: Normal fluchtend hinter dem Werkstück
1 Normal
2 Werkstück E
$f = E - E \cos\varphi$
$f = E\,(1 - \cos\varphi)$

Die dazugehörige Fehlerkurve über dem Kippwinkel φ ist im Bild A.7 zu sehen. Ein Fehler II. Ordnung kann in der Praxis bedenkenlos vernachlässigt werden.

Gegen das Komparatorprinzip *verstoßen:*
Höhenreißer,
Schieblehre,
Positionieren an Werkzeugmaschinen
Gewindeschneiden mit der Leitspindel (Bild A.10),

Das Komparatorprinzip *erfüllen:*
Bügelmeßschraube,
Längenmeßmaschine,
Tiefenmeßeinrichtung an der Schieblehre,
Gewindeschneiden mit Patronen (Kurzgewinde) (Bild A.10),
Meßuhr und Feinzeiger.

In der Gegenüberstellung des Bildes A.10 ist der zweimalige Verstoß gegen das Komparatorprinzip auf der linken Bildseite zu erkennen, da der Schlitten mit Werkzeug horizontal und vertikal infolge der Schnittkraft mit den beiden Abständen S_1 und S_2 kippen kann. Bei dem Schneiden von Gewinden mit der Patroneneinrichtung kommt deutlich der Nachteil der fluchtend hintereinander liegenden Anordnung von Normal und Meßgegenstand heraus, da diese Anordnung mindestens die doppelte Länge des Meßgegenstandes erfordert.

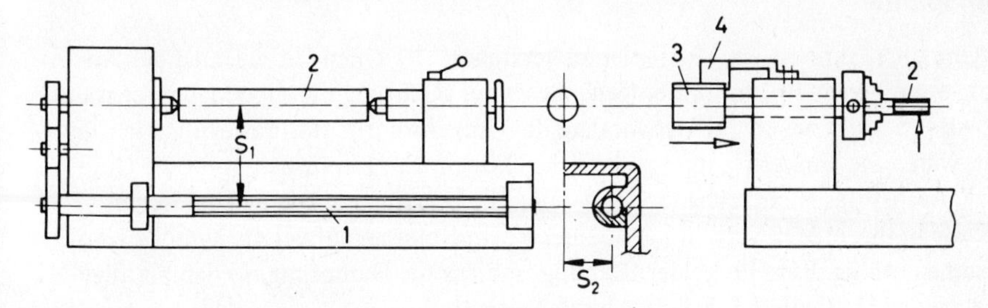

Bild A.10. Gewindeschneiden auf der Drehmaschine
a) mit 1 Leitspindel, 2 Werkstück
Fehler: I. Ordnung
b) mit 3 Gewindepatrone, 4 Mutternsegment
Fehler: II. Ordnung

g) Parallaxenfehler

Ein weiterer Fehler ist bei allen Zeigermeßgeräten möglich, der Parallaxenfehler. Er entsteht, wenn der Zeiger oder ein fester Null-Strich nicht in der gleichen Ebene mit der Skale liegt, und der Beobachter nicht senkrecht auf den Zeiger blickt. Eine schräge Blickrichtung löst den Fehler aus, der mit dem Tangens des Blickwinkels φ wächst. Es ergibt sich ein Fehler I. Ordnung nach der Funktion:

$$f_I = S \tan\varphi .$$

Im Bild A.11 ist die Entstehung des Parallaxenfehlers an einem Lineal erläutert. Er wächst proportional mit dem Höhenabstand S, so daß für die Verkleinerung des Fehlers dünne Maßstäbe, aber noch besser keilförmig zugeschärfte Längskanten dienlich sind.

Bei Zeigergeräten läßt sich der Abstand zwischen Zeiger und Skale nicht beliebig verringern, doch ist hierbei Abhilfe durch eine Spiegelskale möglich. Mit dieser Anordnung zwingt man den Beobachter in eine senkrechte Blickrichtung, die dann erreicht ist, wenn sich der Zeiger mit seinem Spiegelbild deckt. Den gleichen Zweck erreicht man mit einer montierten Lupen- oder Mikroskopbeobachtung des Ablesebildes.

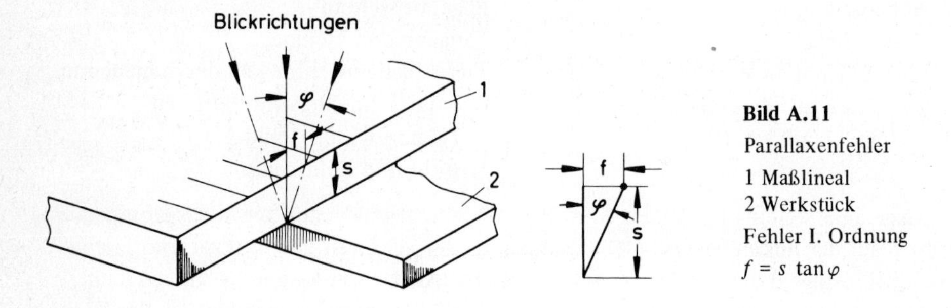

Bild A.11
Parallaxenfehler
1 Maßlineal
2 Werkstück
Fehler I. Ordnung
$f = s \tan\varphi$

h) Umkehrspanne

Unter der Umkehrspanne ist ein Meßfehler zu verstehen, der einen Unterschied der Anzeige ergibt, wenn zweimal, aber mit entgegengesetzter Richtung derselbe Meßgegenstand angetastet wird. Sobald bei einem Meßvorgang die Umkehr der Antastbewegungsrichtung möglich ist, wäre eine Umkehrspanne zu berücksichtigen. Ein Kennzeichen für die Güte eines Meßgerätes ist das Nichtvorhandensein einer Umkehrspanne. Die mechanischen Meßgeräte, die in ihrem Meßwerk in irgendeiner Form Reibung aufweisen, sind für eine Umkehrspanne anfällig. Eine Folge der Reibung ist auch die Dämpfung, so daß als allgemeine Ursache des Meßfehlers folgende Aufzählung gilt:

a) Hebel und Zahnräder mit Zapfenlagerungen (siehe auch Hebelverlagerungen),
b) Gewindespindeln mit Muttern (Axialluft durch Flankenspiel im Gewinde),
c) veränderliche Verspannungen und Verbiegungen von Übertragungsgliedern durch veränderliche Rückstellfederkräfte (also keine Meßkraftkonstanz).

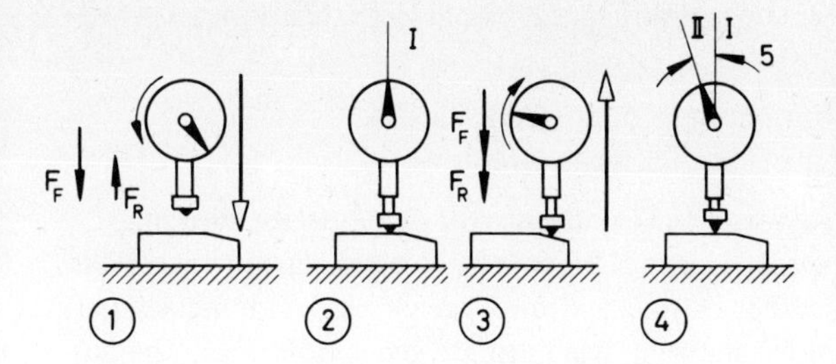

Bild A.12
Darstellung der Umkehrspanne bei der Meßuhr
1 Meßkraft = $F_F - F_R$
3 Meßkraft = $F_F + F_R$, F_F Federkraft, F_R Reibungskraft
5 Umkehrspanne

Im Bild A.12 wird das Feststellen der Umkehrspanne bei einer Meßuhr veranschaulicht. Einmal addiert sich die Reibkraft (die stets der Bewegung entgegengesetzt gerichtet ist) mit der Rückstellfederkraft, wenn der Tastbolzen eingefahren wird, und zum anderen subtrahieren sich die beiden Kräfte beim Ausfahren des Tastbolzens in die Meßuhr. Der geringe Unterschied der Meßkräfte (1 und 3) ruft Verlagerungen und Verbiegungen hervor, die durch eine entsprechende Differenz der Anzeige sichtbar werden. (Bei den neuzeitlichen Meßuhren und Feinzeigern ist die Umkehrspanne nur geringfügig und nicht so einfach nachzuweisen.)

Wesentlich größer kann bei Meßschrauben die Umkehrspanne werden, wenn durch Verschleiß das Flankenspiel der Meßspindel gewachsen ist. Noch größere Werte erreicht die Umkehrspanne bei Meßwerken mit Biege- oder Torsionsfedern, die auf dem Federwege durch Gleitreibung gedämpft werden. Hier soll noch einmal an das Beispiel des Dosenbarometers erinnert werden, das sich erst nach Erschütterungen von der Haftreibung befreien kann.

Der Meßtechniker vermeidet grundsätzlich den durch die Umkehrspanne möglichen Meßfehler, indem er stets nur in *einer* Richtung den Meßgegenstand antastet.

Beispiele:

a) Meßuhr und Feinzeiger: Tastbolzen anheben und stoßfrei ansetzen. Rundlaufprüfungen: Meßgegenstand in Position schwenken und durch Aufsetzen den Meßwert ablesen.
b) Meßschraube: Meßspindel immer nur im Uhrzeigersinne drehend an den Meßgegenstand antasten (gilt nur für Außenmessungen; bei Innenmessungen mit Innenmeßschrauben wäre die entgegengesetzte Drehrichtung zu wählen).

5. Das Lehren und der Taylorsche Grundsatz

Für das Lehren hat *W. Taylor* einen Grundsatz aufgestellt, der bei Grenzlehren erfüllt werden soll. Er lautet:

> *Die Gutseite der Lehre soll dem idealen Gegenstück entsprechen, um die Paßmöglichkeit zu prüfen. Die Ausschußseite soll die einzelnen Bestimmungsgrößen punktweise prüfen, um örtliche Formabweichungen festzustellen, die die Toleranzgrenzen verletzen.*

Nach diesem Grundsatz hat das Prüfen einer Bohrung mit einem Grenzlehrdorn zu erfolgen, der folgende Form hat:

Gutseite: Vollzylindrischer Dorn mit dem zulässigen Kleinstmaß,
Ausschußseite: Kugelendmaß mit dem zulässigen Größtmaß.

Das Bild A.13 veranschaulicht den Taylorschen Grundsatz. Auf der Gutseite wird mit einem vollzylindrischen Dorn mit dem zulässigen Kleinstmaß gemessen. Damit entspricht diese Lehre exakt dem Grundsatz, daß der Dorn das ideale Gegenstück der zu messenden Bohrung ist. Um nun etwaige Formabweichungen, wie unrunde, ovale Bohrungen, herauszufinden, muß die Ausschußseite mit einem möglichst punktförmigen Meßgerät gemessen werden. Diese Forderung erfüllt am besten ein Kugelendmaß mit dem zulässigen Größtmaß der Bohrung. Läßt sich das Kugelendmaß durch die Bohrung hindurchschwenken, so treten tonnenförmige Erweiterungen und andere Formfehler zutage, die mit einem vollzylindrischen Dorn nicht erfaßt werden könnten.

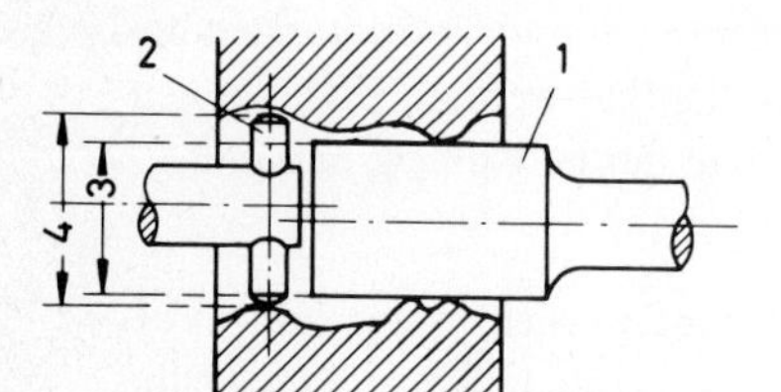

Bild A.13
Grenzlehrdorn nach *Taylor*
1 Gutseite
2 Ausschußseite
3 Kleinstmaß
4 Größtmaß

Für das Lehren von Wellen ist dann vorgeschrieben:

Gutseite: Vollzylindrischer Ring mit dem zulässigen Größtmaß,
Ausschußseite: Rachenlehre mit dem zulässigen Kleinstmaß.

Die ideale Rachenlehre dürfte aber keine Meßflächen, sondern nur kugelförmige oder schneidenförmige Taststellen besitzen, damit auch mit dieser Lehre feine Formfehler erfaßt werden könnten.

Diese strengen Vorschriften des Taylorschen Grundsatzes lassen sich nicht immer voll erfüllen. Bei Grenzlehren über 100 mm Durchmesser entstehen folgende Schwierigkeiten:

1. hohes Gewicht, daher unhandlich,
2. zu hohe Meßkraft auf der Gutseite, dadurch Gefahr der Beschädigung der Werkstückoberfläche,
3. rascher Verschleiß der nur punktförmigen Ausschußseite.

Die genormten Grenzlehren erfüllen den Grundsatz nur teilweise. Das Durchschwenken eines Kugelendmaßes ist zeitraubend und zwischen Spitzen gespannte Wellen sind mit einem Ring schlecht zugänglich. Die genormten Grenzlehren ergeben einen Kompromiß, der in der Praxis brauchbare Ergebnisse liefert. Nur bei Verdacht auf mögliche Formabweichungen müssen diese mit anderen Meßgeräten aufgedeckt werden. Wie schwierig dieses mitunter sein kann, beweist die Tatsache, daß Zweipunktmessungen nur ovale Formfehler entdecken, jedoch kein Polygon oder auch Gleichdick. Das Bild A.14 zeigt diese beiden Meßverfahren. Die Dreipunktmessung erfaßt ein Gleichdick, aber wiederum kein Oval.

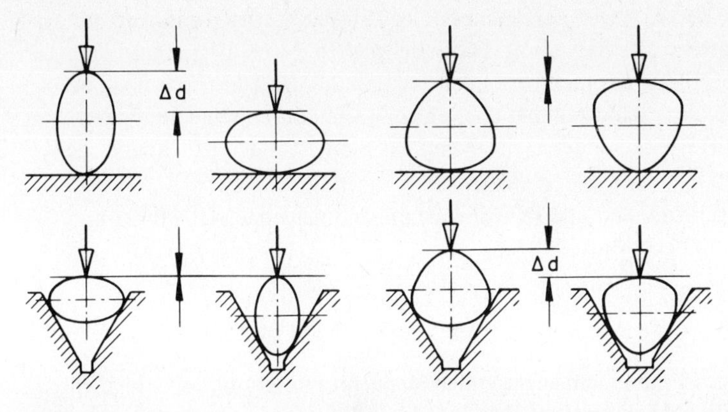

Bild A.14. Erfassen von Oval und Gleichdick durch Zweipunkt- und Dreipunktmessungen (nach *Lehmann*)

6. Meßzeuge der Werkstatt

Die Erfordernisse der Fertigung bestimmen die Auswahl der Meßzeuge in der mechanischen Werkstatt. Für das unmittelbare Messen lassen sich genormte Meßzeuge einsetzen. Das sind Strichmaße und Endmaße. Daneben haben sich die anzeigenden Meßgeräte bewährt, die mit Zubehör die vielseitigen Meßaufgaben in den Werkstätten lösen. Die erforderliche Genauigkeit der Fertigung beeinflußt die Wahl der Meßgeräte und entscheidet das anzuwendende Meßverfahren.

a) Strichmaßstäbe

Die auf einer Stahlschiene aufgetragene Millimeterteilung wird auf einer Teilmaschine mit einem Stichel, ähnlich einem Stechstahl, eingraviert oder geätzt. Die geradlinige Begrenzung der Teilstriche und nicht deren Breite bestimmt die Strichgüte und damit die sichere Ablesbarkeit.

Bei den Strichmaßstäben aus Stahl beginnt die Teilung in einem Abstand von der linken Stirnseite der Schiene. Sie werden als Prüf- und Arbeitsmaßstäbe gefertigt. Der Werkstoff muß die Ausdehnungszahl von $(11{,}5 \pm 1{,}5)\ 10^{-6}$ aufweisen, damit bei Abweichungen von der Bezugstemperatur kein bedeutender Meßfehler auftritt.

Gebräuchlicher sind die Stahlmaßstäbe aus kaltgewalztem Bandstahl (Kaltbandstahl) mit der Dicke von 0,3 mm. Sie sind leichter und elastisch biegsam, da es sich um Federstahl handelt. Die Millimeterteilung beginnt am linken Ende, so daß der Null-Strich durch die Stirnseite ersetzt ist. Diese dünnen Stahlmaßstäbe gestatten auch ein parallaxenfreies Ablesen. Der Meßvorgang erfolgt durch Anlegen der Teilung an das Werkstück. Vielfach soll nicht nur gemessen sondern auch ein Maß auf das Werkstück übertragen werden. Hierbei gibt ein Anriß mit der Reißnadel, die an der Stirnseite entlang geführt wird, das Maß an.

Die Bandmaße in einer Kapsel tragen auf einem hohlgewölbten Kaltbandstahl von nur 0,15 mm Dicke eine gestempelte Ätzteilung. Die Strichgüte ist durch die geringen Kontraste zwischen der Oberfläche des nichtrostenden Stahles und der Teilstriche noch befriedigend. Der hohlgewölbte Bandstahl hat aber einen Vorteil durch seine Steifigkeit einerseits und seiner Biegsamkeit andererseits, wenn das Band über den Knickpunkt gebogen wird.

Strichmaßstäbe sind nach DIN 865 und DIN 866, Stahlbandmaße nach DIN 6401 und Bandmaße nach DIN 6403 genormt.

b) Schieblehren

Eine unmittelbare Messung mit einem anzeigenden Meßgerät erfolgt mit der Schieblehre. Streng nach der Definition des Begriffes Lehre, müßte sie Meßschieber heißen.

Zwei Arten von Schieblehren sind genormt (DIN 862), die Taschen-Schieblehre (Bild A.15) und die Werkzeugmacher-Schieblehre (Bild A.16). Beide zeigen den Meßwert an, wenn der Prüfling zwischen dem festen und dem verschiebbaren Meßschenkel angelegt wird.

Die beiden Schieblehren unterscheiden sich durch die Form der kürzeren Meßschenkel und durch den Vorgang beim Innenmessen. Die abgesetzten Meßschenkel der Werkzeugmacher-Schieblehre lassen erst ab 10 mm eine Innenmessung zu. Außerdem ist zu berücksichtigen, daß zum angezeigten Meßwert noch 10 mm addiert werden müssen.

Der Nonius ist eine Hilfsteilung auf dem beweglichen Schieber, der Bruchteile eines Millimeters ablesbar macht. Bei dem Zehntel-Nonius sind 9 mm in zehn gleiche Teile geteilt. Neuere Nonien sind auf 19 mm (Bild A.17) oder 39 mm (Bild A.18) erweitert, wodurch

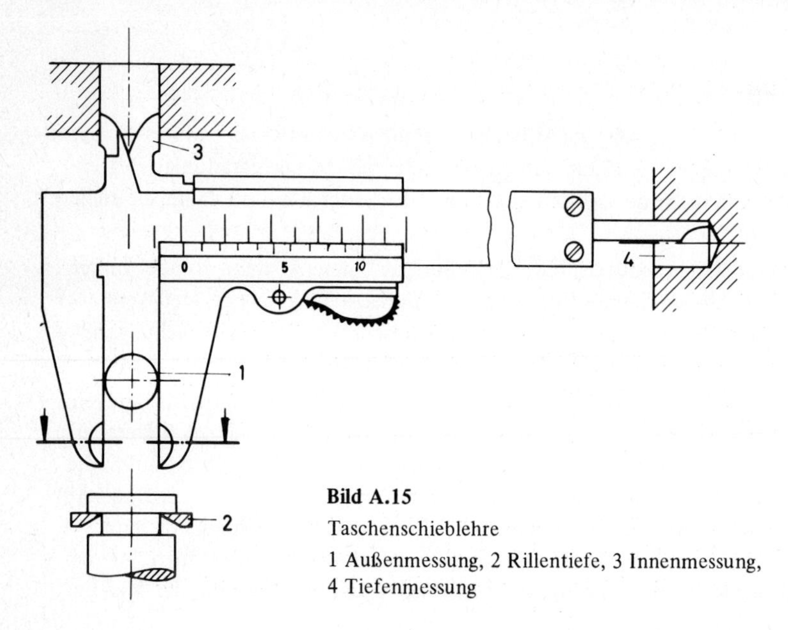

Bild A.15

Taschenschieblehre

1 Außenmessung, 2 Rillentiefe, 3 Innenmessung, 4 Tiefenmessung

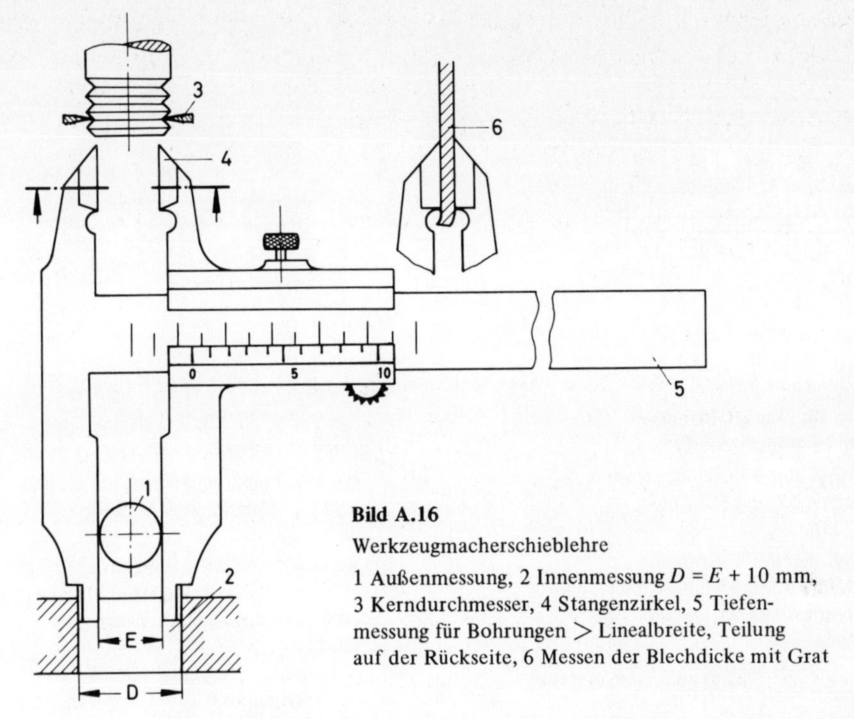

Bild A.16
Werkzeugmacherschieblehre
1 Außenmessung, 2 Innenmessung $D = E + 10$ mm, 3 Kerndurchmesser, 4 Stangenzirkel, 5 Tiefenmessung für Bohrungen > Linealbreite, Teilung auf der Rückseite, 6 Messen der Blechdicke mit Grat

die Übersichtlichkeit verbessert worden ist, so daß mit kürzeren Zwischenstrichen mühelos $\frac{1}{20}$ mm abzulesen ist. Die Normung hat den $\frac{1}{50}$-mm-Nonius wegen der möglichen Ablesefehler nicht aufgenommen (Bild A.19). $\frac{1}{50}$ mm entspricht 0,02 mm. Dieser Zweiersprung in einer dekadischen Teilung führt bei Ungeübten leicht zu falschen Ablesungen.

Um die Übersicht auf der Teilung zu verbessern, ist heute allgemein der Freiblickschieber, also ohne seitliche Stege am Schieber, üblich. Eine parallaxenfreie Ablesung begünstigt die abgeschrägte Kante des Schiebers mit der Noniusteilung (Bild A.20). Eine Schieberkonstruktion legt den Nonius sogar auf die gleiche Ebene wie die Teilung der Zunge.

Die Schieblehre verstößt gegen das Komparatorprinzip. Damit hat die Konstruktion der Schieberführung einen wichtigen Einfluß auf die Genauigkeit des Meßzeuges (Bild A.21). Auch eine spielfreie Führung läßt ein Verkanten des Schiebers zu, da die Führungsleiste federnd gewölbt ist und die Meßkraft schräg zur Führung angreift. Als äußeres Kennzeichen einer guten Führung sei auf die Lage der Feststellschraube am Schieber (oben) hingewiesen. Die Schnellklemmung, nur bei der Taschenschieblehre üblich, ermöglicht ein leichtes Verschieben, erfordert aber für die gute Nachstellbarkeit der Führung eine Stellleiste mit zwei Gewindestiften.

Tiefenmaße

Zum Ausmessen der Tiefen von Nuten, Einstichen und Grundbohrungen ist das Tiefenmaß bestimmt. Das Meßgerät ähnelt der Schieblehre. Das Meßende der Zunge ist einseitig verjüngt, um auch die zylindrische Tiefe einer Grundbohrung messen zu können.

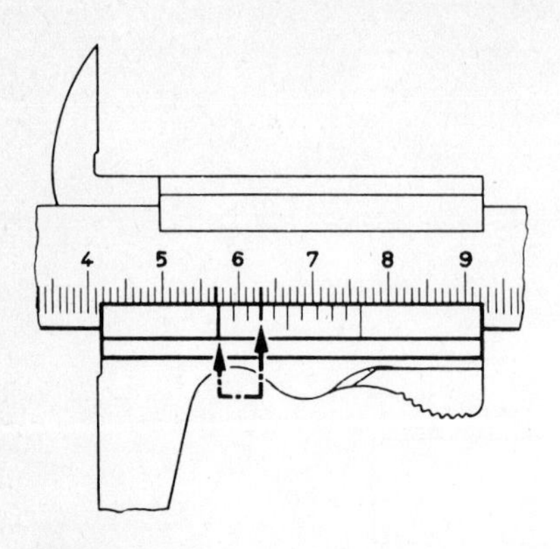

Bild A.17

Ablesebeispiel für Nonien, Nonius 1/10 mm auf 19 mm erweitert

a) Hauptteilung: der 0-Strich des Nonius liegt zwischen 57 und 58, Ablesung = 57 mm

b) Nonius-Teilung: der 3. Nonienstrich (der 0-Strich wird nicht mitgezählt) deckt sich mit einem Strich der Hauptteilung
Ablesung = 3/10
Gesamtergebnis = 57 + 0,3
= 57,30 mm

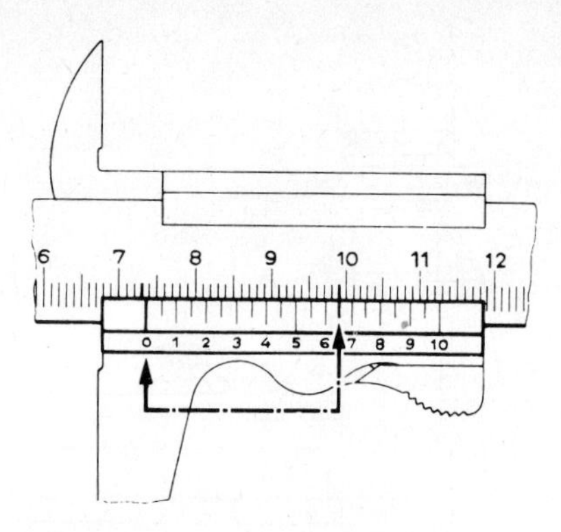

Bild A.18

Ablesebeispiel für Nonien, Nonius 1/20 mm auf 39 mm erweitert

a) Hauptteilung: der 0-Strich des Nonius liegt zwischen 73 und 74, Ablesung = 73 mm

b) Nonius-Teilung: der unbezifferte Strich nach dem bezifferten Strich 6 deckt sich mit einem Teilstrich der Hauptteilung
Ablesung = 6/10 + 1/20
Gesamtergebnis = 73 + 0,6 + 0,05
= 73,65 mm

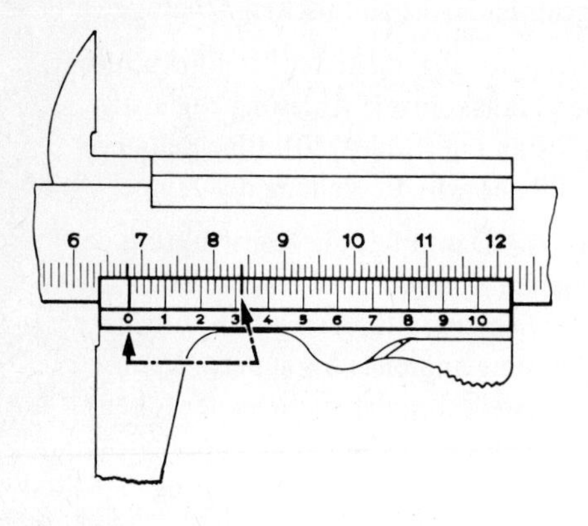

Bild A.19

Ablesebeispiel für Nonien, Nonius 1/50 mm 49 mm lang

a) Hauptteilung: der 0-Strich des Nonius liegt zwischen 68 und 69, Ablesung = 68 mm

b) Nonius-Teilung: der erste unbezifferte Strich nach dem bezifferten Strich 3 deckt sich mit einem Teilstrich der Hauptteilung
Ablesung = 3/10 + 1/50
Gesamtergebnis = 68 + 0,3 + 0,02
= 68,32 mm

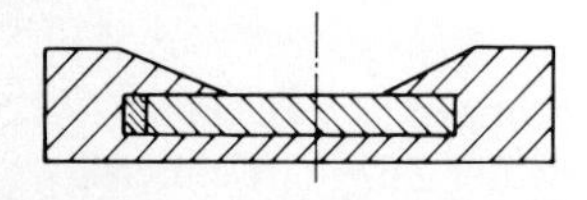

a) normale Anordnung

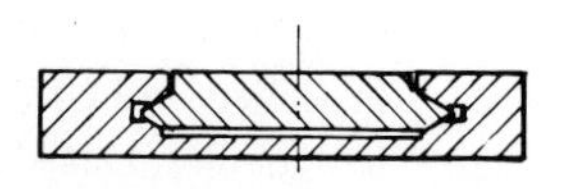

b) parallaxenfreie Anordnung

Bild A.20

Querschnitte von Meßschiebern

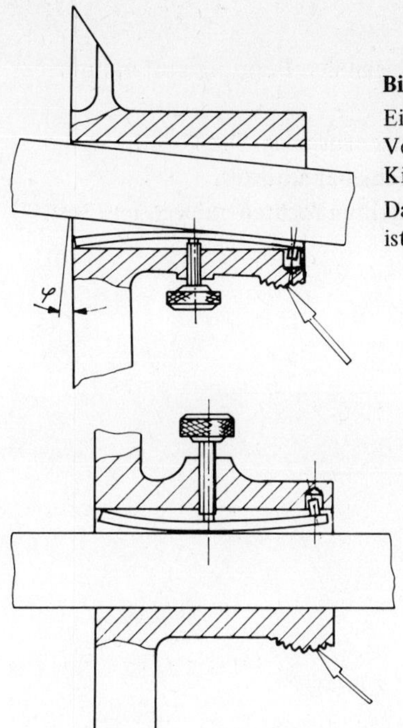

Bild A.21
Einfluß der schrägen Verstellkraft auf das Kippen des Meßschiebers
Das Spiel in der Führung ist vergrößert.

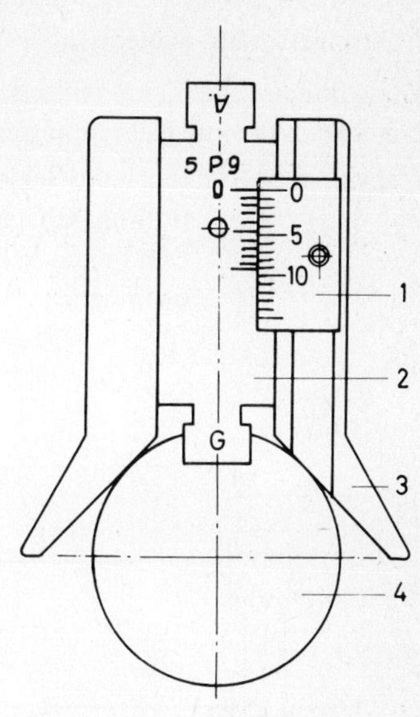

Bild A.22. Wellennut-Tiefenmaß mit Nutbreitenlehre

1 Schieber mit Teilung, 2 Zunge mit Nonius, 3 Reiter, 4 Welle mit Nut

Das Wellennut-Meßgerät stellt eine Verfeinerung des Tiefenmaßes dar, indem es speziell auf diese Meßaufgabe abgestimmt ist (Bild A.22). Der Reiter mit 90° offenen Meßflächen wird in der ersten Stufe des Meßvorganges so auf die Welle gelegt, daß die Zunge neben der Wellennut aufliegt. Somit ist die Nullage des Gerätes eingestellt. Als zweites schiebt man die Zunge auf den Grund der Nut und liest mit dem Nonius die Nuttiefe ab.

Aufgabe:
Berechne den Meßfehler der Nuttiefe, die mit einem Tiefenmaß gemessen wurde.
Gegeben: Welle d = 50 mm,
Paßfeder 10 X 16.
Nuttiefe t = 6,2 mm

$$\sin\frac{\alpha}{2} = \frac{s}{2\cdot r} = \frac{16}{2\cdot 25} = 0{,}32$$

Die Summe zweier Gegenwinkel des Sehnenvierecks beträgt 180°

$$\frac{\alpha}{2} = 18°40'$$

$$h = \frac{s}{2}\tan\frac{\alpha}{4}$$

$$= 8\text{ mm}\cdot 0{,}1644$$

$$h = 1{,}312\text{ mm}$$

$$f = \frac{100\cdot 1{,}31}{6{,}2}$$

$$f = 21\ \%$$

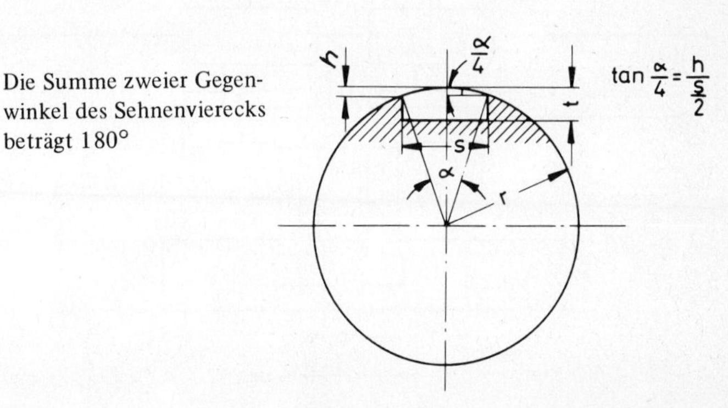

Bild A.23. Ermittlung der Nuttiefe „t“

Bohrungsabstand-Schieblehre

Diese Sonderschieblehre (Bild A.24) stellt in drei Meßgängen den Bohrungsabstand mit beliebigem Bohrungsdurchmesser ohne Rechnungen fest.

Meßstufen:
1. Der linke Schieber liegt am linken Zungenanschlag. Das Größtmaß des Bohrungsabstandes mit dem rechten Schieber antasten.
2. Den linken Schieber gegen den festgestellten rechten anlegen und festklemmen.

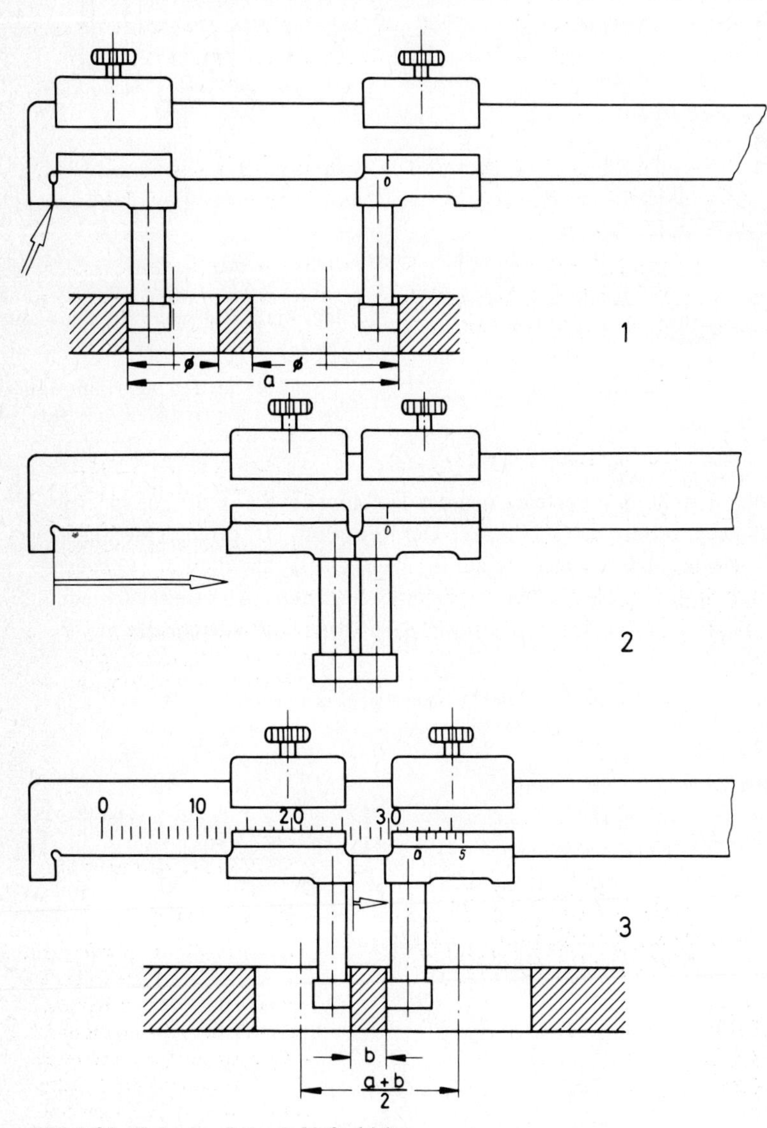

Bild A.24. Bohrungsabstands-Meßschieber

3. Das Kleinstmaß des Bohrungsabstandes mit dem rechten Schieber antasten. Der Meßwert ist der Bohrungsabstand.

Meßprinzip: Der rechte Schieber addiert nacheinander das Größtmaß und das Kleinstmaß ($a + b$). Diese Summe teilt die auf das Zweifache gedehnte Teilung (2:1). Die Summe wird daher halbiert ($\frac{a+b}{2}$).

Höhenmesser

Für Anreißarbeiten auf der Anreißplatte gibt es Höhenmesser. Anstelle des beweglichen Meßschenkels einer Schieblehre ist eine Reißnadel angeklemmt. Die Zunge mit der Teilung steht in einem Fuß, der durch Dreipunkt-Auflage sicher auf der Anreißplatte steht.

c) Bügelmeßschrauben

Mit dem Skalenwert (Skw) von 10 μm hat eine Bügelmeßschraube schon eine beachtliche Auflösung. Das zu messende Werkstück liegt in der gleichen Fluchtlinie wie die Meßspindel und erfüllt daher das Komparatorprinzip (Bilder A.25 bis A.27). Eine Ratschenkupplung sorgt für eine konstante Meßkraft. Die Meßflächen, die Stirnseite der Spindel und der Amboß am Bügel, sind gehärtet, planparallel geschliffen und geläppt. Zur Prüfung der Planparallelität ist nach DIN 863 eine Planglasplatte heranzuziehen (siehe Seite 78).

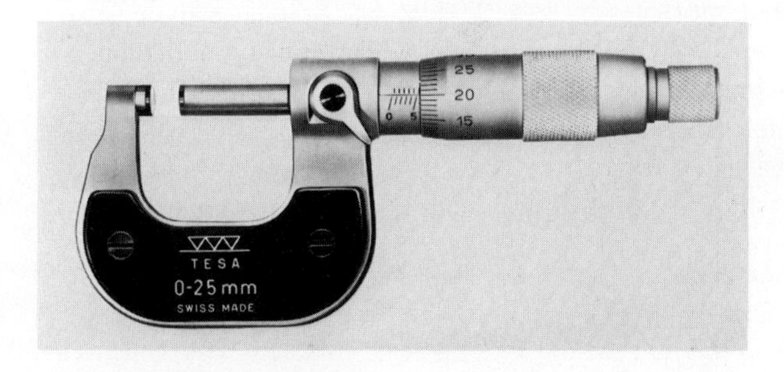

Bild A.25

Bügelmeßschraube für Meßbereiche zwischen 0 mm und 1500 mm. Mit Stahl- oder Hartmetall-Meßflächen. Meßbereich hier 0 bis 25 mm. Skalenwert 0,01 mm.

Die Schrägteilung vermeidet Ablesefehler der halben Millimeter auf axialer Millimeterteilung.

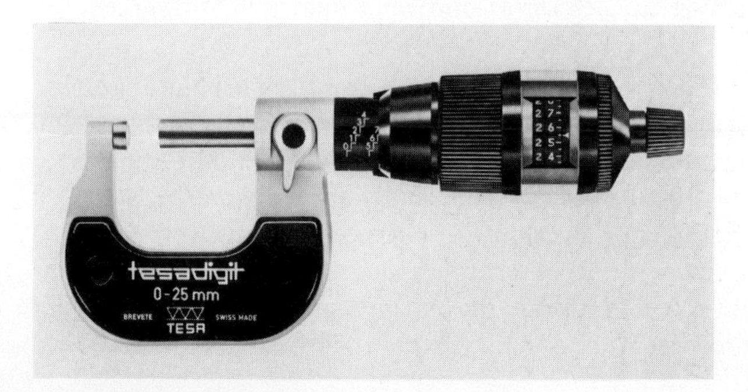

Bild A.26

Digital anzeigende Bügelmeßschraube

Ablesung: 7,255 mm

Die treppenförmige Teilung gibt die Millimeter an. Die Dezimalen hinter dem Komma zeigen drehbare Zahlenwürfel an, die durch Kurvenbahnen gesteuert werden. Die Drehung der Würfel bleibt dem Messenden verborgen und stört daher nicht.

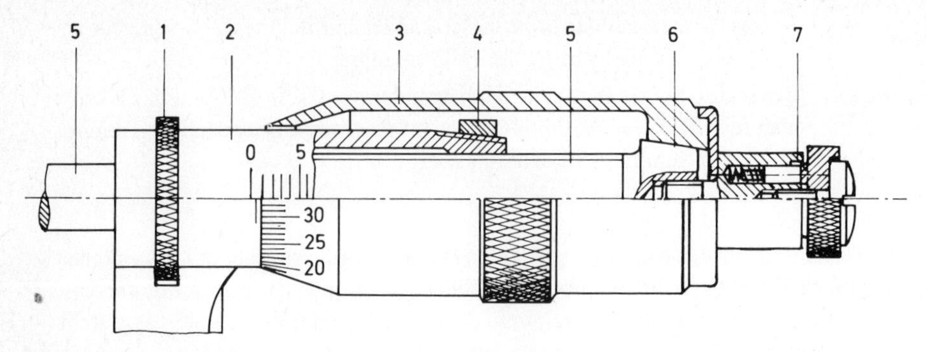

Bild A.27. Bügelmeßschraube Skalenteilung 10 μm

1 Feststeller, 2 Bügel, 3 Meßtrommel, 4 Flankenspielnachstellung, 5 Meßspindel, 6 Einstellkegel, 7 Ratsche Ablesewert: 0,83 mm

Der Aufbau der Bügelmeßschraube ist klar und einfach. Der biegesteife Bügel trägt den Amboß und auf der Gegenseite die Mutter mit der außen befindlichen Millimeterteilung. Die Meßspindel wird von der Skalentrommel umhüllt und endet mit der Ratschenkupplung.

Zur Wärmedämmung ist der Bügel mit Griffschalen verkleidet. Das Spindelgewinde ist meist aus dem vollen eingeschliffen. Nach DIN 863 darf der Gesamtfehler innerhalb des Meßbereiches von 25 mm nur 4 μm betragen. Die Spindelmutter ist nachstellbar, damit die Axialbewegung spielfrei bleibt. Hierzu ist die Mutter geschlitzt und besitzt ein kegliges Außengewinde mit dazu passender Ringmutter. Eine unterschiedliche Abnutzung des Meßgewindes kann aber durch diese Konstruktion nicht kompensiert werden.

Messen mit der Meßschraube

Bei der Steigung des Gewindes von 0,5 mm hat die Teilung der Meßtrommel 50 Teilstriche, die Teilung des Bügels eine Doppelteilung, oben ganze Millimeter, unten halbe Millimeter. Bei dem Ablesen kann ein halbes Millimeter übersehen werden, z. B. 12,10 anstelle von 12,60. Derartige Fehler vermeiden alle Meßschrauben, die entweder einen Millimeter Steigung aufweisen oder die Ablesung des Meßwertes zum Teil digital, mit Zählwerken, ermöglichen.

Das Messen mit Meßschrauben erfordert einige Übung (Bild A.28). Nach der Norm ist die Meßkraft mit der Ratsche auf 5 . . . 10 N zu begrenzen. Das erforderliche Drehmoment an der Spindel richtet sich nach der Reibung zwischen Spindel und Mutter. Mit Annäherung an das Übersetzungsverhältnis 100:1 würde am Anfang der Meßtrommel 0,1 N (d = 16 mm) aufzubringen sein. Es ist daher zweckmäßig, mit zwei Händen zu arbeiten. Eine Hand hält die Meßschraube und preßt den Amboß fest an das Werkstück, damit die planparallele Meßfläche, ohne zu verkanten, anliegt, die andere Hand dreht nur die Meßspindel. Dabei ist der höchste Punkt der Welle durch leichtes Pendeln um den Amboß als Drehpunkt zu ermitteln.

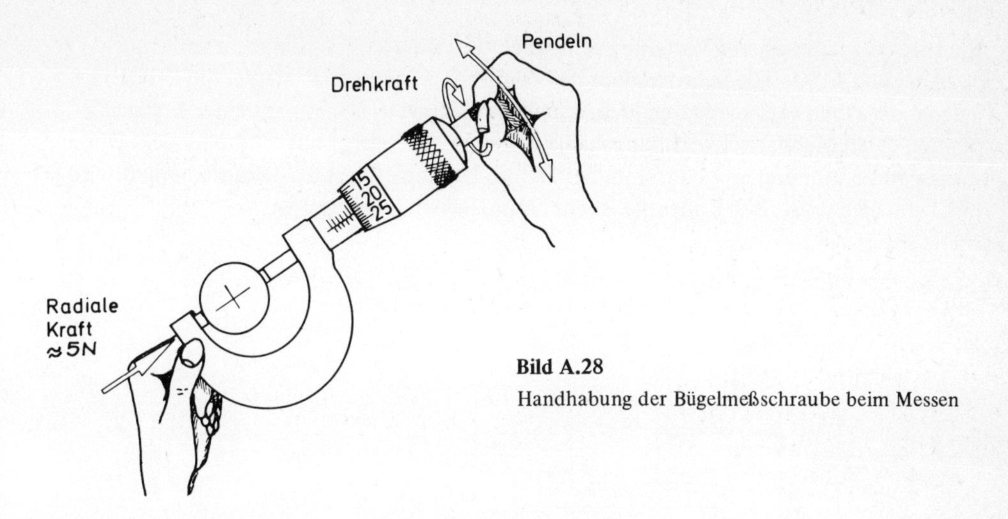

Bild A.28
Handhabung der Bügelmeßschraube beim Messen

Höhenmesser „Cadillac“

Um Höhenmaße sicher und schnell darzustellen, ist der Höhenmesser mit Meßschraube geeignet. Die verlängerte Meßspindel trägt mehrere 5 mm dicke Teller, die im festen Abstand von je 25 mm liegen. Die Meßspindel kann um 25 mm in der Höhe bewegt werden. Die Höhenverstellung der Teller läßt sich an der Meßtrommel auf 5 μm genau ablesen.

Innenmessen mit Meßschraube

Das Komparatorprinzip kann erst bei Bohrungen über 35 mm Durchmesser mit Innenmeßschrauben verwirklicht werden. Innenmeßschrauben mit Meßschenkel messen mit beschränkter Tiefe Bohrungen ab 5 mm aufwärts (Bild A.29).

Ein älteres Meßverfahren nimmt mit einem Innenfedertaster das Bohrungsmaß ab, um es anschließend mit einer Bügelmeßschraube auszumessen. Solch ein indirektes Meßverfahren ist zeitraubend und erfordert ein geschultes Tastgefühl, da es hierbei auf die Übereinstimmung der Meßkraft beim Tasten und beim Messen mit der Meßschraube ankommt.

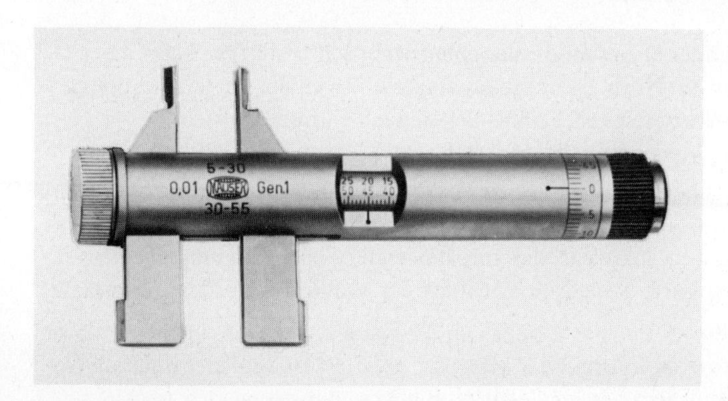

Meßbereich: 5 bis 30
30 bis 55

Bild A.29. Innenmeßschraube mit Meßschnäbeln

Ein schnelles und sicheres Verfahren ermöglicht das Bohrungsmessen nach dem Imicro-System (Bild A.30). Die Schwierigkeit des Zentrierens überwindet hierbei die Dreipunktauflage der radial verschiebbaren Meßzapfen. Das Meßwerk besteht aus einer kegligen Spirale, deren Meßbereich verhältnismäßig gering ist. Er beträgt nur 3 mm bei dem Durchmesser von 6 mm und erreicht 5 mm bei 20 mm Durchmesser. Die Meßunsicherheit wird mit 1 μm garantiert. Zur Kontrolle ist ein Normallehrring beigegeben.

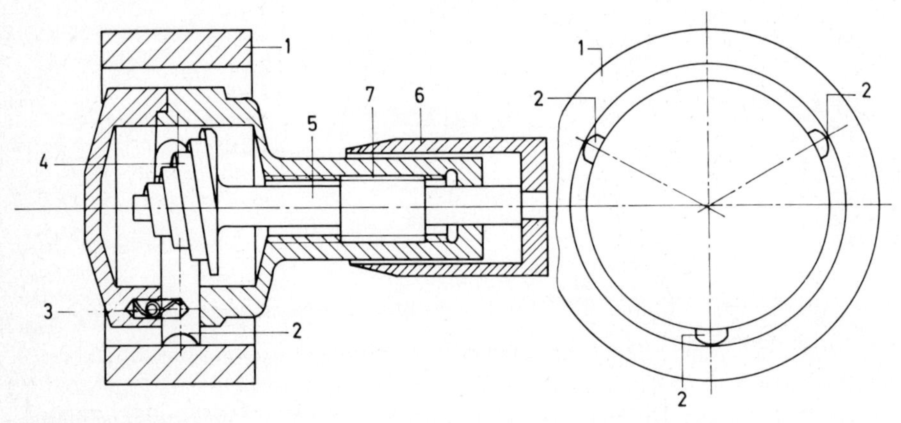

Bild A.30. Bohrungsmeßschraube

1 Prüfbohrung, 2 drei Tastbolzen, 3 Rückstellfeder, 4 Meßkegel, 5 Spindel, 6 Meßtrommel, 7 Führungsgewinde

d) Meßuhren

Die Meßuhr ist ein Längenmeßgerät mit einer Tastspitze, deren Weg, über ein Zahnradgetriebe vergrößert, einen Zeiger auf einer Kreisteilung bewegt. Die Meßuhr hat keinen festen Nullpunkt und kann so nur Längenunterschiede messen. Zur Aufnahme der Meßuhr dienen Halter und Ständer, deren Standfestigkeit durch Magnetfüße oder mit Saugnäpfen erhöht wird.

Ist die Meßuhr in einem Ständer eingespannt, der einen Meßtisch besitzt, so kann die Lage des Nullpunktes mit einem Normal (Endmaß) eingestellt werden. Diese Anordnung erlaubt das Ausmessen und Sortieren von Serienstücken nach Gut und Ausschuß.

Den Aufbau der Meßuhr zeigt das Bild A.31. Die Zahnräder mit Zykloidenverzahnung sind mit Zapfen in Steinen gelagert. Häufig ist die Rückstellfeder der Taststange an einem Ausgleichhebel eingehängt, um die Meßkraft über den ganzen Meßbereich konstant zu halten. Der Ausgleichhebel ist so ausgelegt, daß mit steigender Federspannung der wirksame Hebelarm so viel kürzer wird, wie es die Konstanz der Meßkraft erfordert (Bild A.32).

Für die Funktion der Meßuhr ist die zweite Feder im Meßwerk wesentlich wichtiger, da sie am Ende des Getriebes den größten Anteil der Meßkraft erzeugt. Diese Feder muß am Getriebeausgang angreifen, damit die Lose im Getriebe in beiden Bewegungsrichtungen unwirksam bleibt. Es liegen somit immer die gleichen Zahnflanken der Getrieberäder an, so

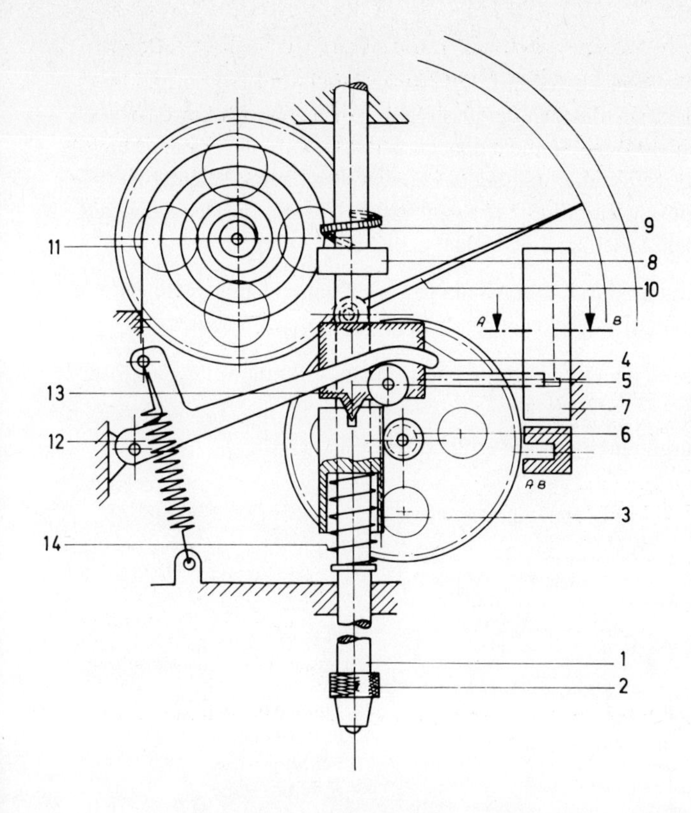

Bild A.31
Meßuhr mit Stoßsicherung

1 Taststange,
2 Meßhütchen,
3 Zahnstange,
4 Kloben,
5 Anschlagstange unten,
6 1.Zahnrad,
7 Geradführung für 4,
8 Anschlag oben,
9 Pufferfeder,
10 Zeiger mit Welle und Zahnrad,
11 Zahnrad mit Vorspannfeder,
12 Ausgleichfeder mit Ausgleichhebel,
13 V-Lager für Zahnstangenhülse
14 Pufferfeder für das Mindern des Stoßes

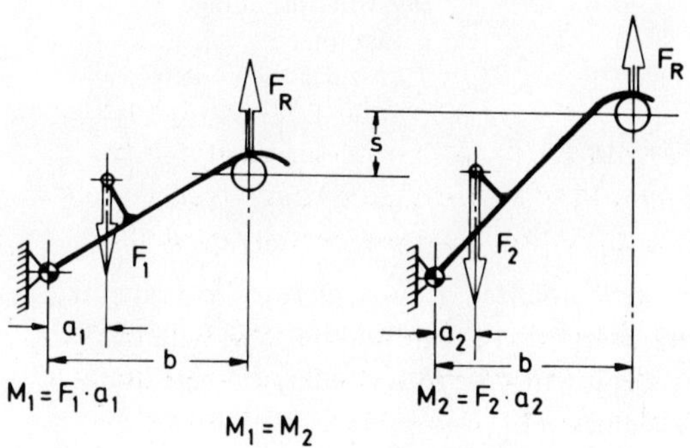

Bild A.32
Ausgleichhebel mit konstanter Rückstellkraft
$M_1 = F_1\, a_1 \quad M_1 = M_2 \quad M_2 = F_2\, a_2$
da b konstant ist, muß die Kraft F_R über dem Meßbereich s gleich groß bleiben

daß eine Zahnluft unwirksam bleibt. Diese Feder sitzt entweder auf der Zeigerwelle oder besser auf einem ins Langsame übersetzenden Zahnrad, das mit dem Zeigerwellenrad kämmt. Die Übersetzung ins Langsame ermöglicht den Einbau einer weichen Biegefeder (Spiralfeder), die einen flachen Anstieg der Federkennlinie aufweist. Die Dämpfung der Feder soll so klein wie möglich sein, damit die Meßkraft für beide Bewegungsrichtungen gleich groß bleibt. Treten große Meßkraftunterschiede auf, so vergrößert sich die Umkehrspanne durch die elastischen Verformungen im Getriebe.

Stoßsicherung

Neuzeitliche Meßuhren sind stoßgesichert, damit kein Zeigerbruch und Zahnbruch im Getriebe vorkommt. Durch hartes Aufsetzen der Taststange auf das Werkstück entstehen schädliche Stöße. Auch das spielerische Schnellenlassen der gespannten Taststange erzeugt einen Stoß, dessen negative Beschleunigung das Meßwerk schädigt. Wichtig ist die Aufprallgeschwindigkeit und nicht der Ort des Aufpralles, ob nun die Taststange auf das Werkstück oder gegen einen Anschlag im Gehäuse schlägt.

Das Prinzip jeder Stoßsicherung ist durch den Abbau der erheblichen Kraftspitze gekennzeichnet (Bild A.33). Dies kann auf zwei Wegen geschehen:

1. Die Aufprallwucht wird durch eine Feder gespeichert, Pufferwirkung mit gedämpfter Feder.
2. Die Aufprallwucht wird durch eine Bremse vernichtet.

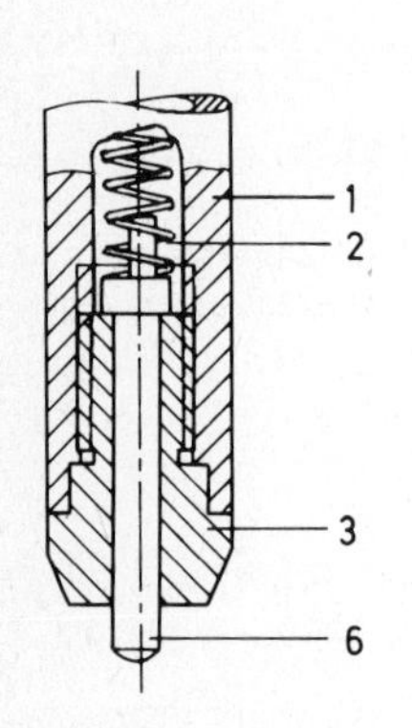

a) gefederte Tastspitze

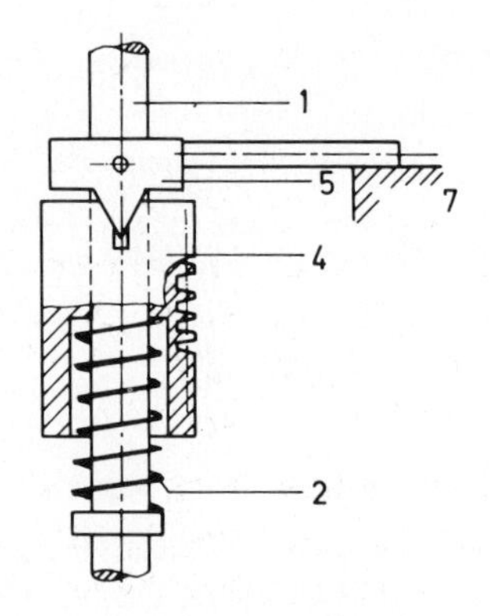

b) freifliegende Taststange

Bild A.33
Stoßsicherungen an Meßuhren

1 Taststange
2 Pufferfeder
3 Führungshülse
4 gezahnte Hülse
5 Verdrehsicherung
6 Tastspitze
7 Anschlag nach unten

Bei der Pufferung mit Federn gibt es noch zwei Varianten. Einmal ist nur die Tastspitze (Meßhütchen) federnd geführt. Diese Lösung erfaßt nicht den Stoß bei dem Schnellenlassen der herausgezogenen Taststange. Günstiger wirkt die Pufferfeder, die eine kraftschlüssige Verbindung der geteilten Taststange herstellt.

Bedenklich ist das Speichern von mechanischer Energie mit einer Feder, weil die Energie als Antrieb für eine entgegengesetzte Bewegung der Taststange dient. Die angefachte Pendelbewegung des Zeigers klingt rasch ab, da die Reibung im Meßwerk die gespeicherte Energie aufzehrt.

Der zweite Weg, die Verwendung einer Bremse, schont das Getriebe wirksamer. Hierbei schiebt die Wucht des Getriebes die gezahnte Hülse auf der Taststange herunter. Die Gleitreibung des Reibschlusses zwischen der Taststange und der Hülse vernichtet die Bewegungsenergie, ohne daß ein Rückprall zu befürchten ist.

Fühlhebel-Meßgerät

Die Fühlhebel-Meßgeräte erweitern die Anwendungsmöglichkeiten einer gewöhnlichen Meßuhr, da ein schwenkbarer Tastfinger die übliche nur axial bewegliche Taststange ersetzt. Der Tastfinger läßt sich um 210° schwenken. Der Skalenwert beträgt normal 10 μm und 5 μm. Der Zeigerumlauf erfolgt stets im Uhrzeigersinne, unabhängig, ob der Tastfinger aufwärts oder abwärts bewegt wird. Bei einer Ausführung sorgt ein Doppelhebel für eine selbsttätige Meßkraftumschaltung; bei einer anderen muß mit einem Hebel die Meßkraft umgestellt werden (Bild A.34).

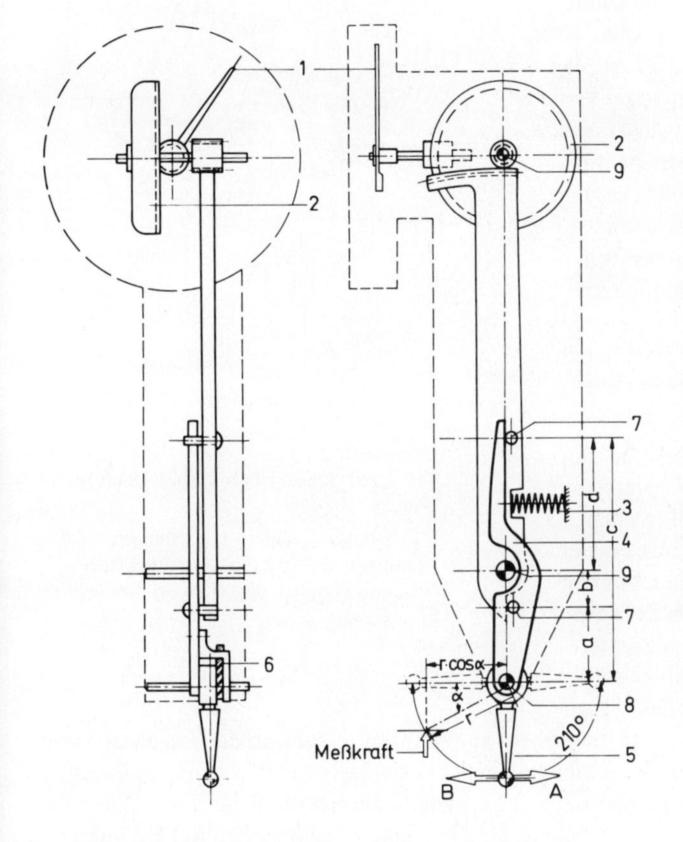

Bild A.34
Fühlhebel mit selbsttätiger Meßkraftumschaltung

1 Zeiger,
2 Kronrad,
3 Rückstellfeder,
4 Doppelhebel,
5 Tastfinder,
6 Reibscheibe,
7 Spielfreier Anschlag,
8 Kugellager,
9 Rubinlager

Übersetzungsverhältnis des Doppelhebelsystems:

Richtung A: $\frac{a}{b} = \frac{4}{2} = \frac{2}{1}$

Richtung B: $\frac{c}{d} = \frac{12}{6} = \frac{2}{1}$

e) Feinzeiger

Die empfindlichen Feinzeiger stehen an der Spitze der mechanischen Meßgeräte. Der Skalenwert beträgt 1 μm und weniger bei einem Meßbereich von etwa 100 μm. Diese Elite der anzeigenden Meßgeräte hat die Aufgabe zu lösen, einen Zehntel Millimeter – die Dicke einer Maschinenpapierseite – in einhundert gleiche Teile zu teilen. Die Norm DIN 879 definiert den Feinzeiger als ein Meßgerät, das einen Zeigerausschlag hat, der kleiner als 360° ist. Außerdem darf der Teilungsabstand nicht enger als 0,8 mm sein. Durch diese Empfehlung bleibt der Meßbereich klein gegenüber den Meßuhren.

Auf drei Wegen lösen die Hersteller die Aufgabe, eine sichere Übersetzung von 1000 : 1 zu schaffen.

1. durch Hebel,
2. durch Hebel und Zahntrieb,
3. durch Torsionsbandfeder.

Es ist nachgewiesen, daß ein Meßwerk nach Art der Meßuhr die zulässige Fehlerdifferenz von 1 μm überschreitet. Der Teilungsfehler des ersten Zahnrades, das mit der Zahnstange kämmt, geht als ein Vielfaches durch die nachfolgende Übersetzung als Anzeigefehler ein. Deshalb haben Feinzeiger keine Zahnstange mehr, sondern zunächst eine Hebelübersetzung, der ein Getriebe mit Zahnsegmenten folgt. Die Stoßsicherung ist durch einen einseitigen Formschluß zwischen Taststange und Hebel einwandfrei gelöst (Bild A.35). Die Drehpunkte haben edelsteinbewehrte Zapfenlager. Der Hebelarm überträgt über eine Hartmetallkugel die Kräfte auf das nachfolgende Zahnsegment.

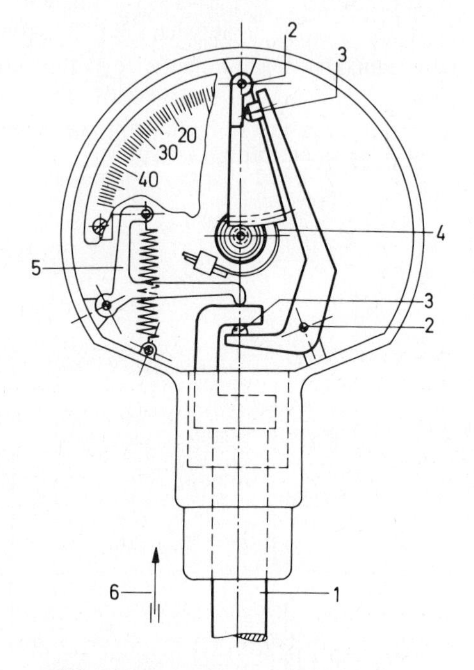

Bild A.35. Feinzeiger mit Stoßsicherung Skalenwert 1 μm

1 Taststange, 2 Zapfen in Steinlager, 3 Stahlkugel, 4 Spiralfeder, 5 Rückstellhebel mit Wendelfeder, 6 Stoßrichtung mit Entlastung

Obwohl der erste auf dem Markt befindliche Feinzeiger schon mehrere Jahrzehnte nicht mehr gefertigt wird, soll er doch wegen seines einfachen Aufbaues erwähnt werden. Das Hirthsche Minimeter ermöglichte den Skalenwert um eine Zehnerpotenz weiter als die bisherigen Meßgeräte zu dehnen. Es konnte so 1 μm abgelesen und Bruchteile geschätzt werden. Seine Reproduzierbarkeit gewährleistete die Abkehr von der Gleitreibung an den Lagerstellen, indem die wesentlich geringere Wälzreibung von Schneidenlagern in Pfannen zum Einsatz kam. Nur ein Hebel, kein Zahnradgetriebe mehr, erzielte die erforderliche Übersetzung von 1 : 1000, allerdings mußte ein Hebelarm auf die Länge von einem Zehntel Millimeter verringert werden. Das Bild A.36 zeigt die konstruktive Einzelheit der Übersetzung. Das Minimeter bewährte sich nicht im rauhen Werkstattbetrieb. Schon einen geringfügigen Stoß bei der Handhabung übertrug der Meßbolzen auf beide hintereinander geschaltete Schneiden, deren Beschädigung zu einer Veränderung des Übersetzungsverhältnisses führte.

Ein anderes, allerdings schon bekanntes Prinzip ermöglichte den Bau eines Feinzeigers, wie er auch heute noch verwendet wird. Die elastische Dehnung einer feinen Metallband-Feder, die dem Hookschen Gesetz folgt, wenn sie mit einer Kraft belastet wird, war der

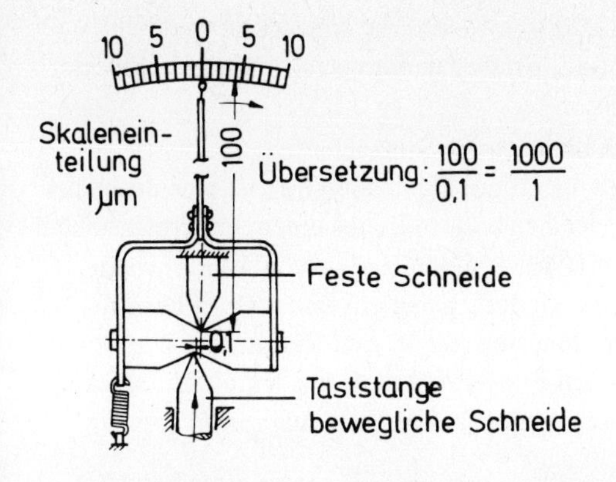

Bild A.36

Meßwerk eines Feintasters mit Schneidenlagern

Ausgangspunkt des neuen Meßwerks. Die Schwierigkeit war nur, die geringe Dehnung dieser Bandfeder zu einem deutlich ablesbaren Zeigerausschlag zu vergrößern. Die alltägliche Beobachtung eines simplen Spielzeuges schuf das Vorbild für das Auflösungsvermögen, das weit über das tausendfache hinausgeht. Diese Übersetzung erfolgt reibungslos und stellt deshalb auf dem Gebiete des Längenmeßwesens ein Novum dar. Es ist die Schlaufe eines einfachen Zwirnsfadens, der, verdrillt, mit den Händen periodisch gestrafft, den in der Mitte der Schlaufe eingefädelten Mantelknopf surrend rotieren läßt. Die geradlinige Bewegung der beiden Hände wandelt sich in eine kreisende des Knopfes um.

Der Mikrokator (Bild A.37) hat einen abgewandelten Aufbau. Der Hauptteil ist ein elastisches Bronzebändchen, das zur Hälfte links und zur anderen rechts schwach verdrillt ist. Anstelle des Knopfes sitzt ein Zeiger in der Mitte der Torsionsfeder. Die Maße des Bronzebandes sind: Länge 40 mm, Breite 0,1 mm und Dicke nur 0,03 mm. Der Taststangenweg wird über ein reibungsfreies Federgelenk um 90° auf die Torsionsfeder übertragen. Um auch hier die Gleitreibung in der Geradführung zu vermeiden, ist die Tast-

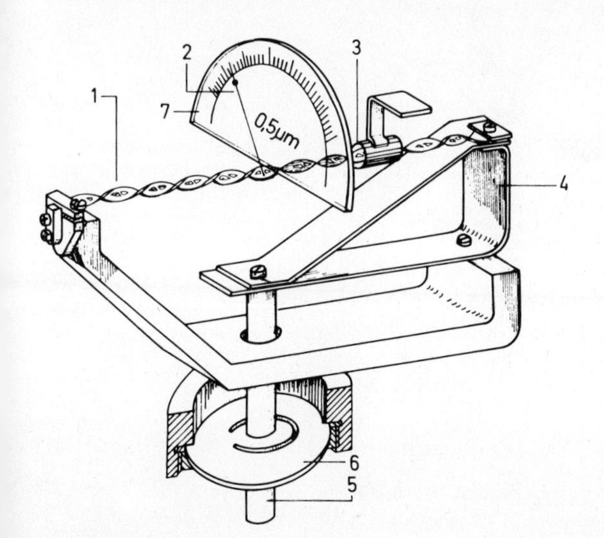

Bild A.37

Meßwerk des Feinzeigers Mikrokator

1 Torsionsfeder, stark vergrößert,
2 Glasfiberzeiger,
3 Öltropfen im Röhrchen,
4 Federgelenk,
5 Taststange,
6 Membranfeder,
7 Skale

stange in zwei Membranfedern axial geführt. Dadurch weicht die Aufnahme des Feinzeigers von dem üblichen 8 mm -Durchmesser ab, ist aber in dem genormten Durchmesser von 28 mm untergebracht.

Bei der Torsionsbandfeder vermißt man noch die wichtige Stoßsicherung, die für den rauhen Werkstattbetrieb unbedingt vorhanden sein muß. Doch auch hier ist eine durchaus unkonventionelle Lösung gefunden worden. Der Zeiger besteht aus einem unzerbrechlichen Werkstoff, weil er nach einem Faltversuch (180°) über einen Radius von 10 mm wieder elastisch in die ursprüngliche gerade Form zurückfedert. Es ist ein feines Glasfiberröhrchen von kegliger Form mit dem größten Durchmesser von 60 μm. Damit die 30 μm dicke Zeigerspitze gut sichtbar wird, trägt sie am Ende eine Fahne aus Duralumin. Dieser Zeiger ist biegsam, hochelastisch und unzerbrechlich. Glasfiber läßt sich nur über einer Messerklinge abgekantet zerbrechen.

Eine frei aufgehängte, verdrillte Bandfeder neigt wie jede andere Feder zum Schwingen, die lange Einschwingzeit des Zeigers würde aber ein sicheres Ablesen der Skale verhindern. Die Zeigerdämpfung wird durch eine Flüssigkeitsbremse erreicht: ein Silikonöltropfen zwischen der Torsionsbandfeder und einer festen Hülse. Durch das weite Spiel zwischen Hülse und Feder stört keine mechanische Reibung die Zeigerbewegung, es wirkt nur die geschwindigkeitsabhängige Flüssigkeitsreibung des zähen Öltropfens.

Das Bild A.38 zeigt einen Mikrokator, der in einem Meßbügel eingebaut ist. Mit dieser Meßanordnung lassen sich Wellenzapfen nachprüfen. Das Kreuzfedergelenk weist keine Reibung auf, so daß die Reproduzierbarkeit nicht durch eine Umkehrspanne verschlechtert wird.

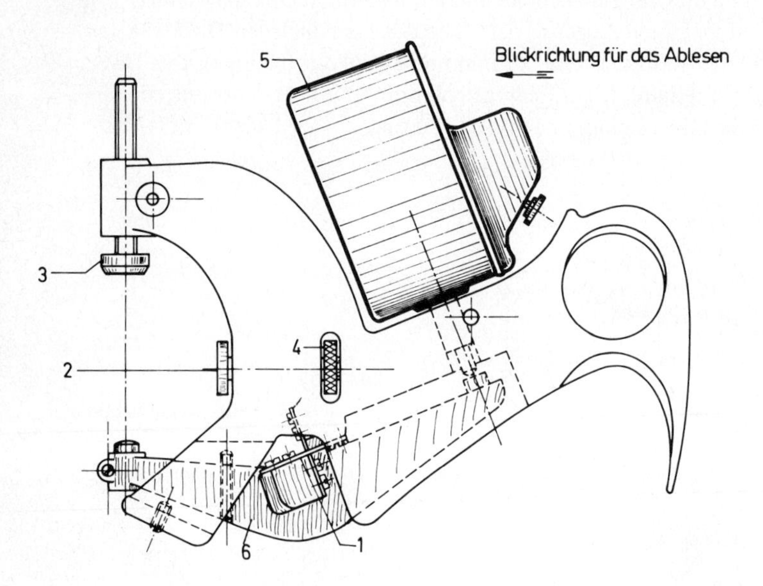

Bild A.38. Meßbügel mit Feinzeiger

1 Kreuzfedergelenk, 2 einstellbarer Anschlag, 3 Gegenlager, 4 Anschlagstellschrauben, 5 Feinzeiger – Mikrokator –, 6 Übertragungshebel

Meßgeräte mit Feinzeigern

Das übliche Zubehör für einen Feinzeiger ist ein Meßständer, der sich von dem für Meßuhren durch seine starre Bauweise unterscheidet. Die Säule hat mindestens 40 mm Durchmesser. Der Meßtisch ist feinstbearbeitet und kann einen Meßanschlag aufnehmen. Der Feinzeiger wird in einen Halter eingeklemmt, der nur eine kurze Kragarmlänge besitzt. Mit dieser Anordnung sind nur Unterschiedsmessungen durchzuführen. Für unmittelbare Messungen wird der Feinzeiger mit einem Normal eingestellt.

Feinzeiger in tragbaren Bügeln heißen anzeigende Rachenlehren, treffender sollten sie Meßbügel genannt werden (Bild A.39). Ihr Einsatzort befindet sich an der Rundschleifmaschine, um dort das augenblickliche Istmaß und den Unterschied zum Sollmaß anzuzeigen. Zwei einstellbare Toleranzmarken begrenzen im Blickfeld das Toleranzfeld des Paßmaßes.

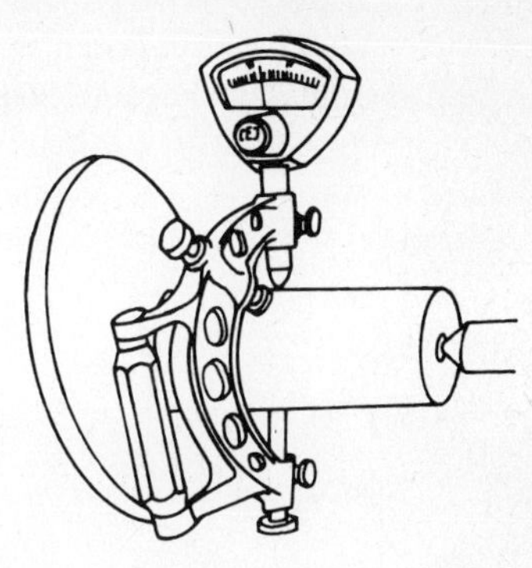

Bild A.39. Anzeigende Rachenlehre mit Mikrokator

Bohrungsmeßgeräte mit Feinzeigern und Meßuhren

Mit Sonderzubehör lassen sich auch Bohrungen mit Meßuhren und Feinzeigern messen. Die rasche Anzeige, geringe Anforderungen an die Handfertigkeit des Messenden und geringer Verschleiß der Meßflächen durch geringe Meßkräfte sind die Vorteile gegenüber dem Gebrauch von Meßschrauben. Dazu kommt noch die Möglichkeit, die ganze Tiefe der Bohrung auf zylindrische Form zu prüfen. Nur wenn die Achse der Bohrung von der Geraden abweicht, ist ein zylindrischer Dorn im Vorteil, wie es auch der Taylorsche Grundsatz fordert.

Das Meßgerät steht gewöhnlich in axialer Richtung der Bohrung, deshalb ist eine Umlenkung (Bild A.40) der Meßbewegung erforderlich.

Für Bohrungen unter 18 mm bis hinunter auf 0,95 mm werden geschlitzte, kugelige Tastköpfe verwendet, die durch eine kegelige Triebnadel gespreizt werden. Für diese auswechselbaren Tast-

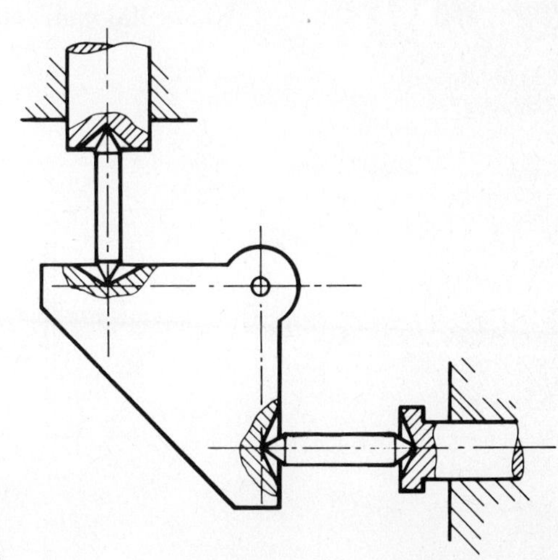

Bild A.40
Umlenkvorrichtung für Innenmeßgerät

köpfe ist eine Meßuhr oder ein Feinzeiger mit erhöhter Meßkraft von etwa 2 N erforderlich. Die Meßbereiche sind:

0,95 ... 1,5 mm; 1,5 ... 4 mm; 4 ... 7 mm; 7 ... 10 mm; 10 ... 18 mm.

Die Nenndurchmesser lassen sich am besten mit einem Lehrring einstellen, aber auch Endmaße mit Zubehör und Bügelmeßschrauben eignen sich dazu.

Aufgabe: Wie groß muß der Kegelwinkel und das Kegelverhältnis an der Triebnadel sein, damit die Anzeige der Meßuhr den Durchmesser der Bohrung angibt?

$\frac{1}{k} = \frac{1}{1}$;

daraus folgt:

Neigung: $\tan \frac{\alpha}{2} = \frac{0{,}5}{1}$

$\frac{\alpha}{2} = 26°35'$

$\underline{\underline{\alpha = 53°10'}}$

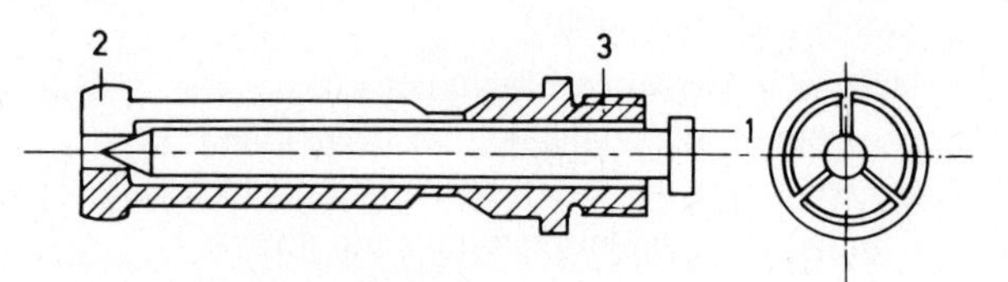

Bild A.41. Messen von Bohrungen < 18 mm mit Feinzeiger für erhöhte Meßkraft F = 2 N
1 Treibnadel, 2 Tasteinsatz, 3 Aufnahmekopf

Über 18 mm Durchmesser haben sich die Umlenkköpfe bewährt, die zur Erweiterung des Meßbereiches mit Meßeinsätzen von unterschiedlicher Länge bestückt werden können. Das eingestellte Gerät erfordert den folgenden Meßvorgang (Bild A.42):

1. Gerät in die Bohrung einführen,
2. Durchpendeln und dabei die kleinste Meßanzeige ablesen.

Eine federnde Brücke mit zwei Anlageleisten zentriert selbsttätig den Tastkopf.
Meßbereiche sind:

18 ... 35 mm; 35 ... 60 mm; 50 ... 100 mm; 100 ... 160 mm;
160 ... 250 mm; 250 ... 400 mm; 400 ... 800 mm.

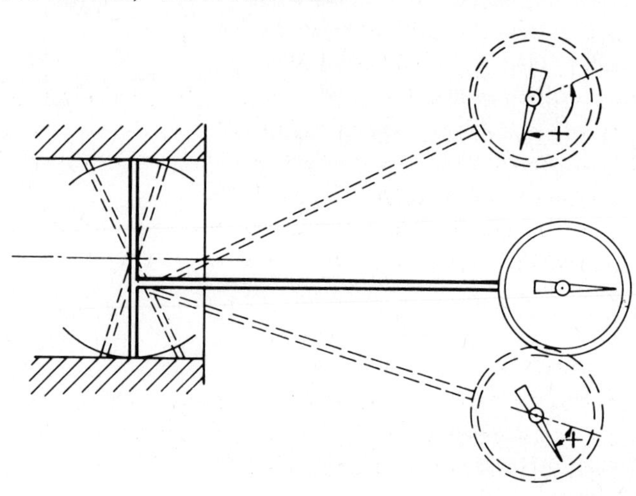

Bild A.42
Messen einer Bohrung durch Auspendeln

f) Lehren

Das Kennzeichen der Großserienfertigung ist das Prüfen der Werkstücke mit Lehren. Das sind nichtanzeigende Meßzeuge, robust und einfach, die in Bruchteilen von Sekunden ein Urteil über den Prüfling abgeben: Gut oder Ausschuß.

Am Anfang der Serienfertigung wurde das Werkstück einer „Normallehre" (Gegenstück des Werkstückes) angepaßt. Die Paßarbeit war überaus umständlich, da das Maß nie absolut genau eingehalten werden konnte. Später vereinfachte man die Fertigung, indem das Istmaß innerhalb zweier Grenzmaße liegen durfte. Der Unterschied der beiden Maße ist die Maßtoleranz, die so groß wie möglich sein soll. Mit anderen Worten: Jedes Maß soll nur so genau wie nötig sein. Der Verwendungszweck und die Fertigungskosten bestimmen demnach die Größe der zulässigen Maßabweichung der Paßteile.

Unter der Austauschbarkeit in der Fertigung, kurz Austauschbau genannt, versteht man: *Einzelteile oder Gerätegruppen müssen untereinander innerhalb der Maßtoleranz liegen, so daß diese Austauschteile an Stelle jedes anderen Teiles der gleichen Art passen, d. h. sich ohne Nacharbeit zusammenfügen lassen.*

Der Austauschbau bietet wesentliche Vorteile gegenüber der Einzelfertigung:

1. Zubringerbetriebe fertigen an beliebigen Orten Einzelteile in größeren Stückzahlen. Diese zentralisierte Fertigung verringert die Kosten durch bessere Ausnutzung des Maschinenparks.
2. Nur austauschbare Werkstücke vermeiden nachträgliche Paßarbeiten, bei denen Feile und Schmirgelpapier die vordem tadellosen Oberflächen mehr oder weniger zerstören.
3. Vermeiden der Kosten bei der Instandsetzung, da unbrauchbare Werkstücke nur auszutauschen sind.

Maßlehren

Die Fühlerlehre, auch oft Spion genannt, dient zum Ausmessen von engen Abständen, wie das Ventilspiel bei Verbrennungsmotoren und den Kontaktabständen von elektrischen Schaltern. Die Lehre besteht aus mehreren federharten Stahlblättchen, die, nach ihrer Dicke gestuft, sich um einen Drehpunkt schwenken lassen.

Mit der Düsenlehre werden feine Bohrungen ausgemessen. Entweder ist die Lehre eine schwachkegelige Nadel oder eine Nadel mit zylindrischen Absätzen. Beide Ausführungen der Lehre verstoßen gegen den Taylorschen Grundsatz. Die kegelige Nadel berührt den Durchmesser nur am äußeren Rande und die zylindrischen Zapfen messen bei einer ovalen Bohrung nur den kleinsten Durchmesser.

Zum raschen Ausmessen von Bohrerdurchmessern eignet sich die Lochlehre, die aus einer gehärteten Stahlplatte mit vielen Bohrungen besteht, die um je ein Zehntel Millimeter gestuft sind.

Formlehren

Unter den Formlehren sind die Radienlehren und Gewindekämme zu nennen. Die Meßkanten der Radienlehren haben konkave und konvexe Kreisbögen, die mit gestuften Größen zu Sätzen vereinigt sind. Die Gewindekämme sind zu Sätzen zusammengestellte

Lehren aus Stahlblech, die das Profil der genormten Gewinde besitzen. Mit dem Lichtspaltverfahren wird die Prüfung der Innen- oder Außenradien, sowie die Art des Gewindes geprüft.

Grenzlehren

Die ISA-Grenzlehren sollen bei der Fertigung und bei der Prüfung der Werkstücke die Sicherheit geben, daß nur Stücke für „gut" befunden werden, die innerhalb der durch die Abmaße oder durch die Kurzzeichen angegebenen Grenzmaße liegen. Eine Lehre stellt immer das *Gegenstück* zu dem zu prüfenden Werkstück für eine Passung dar.

Prüfen der Bohrung

Die Bohrung wird mit zwei Meßzylindern geprüft, von denen einer das Kleinstmaß hat und sich zwanglos in die Bohrung fügen lassen muß. Der andere Zylinder, der größer ist und das Größtmaß aufweist, darf nicht in die Bohrung hineingehen, sondern höchstens „anfassen".

Da in ein Werkstück, das „gut" ist, der kleinere Dorn hineingehen muß, nennt man ihn auch *Gutlehrdorn* oder die *Gutseite* der Grenzlehre; der andere heißt *Ausschußlehrdorn* oder die *Ausschußseite,* da das Stück „Ausschuß", nämlich zu groß, wäre, wenn er sich in die Bohrung einfügen ließe.

Ist die Bohrung derart oval, daß die Ausschußseite nicht hineingeht, so versagt die Prüfung mit vollzylindrischen Dornen. Das Bild A.43 zeigt einen genormten Grenzlehrdorn mit den markanten Unterscheidungsmerkmalen, wie längere Gutseite und kurze Ausschußseite. Sind Formfehler möglich, so findet man sie mit einer Ausschußseite, die entweder eine verminderte Berührungsfläche hat, wie im Bild A.44, oder noch besser, anstelle eines Dornes mit Linienberührung ein Kugelendmaß mit Punktberührung. Mit einem Kugelendmaß findet man die Bohrungen, die innen größer als am Anfang sind. Der Taylorsche Grundsatz empfiehlt als Regel, für die Gut-Prüfung einen vollzylindrischen Dorn, für die Ausschuß-Prüfung jedoch einen Meßkörper mit verminderter Berührungsfläche oder ein Kugelendmaß zu verwenden.

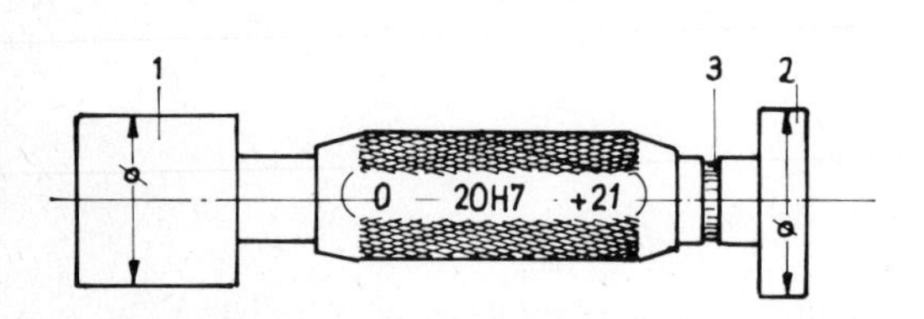

Bild A.43. Grenzlehrdorn
1 Gutseite, 2 Ausschußseite, 3 rot eingelegter Farbring

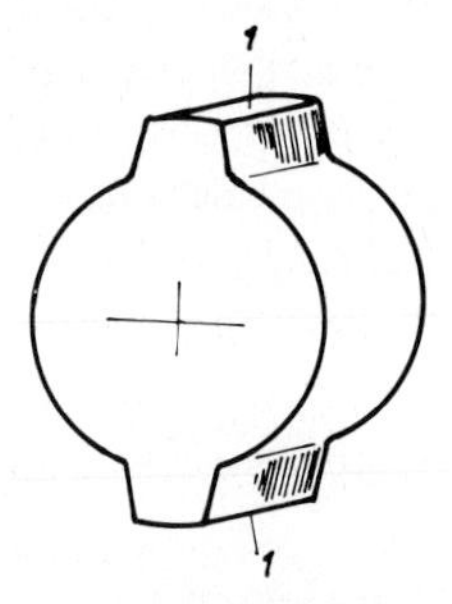

Bild A.44. Ausschußseite des Grenzlehrdornes mit verminderter Berührungsfläche
1 Meßfläche

Prüfung der Welle

Soll nach den Taylorschen Empfehlungen eine Welle nachgeprüft werden, so wäre als Gutseite ein geschlossener Ring und für die Ausschußseite ein Abtasten mit einem Rachen zu wählen. Analog dem Kugelendmaß dürfte der Rachen nur eine schneidenartige Form haben.

In der Praxis erfüllen die genormten Grenzlehren für Rundpassungen den Taylorschen Grundsatz nur teilweise, weil die Handhabung sonst zu umständlich wäre. Das Durchschwenken des Kugelendmaßes ist zeitraubend, und beispielsweise läßt sich der Hubzapfen einer gekröpften Kurbelwelle nicht mit einem Ring prüfen. Die Grenzlehren stellen demnach einen Kompromiß dar, der für die Praxis brauchbare Ergebnisse liefert. Nur bei Verdacht auf mögliche Fehler der geometrischen Form, müssen diese mit den angegebenen Meßgeräten aufgedeckt werden.

Für die Prüfung von Wellen sind Grenzrachenlehren eingeführt. Hierbei muß sich die Gutseite leicht über die Welle führen lassen; die Ausschußseite darf sich nicht hinüberführen lassen, sondern darf nur „anschnäbeln". Unter der Meßkraft weitet sich die Rachenlehre auf, da die Welle beim Anschnäbeln des Rachens wie ein schlanker Keil wirkt. Nach DIN 2062 ist deshalb das Arbeitsmaß so definiert: Das Arbeitsmaß einer Rachenlehre ist der Durchmesser derjenigen sachgemäß gereinigten Prüflehre (Dorn), über die die Rachenlehre unter ihrer Gebrauchsbelastung gerade hinübergeht. Ist die Gebrauchsbelastung nicht angegeben, so gilt das Gewicht der Lehre. Ausnahmen sind dünnwandige Werkstücke, die sich unter der Meßkraft verformen würden. Hier müssen volle Gegenstücke, sowohl für die Gutseite als auch für die Ausschußseite, also Lehrringe verwendet werden. Das Bild A.45 zeigt eine einseitige Rachenlehre, bei der das Prüfen nach „gut" und „Ausschuß" mit einem Handgriff erfolgt im Gegensatz zu den zweiseitigen Rachenlehren.

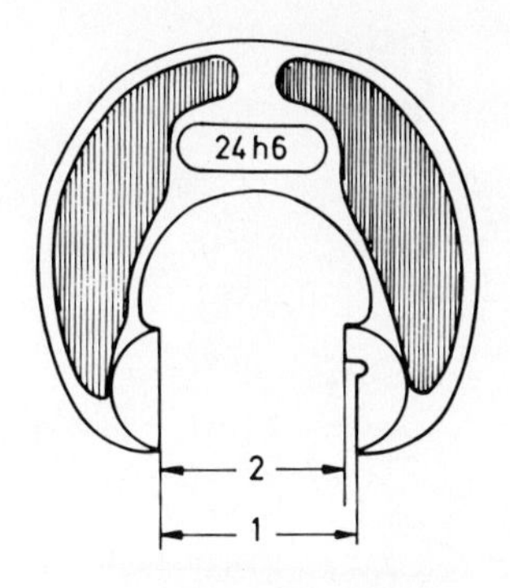

Bild A.45
Einseitige Grenzrachenlehre
1 Gutseite,
2 Ausschußseite

Anzeigende Grenzlehren

Die anzeigenden Meßbügel, wie sie treffender heißen sollten, sind für einen weiten Meßbereich vorgesehen und geben bei der Fertigung den beachtlichen Vorzug, daß nicht nur geprüft sondern auch gemessen werden kann. Die Fertigung nach Grenzlehren zeigt, daß die Werkstücke möglichst nahe der Gutseite gefertigt werden, um die Gefahrenzone des Ausschußwerdens zu meiden. So gefertigte Werkstücke liegen zwar durchaus innerhalb der Toleranz, aber der auf die Mitte des Toleranzfeldes bezogene Optimalzustand der Passung ist dabei nicht erreicht. Zusammengefaßt ergibt der Gebrauch der anzeigenden Lehren folgende Vorzüge gegenüber den festen Lehren:

1. Verkürzung der Meßzeit – ein einmaliger Vorgang genügt für die Gut- und Ausschußprüfung,
2. Messen des Istmaßes,
3. sichere Fertigung durch genaues Zustellen des Werkzeuges auf der Werkzeugmaschine.

Bauarten

Für Wellen besteht das Gerät aus einem Bügel, der mit einem Feinzeiger versehen ist. Entweder ist ein auswechselbarer Feinzeiger eingeklemmt (Bild A.46) oder das Gerät besitzt einen festeingebauten Fühlhebel. Der Skalenwert beträgt 1 μm.

Bild A.46
Anzeigende Rachenlehre
1 Feinzeiger,
2 Bügel,
3 Gegenlager mit Verstelleinrichtung und Klemmung,
4 Zentrierung

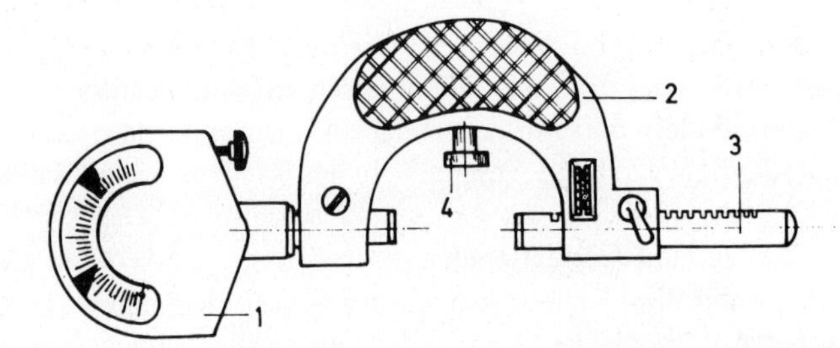

Das Gegenstück, der anzeigende Grenzlehrdorn, hat Dreipunktanlage, die eine selbsttätige Zentrierung gewährt. Die bewegliche Meßwange steht mit einem Feinzeiger in Verbindung, wie das Bild A.47 zeigt. Der Meßbereich dieses Gerätes überdeckt mit einem Meßbackensatz etwa 5 Millimeter, allerdings ist die Tiefe der Bohrung nur begrenzt abzutasten, da trotz der guten Geradführung durch federbelastete Kugeln in v-förmigen Nuten leicht ein Kippfehler auftreten kann. Diese Meßanordnung verstößt gegen den Komparatorgrundsatz.

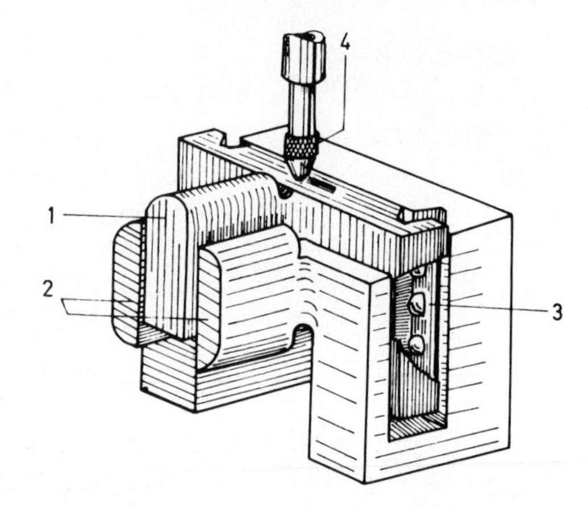

Bild A.47. Bohrungs-Meßgerät, Teilansicht – Marimeter –

1 Bewegliche Meßbacke, 2 feste Meßbacke, 3 Geradführung mit Kugeln, 4 Meßhütchen des Feinzeigers

Prüfen der Grenzlehren

Grenzlehrdorne sollten gegen Endmaße im Halter gemessen werden. Zwischen der Endmaßkombination und beidseitigen angesprengten Meßschnäbeln wird der Grenzlehrdorn gemessen. Diese Messung ist zeitraubend und erfordert behutsames Herantasten, um ein Aufbiegen der angesprengten Meßschenkel zu vermeiden. Rascher erfolgt das Messen mit einem Feinzeiger in einem Meßtisch. Hier ist nur das Justieren mit einer Endmaßkombination nötig, der Feinzeiger gibt sofort das Istmaß des Dornes an. Nur muß die Messung in mehreren Ebenen des Dornes erfolgen.

Die Rachenöffnung der Grenzrachenlehren soll auf der Gut- und Ausschußseite mit Prüfzylindern, die die Grenzmaße der Lehrenseite verkörpern, unter Gebrauchsbelastung nachgeprüft werden. Meist stehen aber solche Prüfzylinder nicht zur Verfügung, so daß wieder Endmaßkombinationen zusammengestellt werden. Dieses allmähliche Herantasten an das Istmaß der Rachenweite verstößt gegen die Vorschrift, da ein Prüfzylinder Linienberührung, eine Endmaßkombination dagegen eine Flächenberührung aufweist. Feinfühliger geht die Nachprüfung mit Endmaßen und dünnen Meßdornen vor sich, wie das Bild A.48 veranschaulicht. Diese Meßdorne haben 5 mm Nennmaß und eine Abweichung, in Mikrometer abgestuft, über und unter dem Nennmaß, so daß sich jedes beliebige Prüfmaß mit der Endmaßkombination zusammenstellen lassen kann.

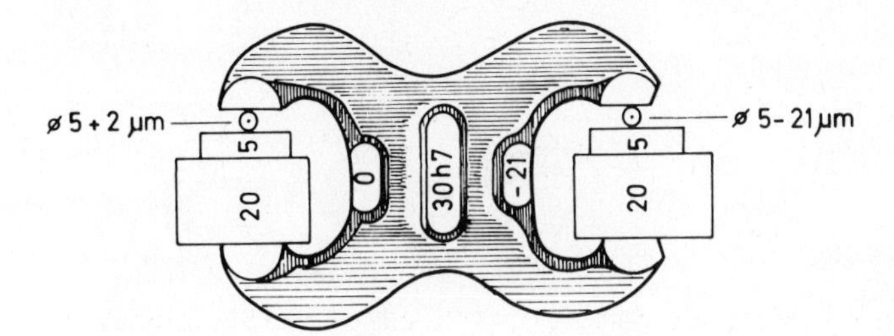

Bild A.48
Prüfung der Rachenlehre mit Endmaßen und Tastprüfdornen

g) Kontroll-Meßzeuge

Parallelendmaße

Die Parallelendmaße sind verläßliche Normale, mit denen alle Arten von Meßgeräten rasch und sicher kontrollierbar sind. Sie bilden seit ihrer Entwicklung das Fundament der gesamten Längenmeßtechnik. Der schwedische Ingenieur *Johansson* stellte um 1896 den ersten Endmaßsatz zusammen und legte damit den Grundstein für die heute noch gebräuchlichen Längenmaßnormale.

Endmaße sind prismatische, gehärtete Stahlklötzchen mit zwei gegenüberliegenden planparallelen Meßflächen, die ein bestimmtes Maß bei der Meßkraft Null verkörpern. Jedes Maß, von Mikrometer zu Mikrometer ansteigend, läßt sich durch eine Kombination von Endmaßen zusammenstellen. Die einzelnen Endmaße lagern in Holzkästen.

Nach dem Zusammensetzen mehrerer Endmaße zu einem Maß entsteht kein Fehler, da die Fehlergrenze, je nach dem Genauigkeitsgrad, so winzig ist, daß ein Maßunterschied, weder positiv noch negativ, nicht auftritt. Ohne Übertreibung kann gesagt werden, daß zwischen zwei angesprengten Endmaßen keine Trennfuge mehr vorhanden ist, sondern beide einen fest zusammenhängenden Körper bilden. Schon der englische Physiker *Tyndall* wies 1875 nach, daß zwei feingeschliffene Stahlflächen aneinanderhaften und dieses „Kleben" von Molekularkräften herrührt. Wäre der Luftdruck dafür wirksam, so müßte eine Kraft von 10 N je Flächeneinheit (cm^2) zum Trennen nötig sein; tatsächlich ergibt ein Zugversuch die maximale Haftkraft von 400 $\frac{N}{cm^2}$. Diesen Versuch führte *Johansson* um 1917 zum Beweis der Haftkraft aus (in Bild A.49 zu sehen).

Endmaße „sprengen" aneinander oder müssen „angeschoben" werden. Unter dem *Ansprengen* versteht man das freiwillige Aneinanderhaften zweier Meßflächen, das nach sorgfältiger Reinigung ohne Druck und Bewegung möglich ist. Gelingt dieses Ansprengen nicht mehr, so ist das „Anschieben" statthaft, mit dem man nach sorgfältiger Reinigung, jedoch mit Druck und drehend schiebender Bewegung, das Anhaften der Endmaße erreicht.

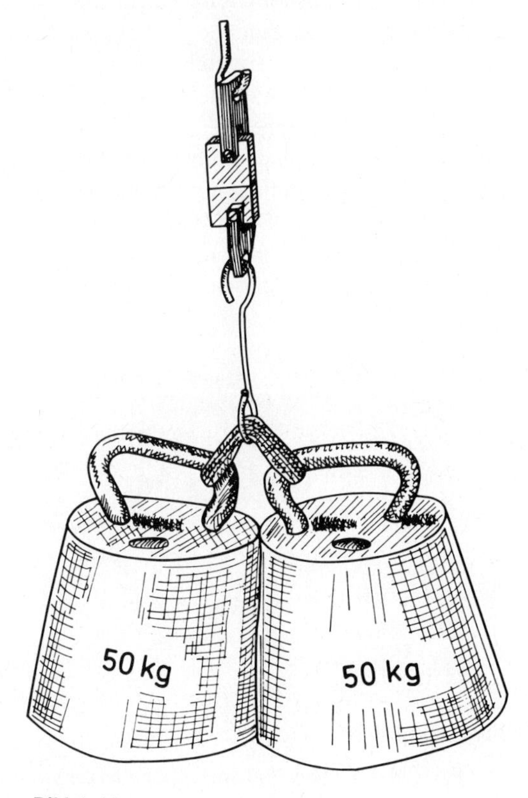

Bild A.49
Versuch von *Johansson* (1917) veranschaulicht die Adhäsion zwischen zwei Endmaßen mit 3,15 cm^2 Flächenauflage (aus: *C. E. Johansson* 1864–1943, Nordisk Rotogravyr, Stockholm 1948)

Arten und Ausführung der Parallelendmaße

Nach DIN 861 gibt es vier Genauigkeitsgrade von Parallelendmaßen: 0, I, II, und III. Die besten Endmaße mit dem Genauigkeitsgrad 0 dürfen einen Fehler von $f = \pm (0{,}1 + \frac{1}{500})\ \mu m$ aufweisen. Das bedeutet, ein Endmaß mit dem Nennmaß 25 mm darf um $\pm$ 0,15 μm abweichen.

Johansson bietet Endmaße seiner besten Genauigkeit AA mit einem entsprechenden Fehler von $\pm$ 0,05 μm an. Dieser Fehler ist in der Tat so gering, daß er sich nur mit einem optischen Meßverfahren bei der Meßkraft Null nachweisen läßt, für den praktischen Gebrauch jedoch vernachlässigt werden darf.

Nach DIN 861 bestehen die Endmaße aus Stahl mit der Wärmedehnzahl von $(11{,}5 \pm 1{,}5) \cdot 10^{-6} \frac{mm}{°C}$ und einer Vickershärte von mindestens 800 $\frac{N}{mm^2}$. Da Hartmetall einen rund 20-fach höheren Verschleißwiderstand als Stahl hat, benutzt man häufig die beiden äußeren Endmaße aus Hartmetall. Die Wärmedehnung des Hartmetalls beträgt nur die Hälfte des Stahles. Der daraus entstehende Fehler ist in diesem Falle vernachlässigbar, da ein Endmaß von 5 mm Dicke aus Hartmetall bei einer Temperaturdifferenz von 5 °C sich höchstens um 0,05 μm in seiner Dicke verändert.

Endmaße aus Quarz weisen noch geringere Wärmedehnung auf, so daß Abweichungen von der Bezugstemperatur zu berücksichtigen sind. Das ist ein schwerwiegender Nachteil, doch die Transparenz des Minerals erlaubt eine Beobachtung der Interferenzlinien, die sich bei nicht einwandfreien Oberflächen zeigen (siehe auch Seite 79).

Endmaße aus Glas, deren Wärmedehnung gleich der des Stahls ist, verschleißen leider zu leicht, da sie zu weich sind.

Außer den Parallelendmaßen gibt es noch Winkelendmaße und Kugelendmaße.

Anwendung der Parallelendmaße

Grundsätzlich soll ein Maß aus möglichst wenigen Endmaßen zusammengestellt werden. Die Empfehlung sagt, daß nicht mehr als fünf Endmaße aneinandergesprengt oder angeschoben werden sollten.

Ein großer Aufbewahrungskasten enthält 86 Endmaße.Damit lassen sich von 3,111 bis 100,000 mm alle Maße in einem Stufensprung von 1 μm bilden, und zwar aus höchstens vier Endmaßen.

Endmaße werden mit Holzklammern gehalten, um die Wärme des eigenen Körpers fernzuhalten.

Nach dem Messen sollen Endmaße nicht länger als nötig aneinanderhaften. Auf keinen Fall länger als 24 Stunden, damit die Meßflächen nicht durch Kaltschweißen beschädigt werden.

Meßaufgaben mit Parallelendmaßen

Ohne Zubehör sind die Endmaße zum Einstellen von Feinzeigern und Meßuhren geeignet. Dazu sind die anzeigenden Meßgeräte in Meßständern festgeklemmt und dienen zu Außenmessungen. Ebenso vollzieht sich die Prüfung von Bügelmeßschrauben mit Endmaßen, die über den ganzen Meßbereich der Meßschraube zwischen Amboß und Meßspindel gelegt und mit gleicher Drehrichtung der Meßspindel das Endmaß antasten.

Rachenlehren lassen sich mit Endmaßen auf einer Seite und mit kalibrierten Meßdornen auf der anderen Seite prüfen (siehe auch Bild A.48).

Mit einem Endmaßhalter und zwei Meßschenkeln, die an der Endmaßkombination angesprengt worden sind, können, ähnlich wie mit einer Rachenlehre, Außenmessungen an Wellen vorgenommen werden. Die ansprengbaren Meßschenkel haben auch die Präzision der Endmaße, die Meßkraft sollte aber genau beachtet werden, um elastische Aufbiegungen der Schenkel zu vermeiden. Das Bild A.50 zeigt diese Meßanordnung für Außen- und Innenmessungen.

Das Messen von Bohrungen ist mit halbrunden Meßschnäbeln im Endmaßhalter nach Bild A.50 möglich, aber wegen der subjektiven Meßkraftunterschiede nicht empfehlenswert. Ebenfalls ist die geringe Meßtiefe, bedingt durch die begrenzte Meßschnabellänge, meist unzureichend.

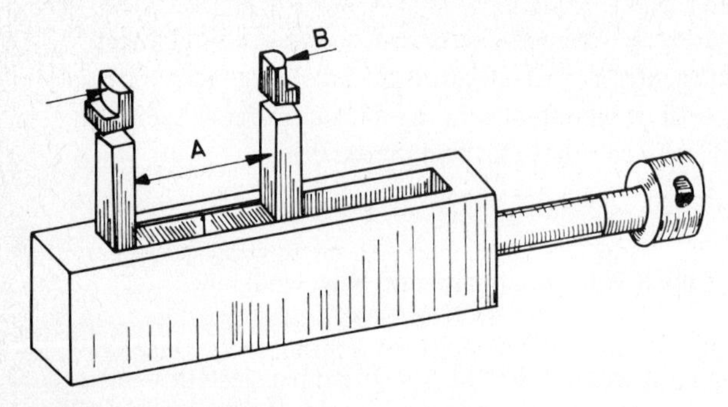

Bild A.50. Halter für Endmaße und Meßschenkel für Außen- und Innenmessungen
A Außenmessung, *B* Innenmessung, 1 Endmaß

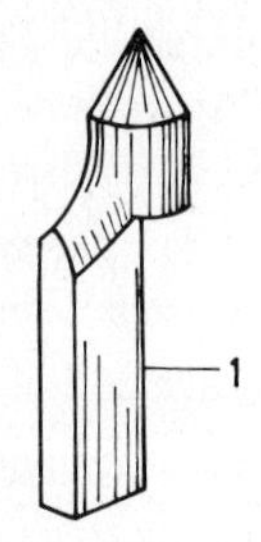

Bild A.51. Zentrumspitze mit 60° Kegelwinkel
1 ansprengbare Oberfläche

Mit dem Haarlineal und Endmaßen können Abstände genau gemessen werden. Das Lichtspaltverfahren ist so genau, daß noch 1 μm als feiner bläulicher Schimmer mit dem unbewaffneten Auge zu erkennen ist.

Mit Endmaßen und zwei angesprengten Meßschnäbeln mit Zentrierspitze (Kegelwinkel 60°) – die Kegelachse liegt in der Fluchtlinie der Meßfläche – kann an Außengewinden die Steigung über mehrere Gewindegänge nach dem Lichtspaltverfahren gemessen werden. Eine derartige Kegelspitze zeigt das Bild A.51.

Für das Positionieren an Werkzeugmaschinen sind Endmaße geeignet. Doch sollte stets auf die Meßkraft geachtet werden, damit keine zu großen Fehler durch elastische Abplattungen und Verbiegungen der Werkzeugschlitten und Werkzeuge auftreten.

B. Pneumatische Längenmeßgeräte

1. Allgemeines

Es besteht sicher kein Zweifel über den Zwang zur ständig zunehmenden Austauschbarkeit der industriell gefertigten Produkte. Dieser Austauschbau läßt sich aber nur dann verwirklichen, wenn mit großer Sicherheit nicht allein die Maßhaltigkeit sondern auch die Oberflächengüte und die mathematische Form rasch und bequem gemessen werden können. Die Entwicklung des Austauschbaus führte auch zur Verfeinerung der Maßtoleranzen, die sich nur mit neuartigen Meßgeräten überwachen ließen. Die Serienfertigung muß heute mit solch engen Toleranzen, die vor zwei Jahrzehnten nur im Vorrichtungs- und Lehrenbau verlangt wurden, die Werkstücke herstellen.

In den dreißiger Jahren galten nur optische und elektrische (Eltas-AEG) Meßmittel für so empfindlich, daß ein Skalenwert von einem Mikrometer (μm) mit einem normalen Augenabstand sicher und ermüdungsfrei zu erkennen war.

Im Jahre 1930 entwickelte Mennesson in Frankreich das erste pneumatische Verfahren, das unter dem Namen Solex-Verfahren bekannt wurde und zum Messen der Vergaserdüsen diente. Ab 1940 gelang es der Firma Nieberding, Neuß, ein pneumatisches Meßverfahren zu entwickeln und die Meßgeräte zu fertigen.

Folgende Punkte heben das pneumatische Längenmeßverfahren gegenüber den mechanischen und optischen Meßgeräten heraus:

1. Vergrößerungsverhältnis: Anzeige zur Meßgröße 1000 : 1 bis 50 000 : 1 mit guter Reproduzierbarkeit der Meßwerte. Folglich kann der Meßplatz vom klimatisierten Meßraum unmittelbar an den Fertigungsplatz (Werkzeugmaschine) verlegt werden.
2. Räumliche Trennung zwischen Anzeige und Aufnehmer der Meßgröße. Dieses Merkmal erlaubt das Zusammenfassen von mehreren Anzeigegeräten zu einem Block, der mit einem Blick zu überwachen ist. Eine rationelle Mehrstellenmessung bietet sich an.
3. Die Meßeinheit – Düsendorn – eignet sich vorzüglich zum Messen von Bohrungen. Damit schließt sich eine Lücke im Meßmittelangebot, das bisher kein Meßgerät mit ähnlich günstigen Eigenschaften, wie der Düsendorn (siehe Bild B.8b), anzubieten vermochte.
4. Lange Lebensdauer des Meßaufnehmers, da man mit ihm nahezu berührungslos, ohne Meßkraft, mißt. Das meßkraftarme Antasten schont die meist feinstgearbeiteten Oberflächen vor Kratzern.

2. Meßverfahren, Prinzipien und Systeme

Die Meßeinheit nimmt die Meßgröße auf, indem sie in einer Luftströmung den zuvor geregelten Druck geringfügig ändert. Das Anzeigegerät, ein Druckmesser, wandelt diese Druckänderung wieder in einen Längenmeßwert um, der um die Übersetzung, also um mehrere Dezimale größer als die Meßgröße erscheint und deshalb ohne Schwierigkeiten aus großer Entfernung zu erkennen ist. Niemals ist ein Fixieren des Auges nötig, da die Anzeige ein gemessenes Mikrometer bei 10 000-facher Übersetzung auf einen Zentimeter Länge vergrößert.

Alle Meßverfahren beruhen auf folgendem Prinzip: Aus einer Meßdüse strömt ein Luftstrahl und prallt gegen die Oberfläche des zu messenden Werkstücks, die in einem gewissen Abstand der Meßdüse gegenübersteht. Die Luftströmung staut sich und ändert ihren Druckzustand durch die verzögerte Strömungsgeschwindigkeit. Gemäß der Bernoullischen Gleichung wächst der Druck in einer Strömung an, wenn ihre Geschwindigkeit verringert wird. Diese Druckänderung wird dem Auge durch das Anzeigegerät sichtbar gemacht.

a) Druck-Meßverfahren

Bei dem soeben beschriebenen *Druck-Meßverfahren* stellt sich ein bestimmter Druck durch die veränderte Spaltgröße zwischen Werkstück und Düse ein. Dieser Druck ist der Abweichung von der Werkstückhöhe in kleinen Grenzen direkt proportional. Das Bild B.1 zeigt das Prinzip des Druckmeßverfahrens. Zu beachten wäre noch, daß durch den Unterschied der Flüssigkeitsoberfläche im Behälter und im Steigrohr eine Übersetzung nach dem hydraulischen Prinzip erfolgt.

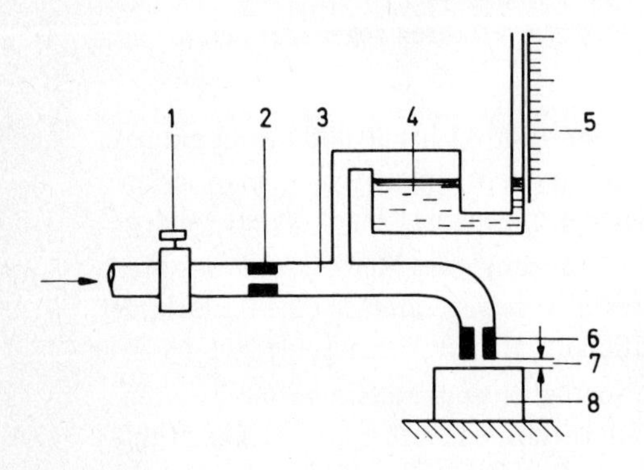

Bild B.1

Prinzip des Niederdruck-*Druck*meßverfahrens

1 Druckregler
2 Vordrüse
3 Meßkammer
4 Wasser, gefärbt
5 Anzeige mit Meßteilung
6 Meßdüse
7 veränderlicher Spalt
8 Werkstück

b) Volumen-Meßverfahren

Ein anderes Meßverfahren, als *Volumen-Meßverfahren* bekannt, mißt das in der Zeiteinheit ausströmende Luftvolumen. Auch hier steht die Meßdüse der Werkstückoberfläche in einem gewissen Abstand gegenüber. Das Bild B.2 zeigt den prinzipiellen Aufbau mit dem bemerkenswerten Meßwerk, das aus dem Schwebekörper in einem schwach kegeligen Glasrohr besteht. Durch den unterschiedlichen Staudruck der Luftströmung stellt sich der Schwebekörper in eine Höhe ein, bei der sein Gewicht in einem pendelfreien Gleichgewichtszustand verharrt.

Erstaunlich ist die überaus kurze Einstellzeit des Schwebekörpers auf den Meßwert, im Gegensatz zu der viel trägeren Anzeige durch eine pendelnde Flüssigkeitssäule.

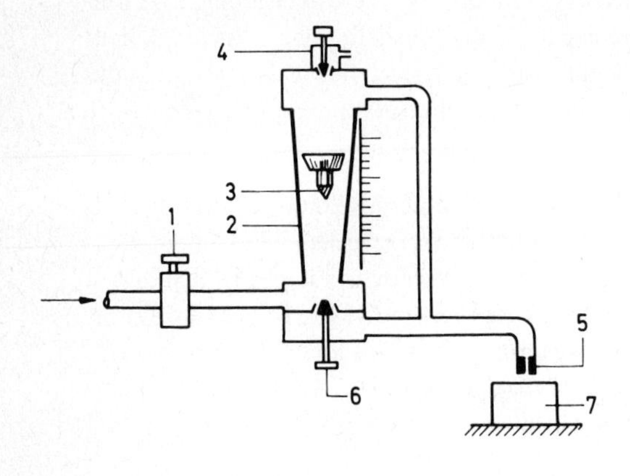

Bild B.2

Prinzip des Hochdruck-*Volumen*meßverfahrens

1 Druckregler
2 kegeliges Glasrohr
3 Schwebekörper
4 Ventil zur Nullpunkteinstellung
5 Austrittsdüse als Meßgrößenaufnehmer
6 Ventil für Kurzschlußströmung verändert das Übersetzungsverhältnis
7 Werkstück

c) Geschwindigkeits-Meßverfahren

Eine andere Art nennt sich *Geschwindigkeits-Meßverfahren.* Im Bild B.3 ist das Prinzip gezeigt. Auch hier verändert die Spalthöhe zwischen Werkstück und Meßdüse den Luftstrahl. Die Luft strömt zuvor durch die Venturidüse, bei der je eine Anzapfung vor und an der engsten Stelle die korrespondierenden Drücke mit einem U-Rohrmanometer als Längenmeßwert festzustellen gestattet. Bei hohen Luftgeschwindigkeiten entsteht an der engsten Stelle des Venturirohres ein beachtlicher Unterdruck, der vielfach in der Technik zum Fördern von Gasen und Flüssigkeiten ausgenutzt wird (Vergaser des Ottomotors, Wasserstrahlluftpumpe).

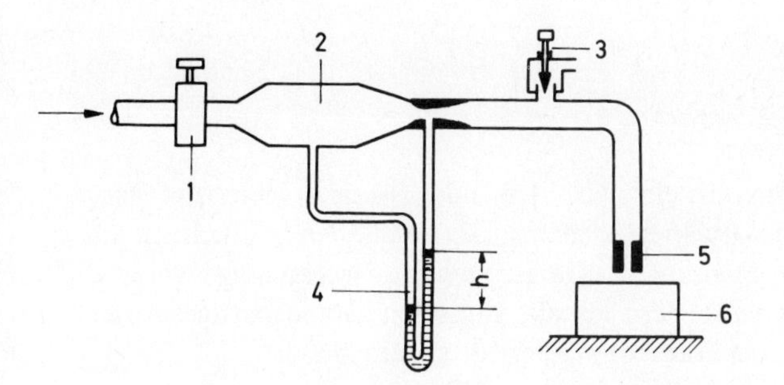

Bild B.3

Prinzip des Hochdruck-*Geschwindigkeits*meßverfahrens (Ventometer)

1 Druckregler
2 Venturidüse
3 Regelventil
4 Manometer und Teilung
5 Meßdüse
6 Werkstück

d) Differenzdruck-Meßverfahren

Das vierte Verfahren erfaßt den Druckunterschied nach einer Parallelschaltung von zwei Düsen – *Differenzdruck-Meßverfahren.* Im Bild B.4 ist wiederum das Prinzip zu erkennen. Das Manometer zeigt nur dann einen Ausschlag, wenn eine Druckdifferenz durch eine unterschiedliche Drosselung der Düsen 4 und 5 vorhanden ist. Dieses Verfahren hat den Vorzug, völlig unabhängig von dem jeweiligen Netzdruck eine sichere Anzeige zu gewährleisten. Die Anforderungen an den vorgeschalteten Druckregler sind wesentlich geringer als bei den oben besprochenen Meßverfahren. Allerdings verbrauchen die beiden parallel geschalteten Düsen 4 und 5 eine höhere Luftmenge als die Geräte mit nur einer Meßdüse.

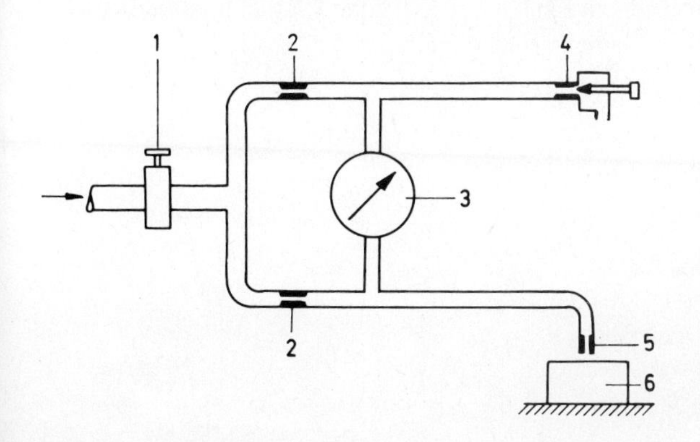

Bild B. 4

Prinzip des Hochdruck-*Differenzdruck*meßverfahrens

1 Druckregler
2 Vordüsen
3 Zeigermanometer
4 Einstellventil
5 Meßdüse
6 Werkstück

e) Niederdruck- und Hochdruck-Meßverfahren

Alle Meßgeräte, die mit einem Netzdruck von 0,1 bar und darunter betrieben werden, zählen zu den *Niederdruckgeräten,* über 0,5 bar Regeldruck zu den *Hochdruckgeräten.*

Die Entwicklung begann mit Niederdruckgeräten, doch bald verdrängten die Hochdruckgeräte ihre Vorgänger. Bei dem berührungslosen Messen, das mit frei blasenden Düsen erfolgt, hat der Hochdruck den wichtigen Vorzug, daß der schärfere Luftstrahl die Oberflächen der Werkstücke von anhaftendem Schmutz und von benetzenden Kühlflüssigkeiten befreit. Dazu kommt noch die Unabhängigkeit der Meßanzeige von dem zur Zeit herrschenden äußeren Luftdruck.

3. Luftaufbereitung

Für die pneumatischen Meßverfahren ist ein gleichbleibender Druck der Speiseluft für eine sichere Funktion wichtig. Die Druckregler entspannen den höheren Netzdruck auf den niederen Speisedruck, der zur Speisung des Gerätes gehört. Zweckmäßigerweise wird der Druck stufenweise mit mehreren Reglern gesenkt, nur solch kaskadenartiges Absenken bringt die nötige Sicherheit für einen konstanten Speisedruck am Meßort.

Bei den Druckreglern unterscheidet man zwei Systeme:

1. den Gewichtsdruckregler
2. das Druckminderventil

Der **Gewichtsdruckregler** bläst den jeweiligen Überschuß ins Freie, er ist daher im Aufbau einfach, aber durch den hohen Luftverbrauch unwirtschaftlich.

Bei Niederdruckgeräten ragt ein Tauchrohr von 500 mm Länge ins Wasser hinein (Bild B.5). Durch das ständige Geräusch der aufsteigenden Luftblasen läßt sich die Betriebsbereitschaft des Gerätes überwachen. Allerdings muß in gewissen Zeitabständen der Wasserverbrauch ergänzt werden, da die Luftblasen Wasser mitreißen und auch sonst Wasser verdunstet. Bei der üblichen, 500 mm hohen Wassersäule war die Bauhöhe störend, so daß auch kürzere, mechanische Regler verwendet wurden. Ein solcher Regler ist im Bild B.6 zu sehen. Hier hält der Staudruck ein gewichtsbelastetes Tellerventil in Schwebe. Das Gewichtsstück ist lageempfindlich und vor Erschütterungen zu schützen. Die beiden Ringschlitzdüsen können als reibungsfreie Luftlagerung des Gewichtsstückes gelten.

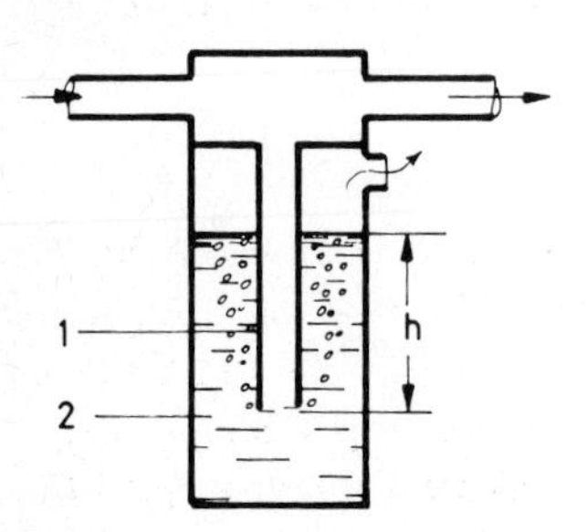

Bild B.5
Flüssigkeits-Druckregler
1 Tauchrohr
2 Wasserbehälter
h statische Druckhöhe

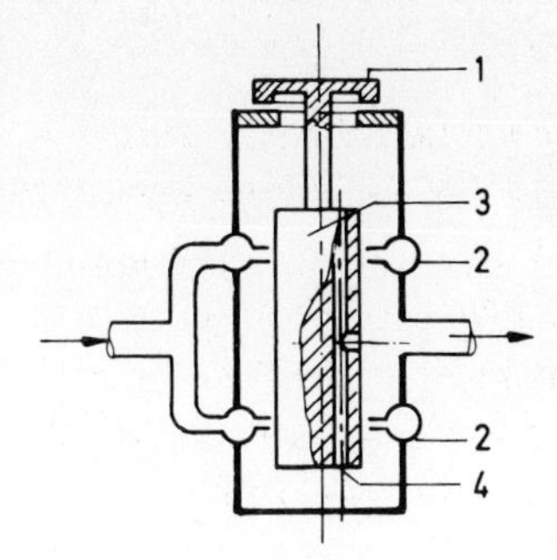

Bild B.6
Gewichtsdruckregler
1 Plattenventil
2 Ringschlitzdüse
3 Gewichtsstück mit Luftpolsterlagerung
4 Ausgleichbohrung

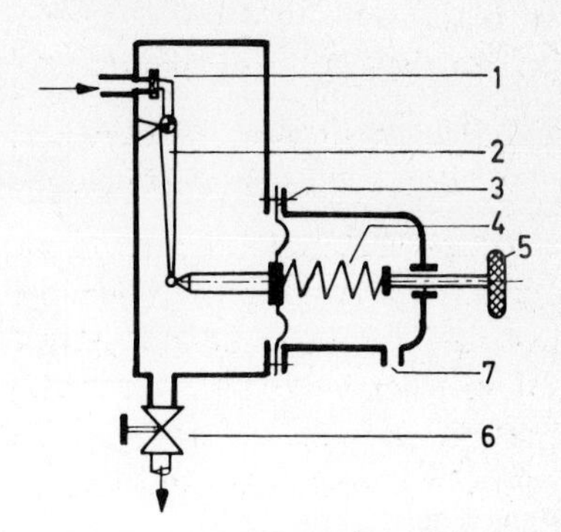

Bild B.7
Druckminderventil
1 Ventil
2 Hebel zweiseitig
3 Membrane
4 Druckfeder
5 Einstellschraube
6 Ausgang
7 Ausgleichbohrung

Luftsparender sind die **Druckminderventile**, die nur soviel Druck und daher auch Luftvolumen nachströmen lassen, wie vom nachgeschalteten Gerät verbraucht wird. Die Konstanz des Regeldruckes hängt, wie bei allen Geräten, von der Reibung des mechanischen Aufbaues ab. Das Bild B.7 zeigt einen einstufigen Regler in seinem prinzipiellen Aufbau. Die federbelastete Membrane steht im Gleichgewicht mit der Kraft aus der Druckkammer, die durch den Innendruck entsteht. Fällt der Druck durch einen Verbrauch ab, so bewegt sich die Membrane unter der Federkraft nach links und öffnet über den zweiseitigen Hebel das Ventil. Die Druckkammer füllt sich wieder auf, der Druck steigt an. Sobald der Sollwert erreicht ist, weicht die Membrane wieder nach rechts aus und schließt dadurch das Ventil. Dieses Spiel wiederholt sich nun ständig, so daß der Druck kleinen Schwankungen unterworfen ist, die von der Trägheit des Hebelsystems abhängig sind.

4. Meßgrößenaufnehmer

Ein wichtiges Merkmal der pneumatischen Meßverfahren ist die räumliche Trennung von Meßeinheit und Anzeige des Meßwertes. Hierdurch besteht die Möglichkeit, die Meßeinheit klein zu halten. Die Anzeige jedoch unterliegt keiner baulichen Beschränkung, um ermüdungsfrei ablesen zu können.

a) Meßdüsen als Meßgrößenaufnehmer

Pneumatische Meßgeräte können wegen ihrer Eigenart des berührungslosen Messens insbesondere Bohrungen schnell und sicher prüfen. Das geschieht mit Düsenmeßdornen, die mit einigen Hundertstel Millimeter Spiel in die Bohrung eingeführt werden. Stets haben sie zwei gegenüberliegende Luftdüsen (Bild B.8a und b), die etwas gegenüber dem Außendurchmesser zurückgesetzt und mitten in einer Längsnut sitzen. Dieses Düsenpaar gleicht

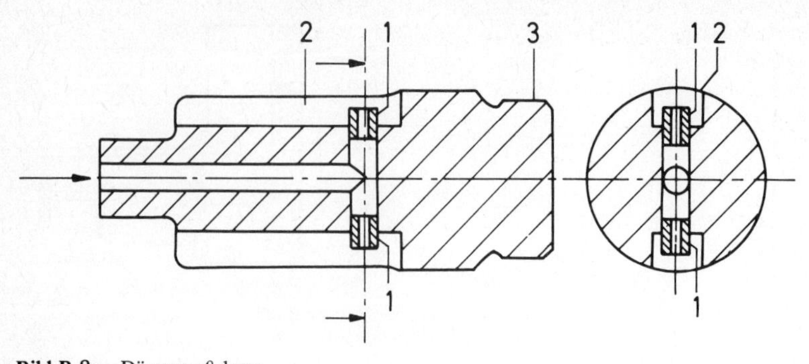

Bild B.8a. Düsenmeßdorn
1 Meßdüse, 2 Längsnut für den Luftaustritt, 3 Führungszapfen mit Kegel

Bild B.8b. Düsendorn für Grundbohrungen mit rückfedernder Einführhilfe

selbsttätig das unvermeidliche exzentrische Einführen des Dornes aus, das bei nur einer Düse durch die unkontrollierbare Spaltänderung zu einem Meßfehler führen würde. Bei zwei Düsen, einem Paar, bleibt der Austrittsquerschnitt immer erhalten, auch wenn eine der beiden Düsen näher an der Bohrungswand anliegt, weil die gegenüberliegende dafür den Spalt zum Ausblasen der Druckluft vergrößert.

Nachteilig ist die Notwendigkeit, daß für jede Bohrung und für jedes Paßmaß ein besonderer Düsenmeßdorn bereitgestellt werden muß. Eine Verstellbarkeit auf ein anderes Paßmaß ist bei Sonderkonstruktionen möglich.

b) Dickenmessung mit Düsenrachen

Steht sich ein Düsenpaar mit der Blasrichtung genau gegenüber und schiebt man ein Werkstück dazwischen, so entsteht eine Meßeinheit für die Außen- und Dickenmessung. Auch hier sorgt das Düsenpaar für den genauen Ausgleich bei unsymmetrischer Lage des Werkstückes zu den Düsen.

c) Der Einfluß der Rauhtiefe auf die pneumatische Messung

Besteht zwischen der Oberflächengüte des Normals und der des Werkstücks ein spürbarer Unterschied, so weicht die Anzeige voneinander ab. Für diese Fälle ist eine andere Düsenanordnung zu wählen. Die Bilder B.9a und b zeigen zwei Ausführungen, mit denen Oberflächen mit großer Rauhtiefe über ein Zwischenglied geprüft werden können. Einmal ist es eine Blattfeder (Bild B.9a) mit aufgelöteter Hartmetallkalotte, zum anderen tastet eine im Käfig gehaltene Stahlkugel die Oberfläche ab (Bild B.9b).

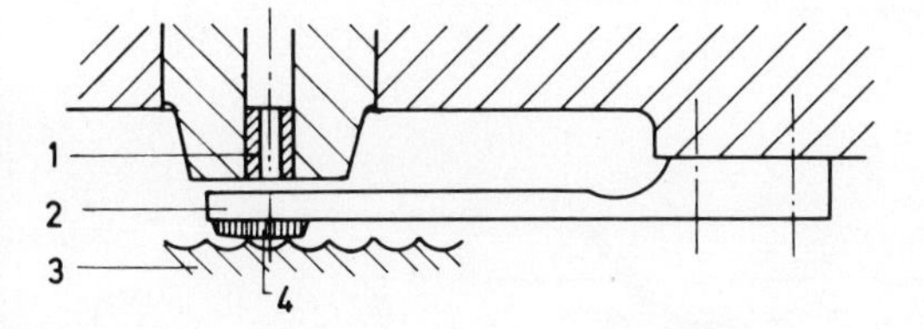

Bild B.9a. Federkontaktdorn
1 Meßdüse, 2 Kontaktfeder, 3 Oberfläche des Meßgegenstandes, 4 Hartmetall-Kontaktplättchen

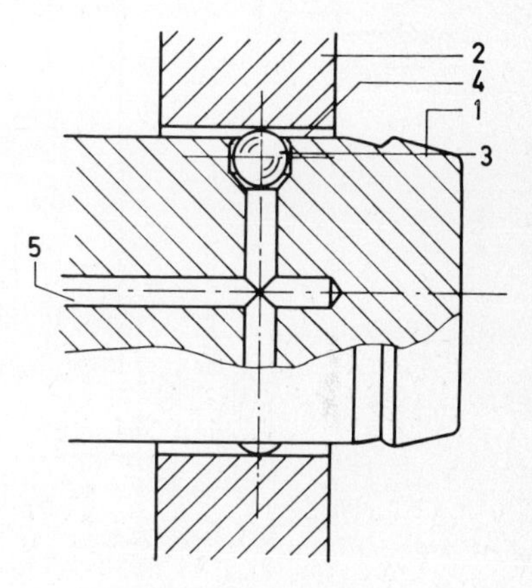

Bild B.9b. Kugelkontaktdorn
1 Düsendorn, 2 Meßgegenstand, 3 Meßkugel, 4 Klemmring, 5 Luftzufuhr

d) Pneumatische Meßeinheit mit mechanischer Antastung

Das Gebiet der pneumatischen Meßmittel wäre unvollkommen beschrieben, wenn die mechanischen Taster unerwähnt blieben. Die überzeugende Einfachheit des ursprünglichen Aufbaus wird dabei aufgegeben; im Vordergrund der Überlegung steht wohl die nochmalige Vergrößerung der Anzeige, die eine Hebelübersetzung ermöglicht. An Werkzeugmaschinen sind diese mechanisch-pneumatischen Taster häufig zu finden, da der Meßeinsatz mit der Punktauflage sicher den Kühlmittelfilm durchbricht. Das Bild B.10 zeigt nur eine Möglichkeit von vielen anderen pneumatischen Tastern. Obwohl die beiden Parallelogramm-Blattfedergelenke reibungsfrei und die Rollreibung der Schneidenlager gering ist, bedeutet diese Art Entwicklung die Abkehr von der ursprünglichen Einfachheit der pneumatischen Meßverfahren.

Ein bemerkenswerter Taster soll im Bild B.11 vorgestellt werden. Zunächst besticht seine einfache Konstruktionsidee, indem vier Drosselstellen oder auch zwei Paare, die sich in ihrer Wirkung gegenseitig unterstützen, die Druckverhältnisse ändern und die Druckdifferenz mit

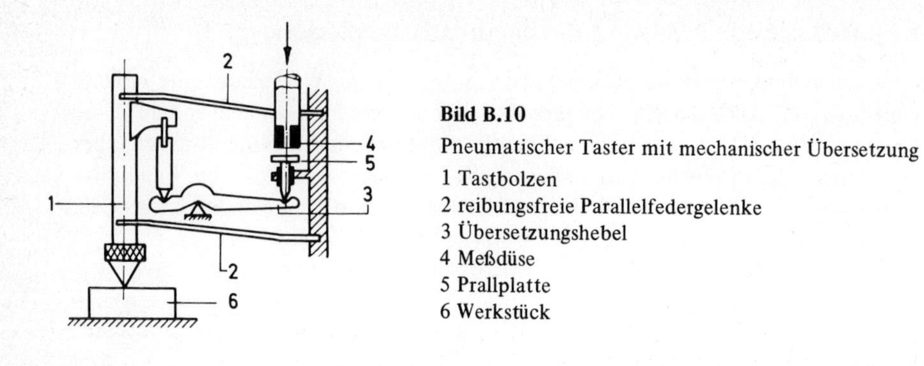

Bild B.10

Pneumatischer Taster mit mechanischer Übersetzung
1 Tastbolzen
2 reibungsfreie Parallelfedergelenke
3 Übersetzungshebel
4 Meßdüse
5 Prallplatte
6 Werkstück

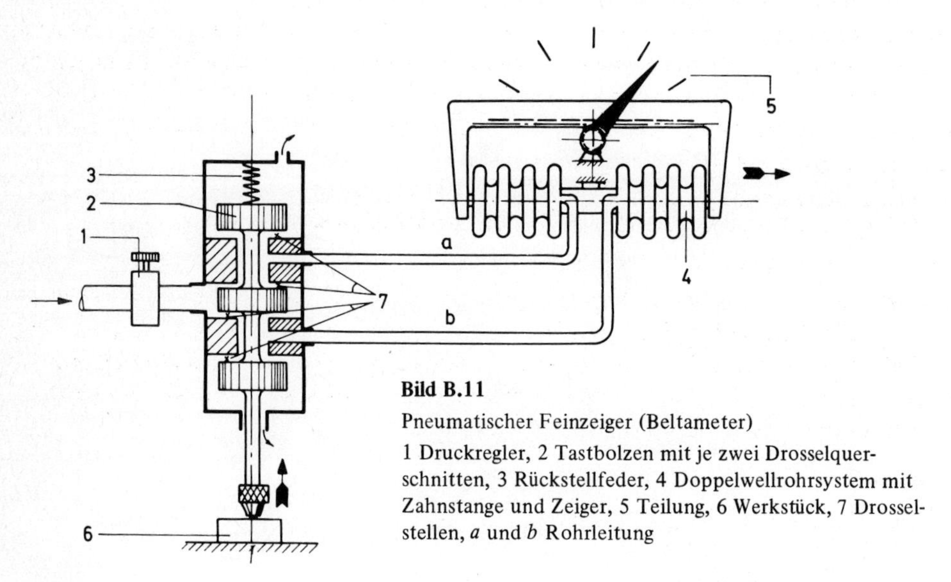

Bild B.11

Pneumatischer Feinzeiger (Beltameter)
1 Druckregler, 2 Tastbolzen mit je zwei Drosselquerschnitten, 3 Rückstellfeder, 4 Doppelwellrohrsystem mit Zahnstange und Zeiger, 5 Teilung, 6 Werkstück, 7 Drosselstellen, *a* und *b* Rohrleitung

zwei tandemartigen Metallfaltenbalgen über Zahnstange und Stirnrad zur Anzeige bringen. Der Taster des Deltameters steuert die beiden Drücke in den Leitungen a und b derart, daß der Tastbolzenweg keine strenge Proportionalität zum Anzeigeausschlag erreicht. Daher ist das Deltameter für Meßsteuerungen an Werkzeugmaschinen geeignet. Für das Messen bei Rundschleifmaschinen hat die Skale eine nicht lineare Teilung bei einem Meßbereich von 320 μm.

5. Meßwertdarsteller

Im Anzeigegerät wird die Änderung der Druckluft in einen sichtbaren Ausschlag eines Zeigers zurückgewandelt. Dieser Ausschlag ist aber um das Maß der Vergrößerung gewachsen. Das Meßwerk ist meist ein Druckmesser, angefangen von einer Flüssigkeitssäule, wie in den Bildern B.1 und B.3, bis zu einem Tandemfaltenbalg, wie im Bild B.11. Die

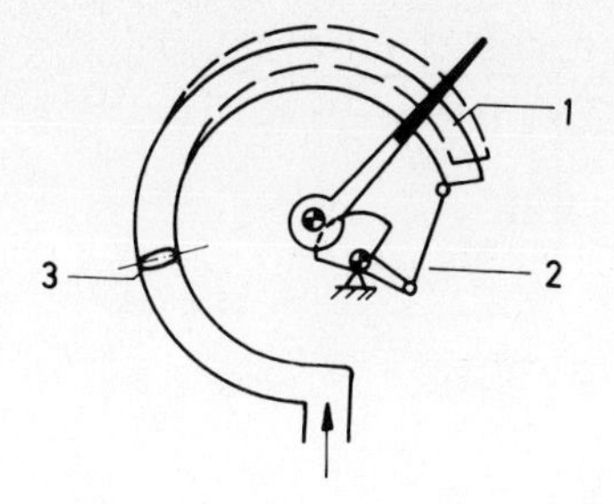

Bild B.12
Prinzip des Röhrchenfedermanometers
1 Röhrchenfeder (Bourdonrohr)
2 Getriebe
3 Querschnitt der Röhrchenfeder

Rundskalengeräte haben häufig als Meßwerk das von den Manometern bekannte Bourdonrohr, das im Bild B.12 schematisch dargestellt ist. Hinter diesem Namen verbirgt sich ein federndes Bronzerohr mit elliptischem oder flachgequetschtem Querschnitt, das sich durch einen Überdruck gerade strecken will. Diese federnde Längenänderung ist dem Innendruck proportional und wird mit Schubstange, Zahnsegment und Stirnrad auf die Zeigerwelle übertragen. Das kegelige Glasrohr mit seinem Schwebekörper (Bild B.2) mißt eigentlich nur die Luftgeschwindigkeit über dem Staudruck der Strömung.

Für die Wahl des Anzeigegerätes können mehrere Gesichtspunkte gelten. Für die Mehrfachmessung an einem Werkstück haben zweifellos die platzsparenden Anzeigegeräte wertvolle Vorzüge, wie sie Bild B.13 deutlich zeigt.

Ein anderer Gesichtspunkt vergleicht die Einschwingzeit des Zeigers auf den Meßwert. Dieser als Zeitkonstante bezeichnete Wert in Sekunden kann das Ablesen erschweren und die Meßzeit erheblich verlängern. Die Schwebekörper des Volumen-Meßverfahrens (Bild B.2) brauchen nur wenige Millisekunden bis zur Ruhe, dagegen pendelt die Flüssigkeitssäule einige Zehntelsekunden neben der Skale auf und ab.

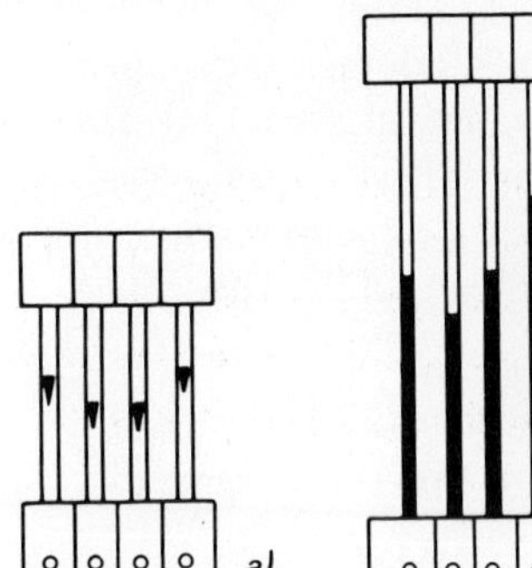

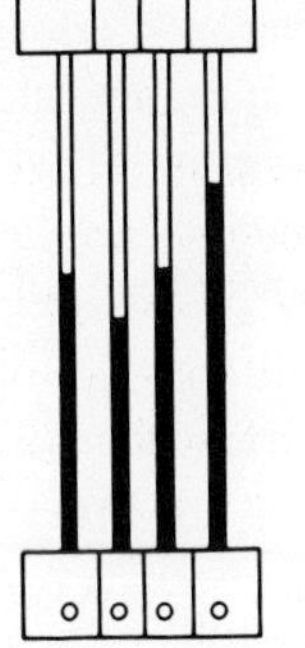

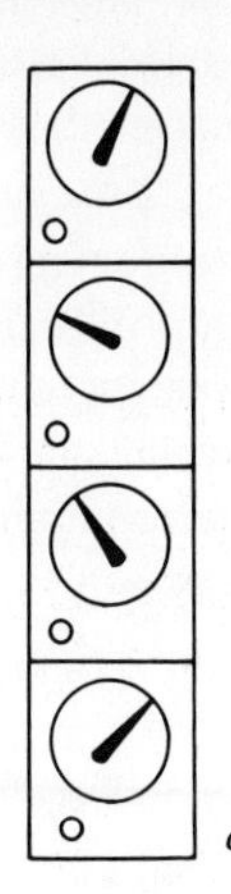

Bild B.13
Mehrfachanzeige mit Lang- und Rundskalengeräten
(*H. Schulz:* Die Pneumatik in der Längenmeßtechnik. Hanser, München 1967)
a) Schwebekörper
b) Flüssigkeitssäule
c) Metallmanometer

6. Meßaufgaben für pneumatische Meßgeräte

Für die Endkontrolle der Großserienfertigung ergeben sich vielfältige Meßaufgaben, die mit pneumatischen Meßverfahren in vorbildlicher Weise gelöst werden können.

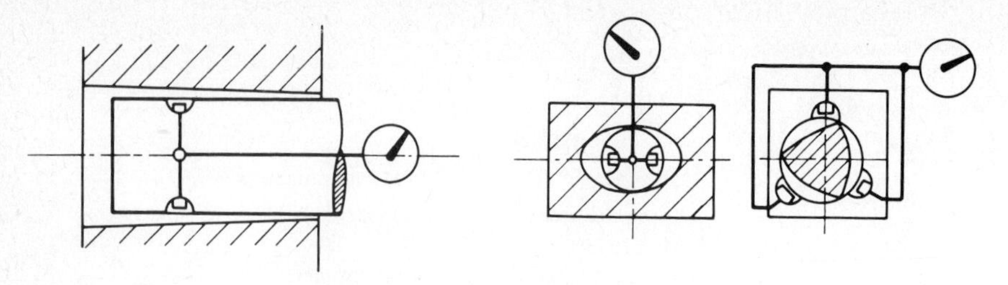

Bild B.14. Prüfen von Formfehlern bei Bohrungen und Wellen
linkes Bild: Kegeligkeit wird durch axiales Verschieben des Düsendornes ermittelt
mittleres Bild: Ovalität wird durch Dorndrehen geprüft
rechtes Bild: Prüfen eines Gleichdickes mit einem Düsenring

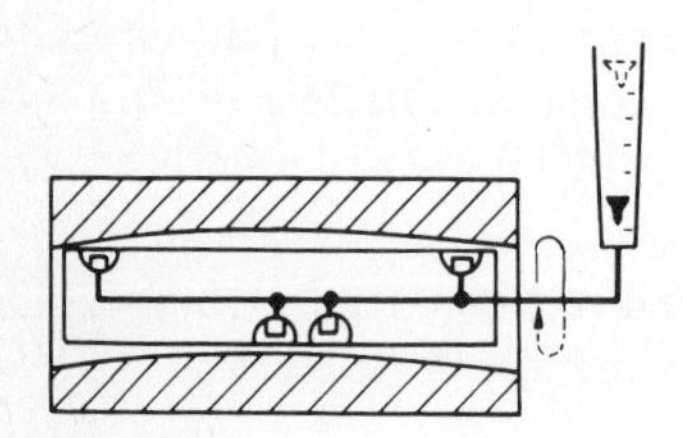

Bild B.15. Prüfen einer Bohrung auf Fluchtfehler

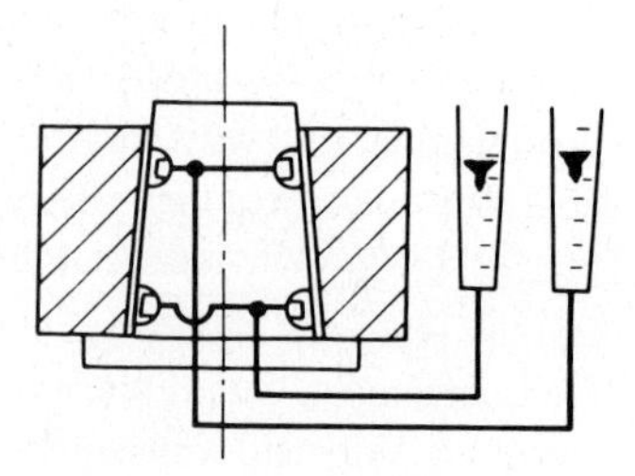

Bild B.16. Kegelmessung

Die Einzelmessung mit einem Düsenmeßdorn (Bild B.14) erfaßt nicht nur die Lage des Istmaßes zum tolerierten Sollmaß sondern auch Formfehler der Bohrung, wie konische Erweiterung, Ovalität oder unregelmäßige Abweichung von der Kreisform. Allerdings lassen sich Gleichdicke (Polygone mit drei oder fünf Ecken) nur mit einer Dreipunktmessung nachweisen. Ebenfalls sind exakte ellipsenförmige Körper nicht mit der Dreipunktmessung in einem 60° öffnenden Prisma zu erfassen.

Fluchtfehler an Bohrungen lassen sich mit entsprechend langen Meßdornen nachweisen, wenn ein Teil um 180° geschwenkt wird. Im Bild B.15 ist in der gezeichneten Lage das Ausströmen aller vier Düsen durch den verengten Spalt gebremst, so daß der Schwebekörper in der unteren Stellung steht. Nach einer 180°-Schwenkung öffnet sich der Spalt an allen vier Meßorten, der Schwebekörper nimmt eine höhere Lage auf der Meßteilung ein, da die Luftgeschwindigkeit größer geworden ist.

Ein Kegel läßt sich mit zwei Düsenpaaren, die einen definierten Höhenabstand voneinander aufweisen, messen. Das Bild B.16 zeigt die Anordnung von zwei Düsenpaaren mit der Anzeige für eine als gut zu beurteilende Kegelhülse.

Die eigentliche Domäne der pneumatischen Längenmessung ist der Einsatz für Mehrstellenmeßvorrichtungen. Manuelle und halbautomatische Vorrichtungen messen in einem Arbeitsgang ein Werkstück, wie zum Beispiel in den Bildern B.17 und B.18 eine komplette Motorenkurbelwelle. Hier werden mit einem Vorgang zugleich 32 Meßstellen erfaßt. Damit zeigt sich auch die Entwicklungstendenz, daß bei Großserien-Werkstücken alle Maße gleichzeitig und selbsttätig geprüft werden.

Bild B.17. Kurbelwellenprüfstand, Gesamtansicht

Durchsatz: $\approx 250 \frac{\text{Stück}}{\text{h}}$

Bild B.18. Kurbelwellenprüfstand, Teilansicht

Durchsatz: $\approx 250 \frac{\text{Stück}}{\text{h}}$

C. Optische Meßgeräte

1. Kennzeichen der optischen Meßgeräte

a) Allgemeines

Optische Meßgeräte dienen vorwiegend zum unmittelbaren Messen und selten zu Unterschiedsmessungen in der Serienfertigung. Dementsprechend haben die Spitzengeräte die beachtliche Meßunsicherheit von 0,01 μm. Das bedeutet: Wollte jemand die Größe von einem Millimeter mit dieser Meßunsicherheit messen, so wäre eine Ableseskale von 100 000 mm = 100 m Länge nötig, weil ein sicher ablesbares Teilungsintervall 1 mm groß sein muß.

Das unmittelbare Messen erfolgt gegen ein Normal, das bei optischen Meßgeräten ein Maßstab aus Stahl oder Glas ist. Diese Maßverkörperung mit Teilung wird meßkraftlos abgelesen. So ergeben sich für den Meßvorgang zwei Phasen:

1. Antasten des Prüfstückes,
2. Messen, also das zahlenmäßige Bestimmen des Meßwertes.

Hiermit sind auch die Vorzüge des optischen Meßvorganges gegenüber dem mechanischen Antast- und Meßverfahren offensichtlich geworden:

1. Die feingearbeitete Oberfläche des Normals und des Prüfgegenstandes erleiden keine Beschädigungen durch Kratzer, da meßkraftlos, gleichbedeutend mit berührungslos, angetastet wird.
2. Es fehlen jegliche elastischen Verformungen im Meßgerät und auch am Prüfstück. Damit ist das optische Messen ohne „Umkehrspanne" erzielt. Das Einfangen der Teilstriche auf dem Maßstab ist an keine bestimmte Bewegungsrichtung mehr gebunden.
3. Der optische Aufbau, wie Linsen, Linsenkombinationen, unterliegen keiner Alterung. Die Vergrößerung bleibt noch Jahre unverändert und ist daher jederzeit wiederholbar.
4. Der Vergrößerungsmaßstab ist unabhängig von der Bildschärfe. Siehe auch Seite 52.

b) Gruppierung der optischen Meßgeräte

Es gibt optische Längen- und Winkelmeßgeräte. Zu den Längenmeßgeräten zählen:

1. Meßgeräte für das unmittelbare Messen gegen Maßstäbe (Längenmeßmaschinen oder Komparatoren),
2. Zielfernrohr für Fluchtungsprüfungen.

Zu den Winkelmeßgeräten zählen:

1. Teilköpfe,
2. Autokollimationsfernrohre mit Planspiegel und Winkelprismen, die als Winkelnormal gelten.

Kombinierte Längen- und Winkelmeßgeräte sind:

1. Meßmikroskope in einfacher und Universalausführung,
2. Meß- und Profilprojektoren als Tisch- und Standgeräte.

2. Optische Meßgeräte

a) Lupen und Meßlupen

Das einfachste optische Gerät ist die Lupe, eine Sammellinse, die ein virtuelles, aufrechtes, vergrößertes Bild liefert. Ein virtuelles Bild läßt sich nicht durch einen Schirm auffangen. Die Vergrößerung v ist durch die Brennweite der Linse festgelegt.

$$v = \frac{250}{f}\,.$$

250 mm entspricht der normalen Sehweite des Auges. f ist die Brennweite (focus). Das Bild C.1 zeigt den Strahlengang bei einer einfachen Lupe. Eine Meßlupe ist in Bild C.2 wiedergegeben.

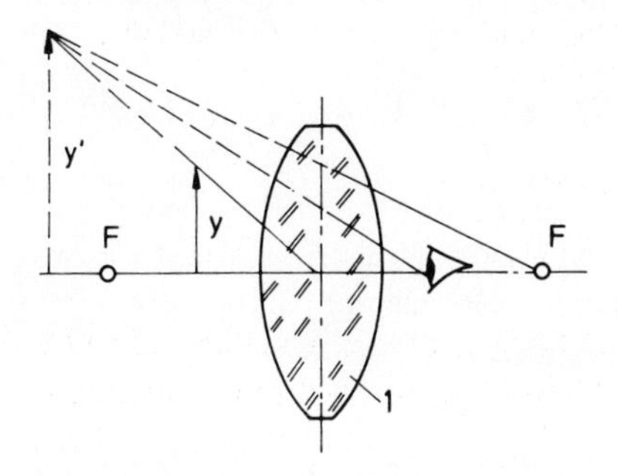

Bild C.1. Abbildung durch eine Lupe
F Brennpunkt, Y Gegenstand, Y' virtuelles, vergrößertes Bild, 1 Linsenkörper

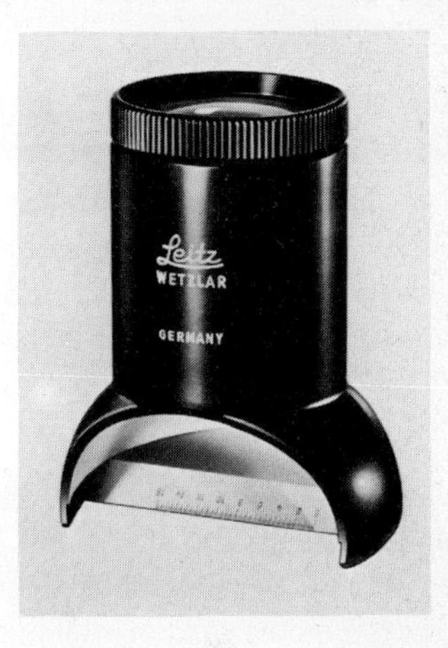

Bild C.2. Meßlupe

b) Mikroskop

Jedes Mikroskop hat zwei Linsensysteme. Das Objektiv ist ein kurzbrennweitiges Linsensystem, das vom Gegenstand (Objekt) ein reelles, umgekehrtes, vergrößertes Bild entwirft. Das Okular dient als Lupe zum Betrachten dieses Bildes. Die Vergrößerung v ergibt sich aus dem Quotient der beiden Brennweiten.

$$v = \frac{f''}{f}$$

Das Bild C.3 zeigt den Strahlengang des Mikroskops. Es liefert ein auf dem Kopf stehendes Bild (2), wenn nicht durch Prismen und Spiegel für eine Bildaufrichtung gesorgt ist.

Zu Meßzwecken befinden sich in der Ebene des reellen Bildes (3) Strichplatten mit Teilungen, die ebenfalls scharf im Okular erscheinen. Mit diesen Strichplattenfiguren vergleicht man das scharf eingestellte Bild des Prüfgegenstandes.

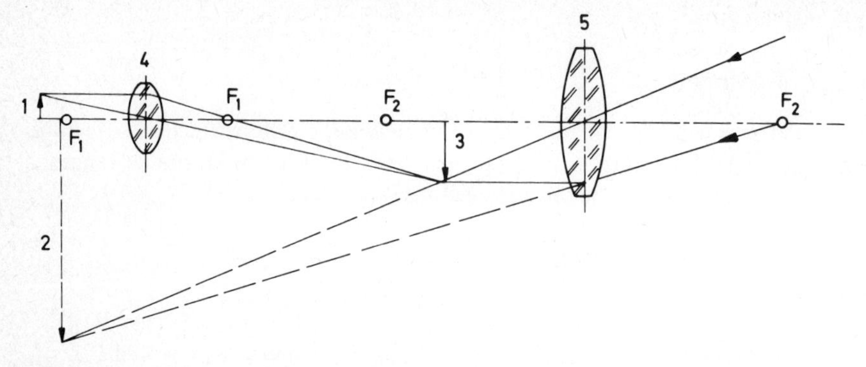

Bild C.3. Abbildung durch ein Mikroskop
1 Gegenstand, 2 virtuelles, vergrößertes Bild, 3 Zwischenbild, 4 Objektiv, 5 Okular

Gegenüber der Lupe findet der Meßvorgang nicht am Objekt statt, sondern in der Ebene des vom Objektiv erzeugten reellen Bildes (3).

Der Gegenstand wird entweder durch Auflicht oder von unten mit Durchlicht beleuchtet. Für die Betrachtung der Oberfläche und zum Messen von Härteeindrücken ist das Auflicht zu wählen. Das Durchlicht erzeugt Schattenbilder. Damit der Betrachter nicht geblendet wird, dämpft eine grüne Filterscheibe das intensive Durchlicht.

c) Meßmikroskop

Das Meßmikroskop gestattet die unmittelbare Messung von Längen und Winkeln durch ein Antasten mit Strichfiguren auf einer Strichplatte, die in der Bildebene des Okulars gelagert ist. Der Betrachter sieht die Strichfigur und den Gegenstand, bei Durchlicht in einem vergrößerten Schattenbild, scharf. Damit liegt der Ort des Messens nicht mehr an der Oberfläche des Prüfstückes, sondern ist in die Bildebene des Okulars projiziert.

Die Messung in der Bildebene des Mikroskops stellt besondere Anforderungen an den optischen Aufbau. Sie lautet: *Der Vergrößerungsmaßstab muß von der individuellen Scharfstellung des Betrachters völlig unabhängig und gleichbleibend sein.* Diese Forderung erfüllt der „telezentrische Strahlengang", der einen wichtigen Fehler des optischen Meßverfahrens ausschließt.

Das Bild C.4 zeigt den telezentrischen Strahlengang bei scharfer (oben) und unscharfer Einstellung (unten). Die Hauptstrahlen, die parallel zur optischen Achse von links kommen und verstärkt gezeichnet sind, verlaufen in beiden Fällen gleichbleibend. Bei exakter Scharfstellung ist die Projektionsebene (4) gleich der Bildebene (5). Bei unscharfer Einstellung verschiebt sich die Bildebene (5) nach links, doch verlagert sich nicht das Zerstreuungszentrum (6) auf der Projektionsebene (4). Der Abstand der Zerstreuungskreismitten (6) ist also unabhängig von der genauen Scharfstellung.

Die Aperturblende (3), in der Brechebene der Linse eingefügt, ist für den besonderen Strahlenverlauf verantwortlich. Für alle optischen Meßgeräte ist dieser spezielle Strahlengang eine unabdingbare Forderung bei der Konstruktion.

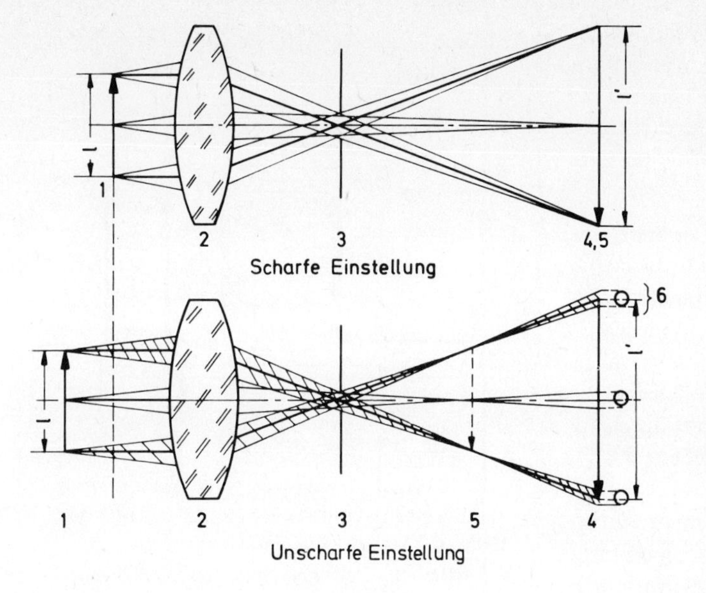

Bild C.4

Telezentrischer Strahlengang

1 Objekt
2 Linsenkombination
3 Aperturblende
4 Projektionsebene
5 Bild
6 Unschärfe

d) Zubehör zu den Meßmikroskopen

Revolverokular. Der Name des Gerätes bezieht sich auf eine drehbare Strichplatte, die exzentrisch zur optischen Achse des Mikroskops gelagert ist. In der Hauptsache lassen sich damit Außengewinde kontrollieren. Die gebräuchlichen Strichplatten tragen eine Vielzahl von Hüllgeraden für gängige Metrische- und Whitworthgewinde. Bild C.5 zeigt das Sehfeld des Okulars. Das Schattenbild des Prüfstückes, ein Gewinde mit 2,5 mm Steigung, ist fast in Deckung mit der passenden Strichfigur gebracht worden.

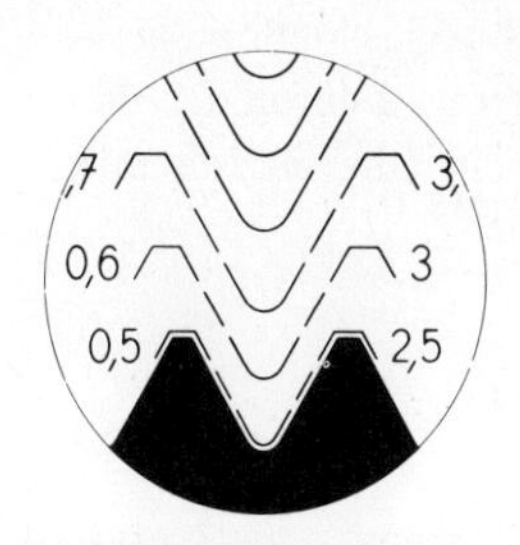

Bild C.5

Profilvergleich eines Gewindes (Steigung 2,5 mm) mit einer Strichplatte des Revolverokulars

Winkelmeßokular (Goniometer). Das Goniometer-Okular enthält eine drehbare Glasplatte mit Strichkreuz und 30°- bzw. 60°-Winkel. Außen trägt die Strichplatte eine 360° umfassende Teilung, die sich von einem nebengelegenen Mikroskop mit einem Nonius auf eine Winkelminute genau ablesen läßt. Das Bild C.6 zeigt den schematischen Schnitt durch das Meßokular und die beiden Sehfelder. Der Schwenkspiegel liefert das Licht für das Ablesemikroskop (5).

Längenmeßokulare. Diese Meßokulare dienen zum Messen gegen Maßverkörperung, die ein meßkraftloses Messen von Längen gestatten; sie sind also für das Ablesen von Strichmaßstäben entwickelt worden.

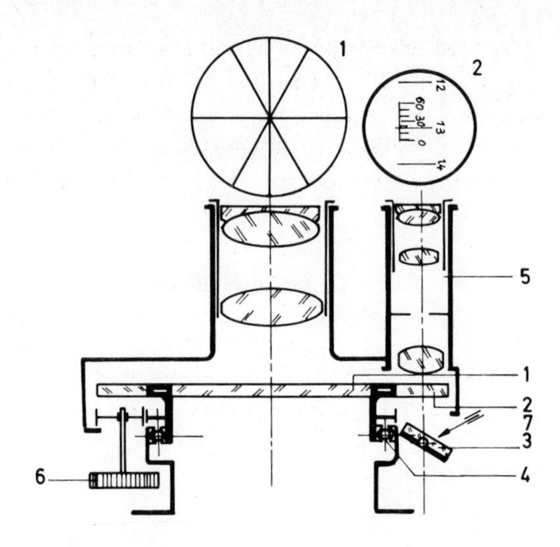

Bild C.6. Winkelmeßokular, Goniometer
1 Strichplatte, 2 Winkelteilung 360°, 3 Schwenkspiegel, 4 Wälzlager, 5 Ablesemikroskop, 6 Trieb für Strichplatte, 7 Tageslichteinfall

1. Meßschraubenokular. Der erste Schritt in der technischen Entwicklung besteht aus der Kombination von optischer Vergrößerung und mechanischer Dehnung des Teilungsintervalles des Maßstabes. Das Bild C. 7 bringt einen schematischen Schnitt durch dieses Okular. In der Bildebene des Objektivs befinden sich zwei Strichplatten. Eine trägt eine Zehnerteilung, die zweite einen Doppelstrich und ist mit Hilfe einer Meßschraube verschiebbar. Bei 10-facher Vergrößerung entspricht jede volle Umdrehung der Meßschraube einem Zehntel ihrer wahren Steigung, das ist ein Zehntel Millimeter. Auf der Meßtrommel der Meßschraube – 100 Teilstriche – lassen sich demnach noch 0,001 mm ablesen.

Dieses Okular weist einen zufälligen Fehler auf, da die Meßschraube mit ihrem Gewinde einem Verschleiß durch die Gleitreibung unterliegt. Die Umkehrspanne läßt sich aber durch das Beachten der Drehrichtung der Meßschraube vermeiden.

2. Spiralokular (Zeiss-Jena). Einen außerordentlichen Fortschritt schuf das Meßokular, das rein optisch das 1-mm-Intervall des festeingebauten Maßstabes derart dehnte, daß der gesamte Ablesevorgang im Sehfeld stattfinden konnte. Die mechanische Übersetzung mit

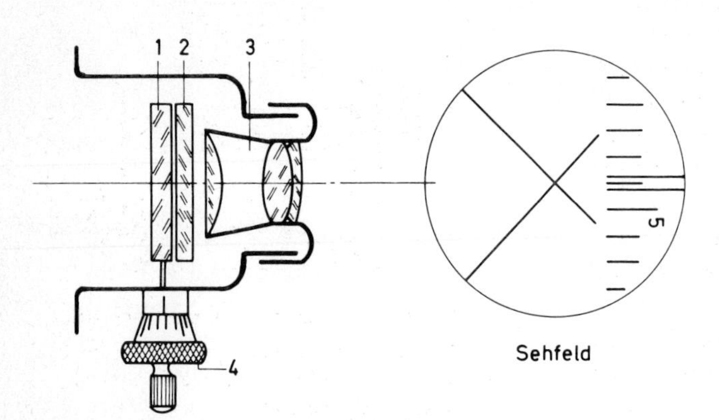

Bild C.7
Meßschraubenokular
1 Strichplatte mit Teilung
2 Strichplatte mit Strichkreuz und Doppelstrich
3 Okular
4 Meßschraube

ihren Meßfehlern wurde hiermit ausgeschaltet. Im Bild C.8 erkennt man den Aufbau des Okulars, Bild C.9 veranschaulicht den Ablesevorgang. Auf der von außen drehbaren Strichplatte ist eine 10-gängige Spirale eingeätzt. Damit fängt man den Teilstrich des Maßstabes ein. Auf der Rundteilung, bis 100, können dann weitere Dezimalstellen abgelesen werden. Das Ablesebeispiel des Bildes C.9 erläutert das Ablesen.

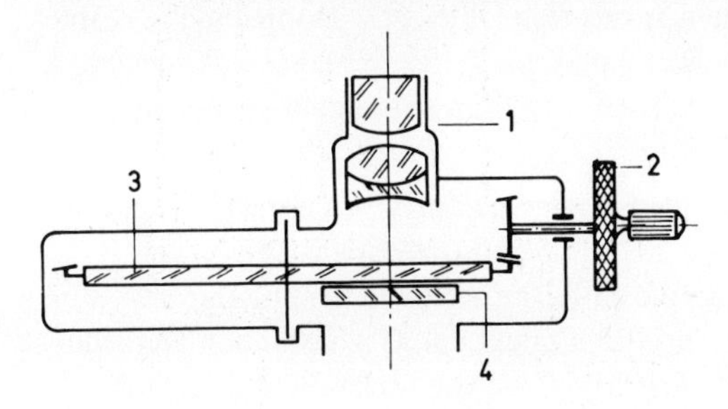

Bild C.8
Spiralokular
1 Okular, 2 Triebrad, 3 Strichplatte mit Spirale, 4 Strichplatte mit Indexstrich für Rundteilung, fest.

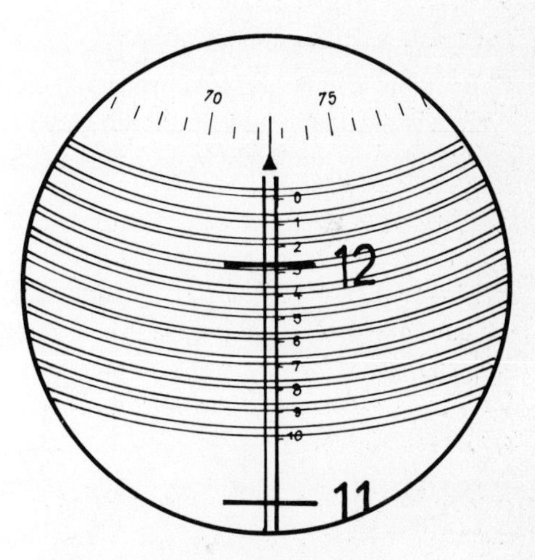

Bild C.9. Sehfeld des Spiralokulars
Ablesung: 12,2725 mm

Es ist offensichtlich, daß die Meßsicherheit von der Ausführung der Spirale abhängt. Hierzu soll nur bemerkt werden, die Spirale entsteht durch einen photographischen Ätzvorgang. Deshalb muß die Spirale als Original einmal von einem Zeichner äußerst exakt auf Glanzpapier vergrößert aufgezeichnet worden sein, damit ein Negativ auf einer Glasplatte für weitere Kopien zur Verfügung stand.

3. Meßokular mit kippbarer Planglasplatte (Leitz). Das Okular enthält eine planparallele Glasplatte (Bild C. 10). Durch Kippen dieser Platte wird der Doppelstrich im Sehfeld parallel verschoben, so daß er mit der feststehenden Strichplatte an einer Stelle der Doppelstrich-Zehnerteilung eingefangen werden kann. Das Kippen der Planplatte erfolgt durch das Entlanggleiten eines Schuhs auf einer wendelförmigen Steuerkurve. Fest mit der Steuerkurve ist eine Kreisteilung (bis 100) verbunden, auf der die feineren Unterteilungen abzulesen sind. Bild C. 11 zeigt das Sehfeld des Okulars mit einem Ablesebeispiel (63,551 mm).

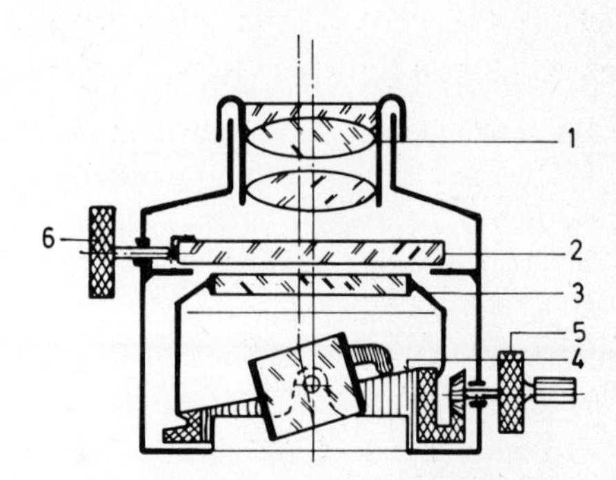

Bild C.10. Feinmeßokular mit Planplatte
1 Okular, 2 Strichplatte, 3 mitdrehende Strichplatte, 4 Steuerkurve, 5 Triebknopf, 6 Nullpunkteinstellung

Obwohl das Kippen der Planplatte mit der Steuerkurve mechanisch erfolgt, – eine Feder sorgt stets für eine spielfreie Anlage des Gleitschuhes auf der Kurvenbahn – ist die Meßsicherheit beachtlich hoch. Das photographische Ätzen der Doppelspirale erfordert einen größeren Aufwand als das Fräsen und Schleifen der Steuerkurve.

Doppelbildokular. Eine imponierende optische Antastung erfolgt durch das Doppelbildverfahren. Ein Teilungsprisma erzeugt von dem anvisierten Objekt ein Doppelbild in Komplementärfarben, rot und grün, das sich zu weiß ergänzt, bei fehlender Überdeckung aber schwarz erscheint. Damit ist ein rasch zu überblickendes Antasten auf rein optischem Wege gegeben.

Es lassen sich zwei Doppelbildverfahren anwenden. Zu jedem der Verfahren gehört ein besonderer Prismensatz. Den einen zeigt Bild C.11. Ein halbdurchlässiger Spiegel verdoppelt das Bild, hier die Ziffer „4", von der eine Ziffer im weiteren Strahlenverlauf seitenverkehrt umgeklappt wird. Das zweite Verfahren bildet den Gegenstand in ähnlicher Weise doppelt in höhenverkehrten Bildern ab. Das Bild C.12 veranschaulicht das axialsymmetrische Doppelbildverfahren (AS-Verfahren), das Bild C.13 zeigt den Strahlengang für das zentralsymmetrische Verfahren (ZS-Verfahren).

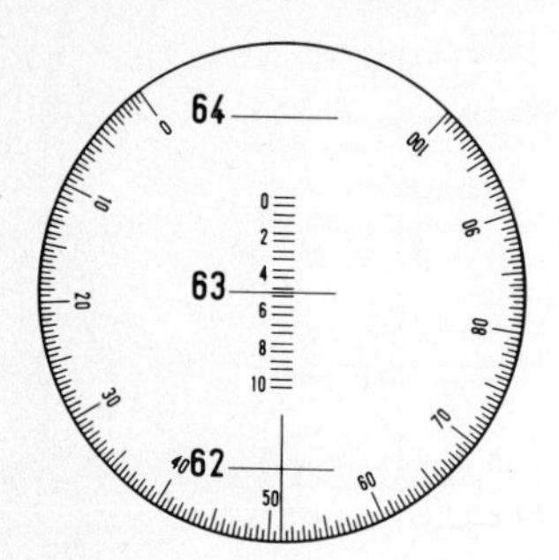

Bild C.11. Sehfeld des Feinmeßokulars mit Planplatte
Ablesung: 63,551 mm

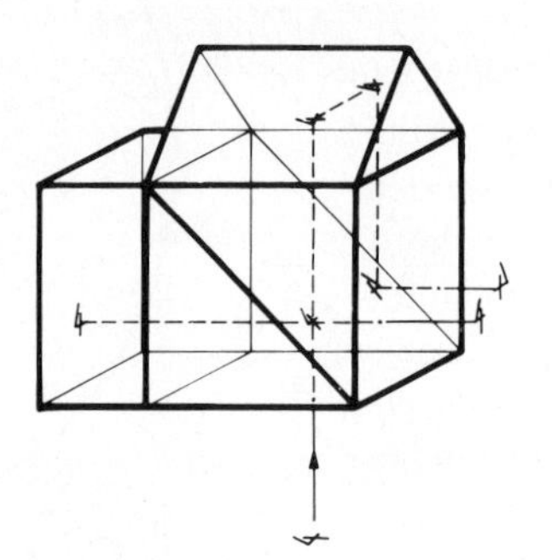

Bild C. 12. Prismensatz für axialsymmetrisches Doppelbildverfahren AS-Verfahren

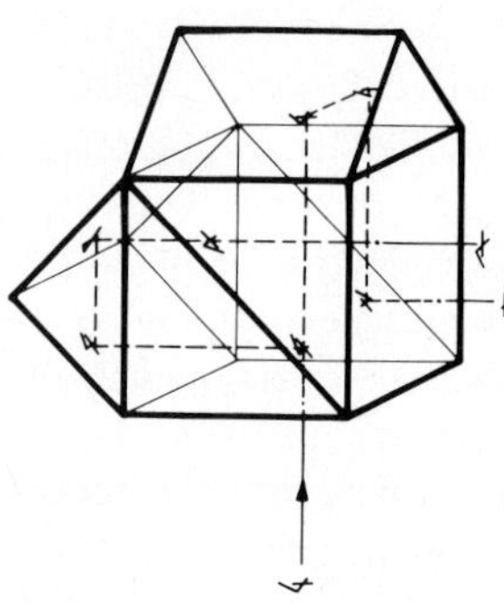

Bild C. 13. Prismensatz für zentralsymmetrisches Doppelbildverfahren ZS-Verfahren

1. Meßverfahren mit dem zentralsymmetrischen Doppelbildverfahren (ZS). Wird eine Bohrung mit dem ZS-Verfahren abgebildet, so erscheinen zunächst zwei Kreise, einer rot, der andere grün. Bewegt der Betrachter das Werkstück mit der Bohrung näher zur optischen Achse des Okulars, so überdecken sich zunächst die bunten Kreise, bis sie schließlich völlig übereinstimmen und eine weiße Bohrung innerhalb einer schwarzen Umgebung sichtbar wird.

Dieses ZS-Verfahren ist vorzüglich zum Ausmessen von Bohrungsabständen geeignet. An einem Beispiel soll dieses erläutert werden:

a) Bohrungsabstand nach dem Schattenbildverfahren gemessen: Den Abstand zweier Bohrungen mit unterschiedlichem Durchmesser zeigt das Bild C.14 (1). Der Abstand m ergibt sich aus folgender Addition:

$$m = \frac{d_1 + d_2}{2} + a.$$

Zum Ausmessen sind vier Schritte erforderlich:

1. linke Bohrungswand von d_1 antasten und Strichmaßstab ablesen;
2. rechte Bohrungswand antsten und mit Meßokular die Position ablesen; aus Messung der Schritte 1 und 2 läßt sich Durchmesser d_1 ermitteln;
3. linke Bohrungswand von d_2 antasten und ablesen;
4. rechte Bohrungswand antasten und ablesen.

Die Meßwerte der Schritte 3 und 4 ergeben die Bohrung d_2. Die Stegbreite a läßt sich aus der Differenz der Meßwerte der Positionen 3 und 2 errechnen.

Der Zeitaufwand für die Bestimmung des Achsabstandes ist erheblich.

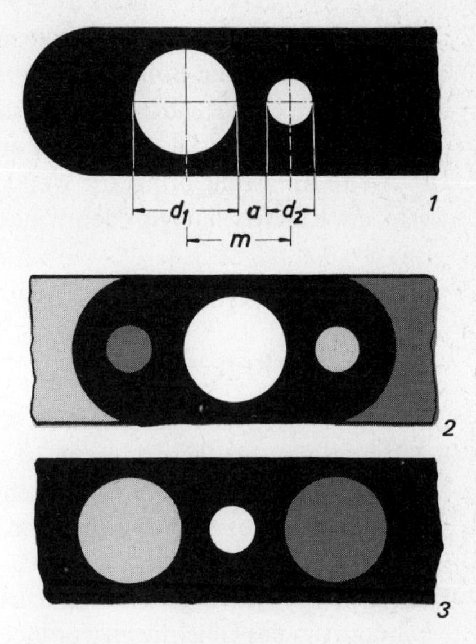

Bild C.14. Werkstück mit zwei Bohrungen 1 im normalen Schattenbild mit Bemaßung, 2 im ZS-Doppelbild, große Bohrung in Deckung, 3 im ZS-Doppelbild, kleine Bohrung in Deckung

b) Einfacher und schneller wird diese Aufgabe mit Hilfe des Meßmikroskops mit einem ZS-Doppelbildokular gelöst: Zunächst bringt man die größere Bohrung d_1 in Deckung, so wie es Bild C.14(2) zeigt. Danach fährt man das Werkstück soweit hinüber (Bild C.14 (3)), bis sich die kleinere Bohrung rein weiß, ohne Farbsäume, zeigt. Die Differenz ergibt den gesuchten Bohrungsabstand m.

Die Meßunsicherheit dieses Antastverfahrens liegt bei 1 μm, da jedes Antasten durch das Fehlen der gut sichtbaren bunten Farbsäume geprüft wird. Anstelle von vier Meßpunkten des Schattenbildverfahrens genügen zwei Meßpunkte bei dem Doppelbildverfahren.

2. Anwendung des axialsymmetrischen Doppelbild-Verfahrens (AS). Es soll die Lage einer Bohrung mit Schlitzen zur Kante des Werkstückes bestimmt werden. Die Meßaufgabe zeigt das Bild C.15.

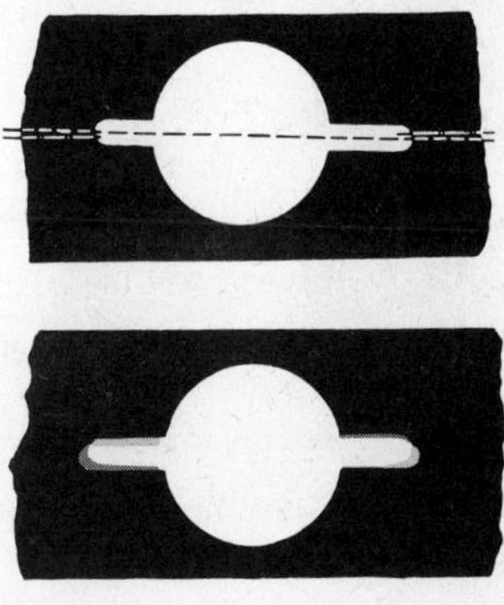

Bild C.15
Bohrung mit Schlitz
oben im normalen Schattenbild, unten im AS-Doppelbild

Im Schattenbild-Verfahren wird zweimal mit dem Strichkreuz des Okulars ausgerichtet, einmal der Schlitz der Bohrung, zum zweiten eine Außenkante des Werkstücks. Die Winkeldifferenz ist am Rundtisch abzulesen. Bei dem AS-Doppelbildverfahren verdreht man ebenfalls den Rundtisch, um bei der ersten Einstellung die Schlitze in Deckung zu bringen. Die zweite Antastung bringt die Werkstückkante in Deckung. Die Differenz der Winkelwerte, am Rundtisch, ergibt den Winkelfehler zwischen Schlitz und Werkstückkante.

3. Spezielle Mikroskope

a) Zielmikroskop

Zum Positionieren der Hauptspindel auf einen bestimmten Ort des Werkstückes, wie es bei Bohrwerken häufig vorkommt, ist das Zielmikroskop als Werkstattgerät im Gebrauch. Bild C.16 zeigt das Gerät in einem Lehrenbohrwerk. Die Aufnahme erfolgt mit einem Werkzeugkegel, dessen Achse mit dem Tubus fluchtet und in die optische Achse gerichtet ist. Zum mühelosen Einblick in das Okular ist dieses abgewinkelt, das dazu erforderliche Umlenkprisma richtet gleichzeitig das Bild wieder auf. Häufig ist eine schattenfreie Beleuchtung um das Objektiv angeordnet. Aus Sicherheitsgründen ist nur eine Niederspannungsbeleuchtung zu verwenden. Im Sehfeld erscheint die angestrahlte Oberfläche des Werkstückes und das Strichkreuz mit mehreren konzentrischen Kreisen.

Auch das auf das sorgfältigste justierte Mikroskop weist einen zufälligen Fehler auf, wenn durch Deformationen, durch das Handhaben des Mikroskops am Einblicktubus, die optische Achse zur Drehachse der Bohrspindel einen schwerwiegenden Richtungsfehler

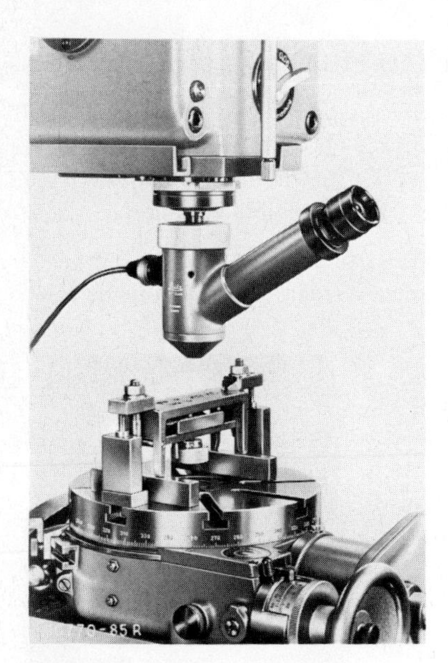

Bild C.16. Zentriermikroskop in einem Lehrenbohrwerk

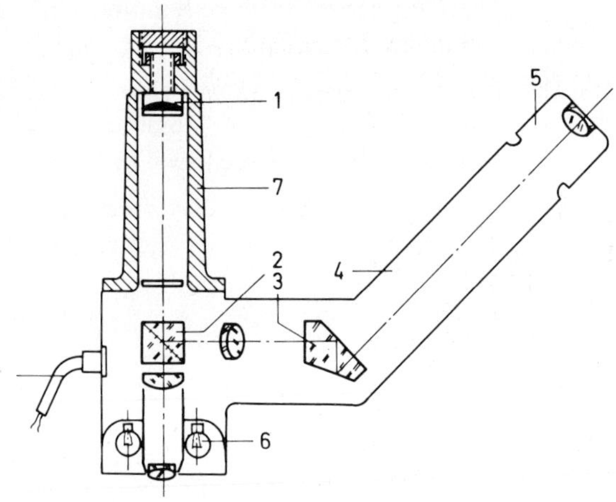

Bild C.17. Schema des Zentriermikroskops mit innerer Zentrierung

1 Strichplatte als Hohlspiegel, 2 Teilerwürfel, 3 Umlenkprisma, 4 Einblicktubus, 5 Okular, 6 Vier Glühlampen, 7 Aufnahmekegel, 8 Lichtkabel

aufweist. Diesen Fehler vermeidet eine Konstruktion des optischen Strahlenganges, bei der die Strichplatten statt im Okular in dem hohlen Aufnahmekegel gelagert ist. Das Bild C.17 zeigt schematisch den Strahlengang. Elastische Verbiegungen des Okulartubus beeinträchtigen nicht die Justage des Gerätes.

b) Ausführungen der Meßmikroskope

Meßmikroskope gibt es in vielen Ausführungen. Einfache Geräte, die nur aus dem Tubus mit Objektiv und Okular bestehen, sind zum Ausmessen von Härteeindrücken bestimmt. Spezielle Einbaumikroskope für Werkzeugmaschinen, wie Rundschleif- und Zahnflankenschleifmaschinen, prüfen das Profil der Schleifscheibe und des Werkstückes.

Für den Meß- und Prüfraum sind die Universal-Meßmikroskope bestimmt. Durch das reichhaltige Zubehör, entweder Okulare oder Werkstückaufnahmen, sind die Geräte ausbaufähig und lassen sich damit den unterschiedlichsten Meßaufgaben anpassen.

Nachfolgender Überblick vermittelt den Stand der Längenmeßmöglichkeit:

Aufbau	Meßverfahren und Normal	Meßbereich mm	Vergrößerung	Skalenwert µm
Tubus	Meßteilung im Okular	3,5	50 ×	25
Kreuztisch	Meßschrauben für *X*- und *Y*-Achse	je 25	50 ×	10
Kreuztisch	Endmaß und Meßschrauben	100 × 25	50 ×	5
Kreuztisch	Glasmaßstab und Projektionsablesung	150 × 75		1
Kreuztisch	feststehende Gewindespindel mit digitaler Anzeige		entfällt	0,2

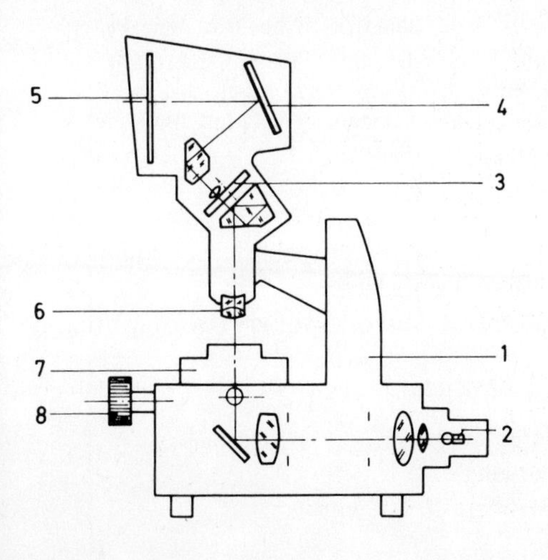

Bild C.18
Meßmikroskop mit Projektionseinrichtung
1 Gehäuse
2 Beleuchtungseinrichtung
3 Revolverstrichplatte
4 Spiegel
5 Mattscheibe
6 Objektiv
7 Objekttisch
8 Meßschraube

Anstelle der Meßokulare kann auch eine Projektionseinrichtung mit stärkerer Glühlampe angebaut werden. Damit erscheint ein Schattenbild auf dem Bildschirm, das in ermüdungsarmer Weise von mehreren Betrachtern eingesehen werden kann. Das Bild C.18 zeigt den schematischen Aufbau des Gerätes.

4. Längenmeßmaschine oder Komparator

Unter einem Komparator ist ein Gerät zu verstehen, das sich zum Längenmessen wegen seiner geringen Meßunsicherheit eignet. Es kann nur in einem klimatisierten Raum aufgestellt werden, dort prüft man Endmaße, Prüflehren für Grenzlehren, Maßstäbe und ähnliche Normale.

Die Entwicklung dieser „absolut" messenden Geräte ist eng mit dem Namen Abbe und den Zeiss-Werken in Jena verknüpft. Auf der Seite 7 ff. ist der Abbesche Grundsatz eingehend beschrieben worden. Ein Rückblick vermittelt den damaligen Stand der Längenprüftechnik. 1890 entstand der erste Dickenmesser nach Abbes Vorschlägen; seinen Aufbau zeigt das Bild C.19. Ein Mikroskop dient zum Ablesen des Normals, dieser Maßstab bildet mit dem Prüfstück eine Fluchtlinie. Fast zwanzig Jahre später kommt aus den Zeiss-Werken der vielbeachtete Komparator in Kurzbauweise auf den Markt. Dieser nach dem Eppenstein-Prinzip gebaute Komparator verstößt nur scheinbar gegen den Abbeschen Grundsatz, da die Meßstrecke hierbei parallel zum Maßstab angeordnet ist. Den sonst zwangsläufig vorhandenen Kippfehler I. Ordnung vermeidet jedoch die Eppensteinsche Strahlenführung, so daß das Ablesen ohne Parallaxenfehler möglich ist. Im Bild C.20 ist das Schema dieses Komparators zu erkennen. Der Meßvorgang läuft wie folgt ab:

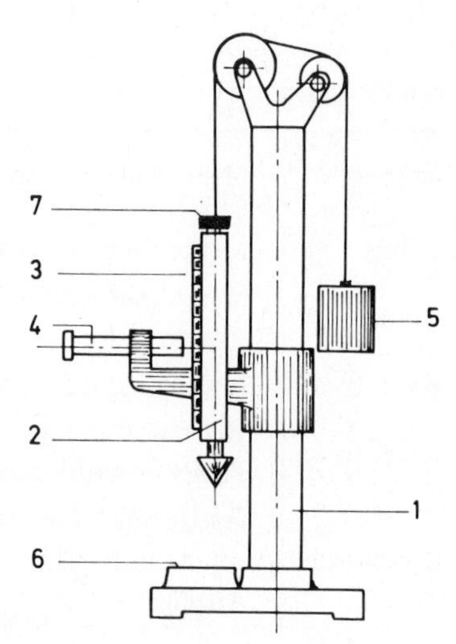

Bild C.19. Abbe-Dickenmesser
1 Säule, 2 Pinole, 3 Maßstab, 4 Ablesemikroskop, 5 Ausgleichgewicht, 6 Amboß, 7 Meßkraft als Gewichtstein

a) Schlitten mit Pinole (7) auf ungefähre Länge des Prüfstückes (6) einstellen und mit Mikroskop (1) Doppelstrich des Maßstabträgers (2) einfangen;
b) Meßpinole mit Schlitten (5) auf Feinmaßstab (3) mit Mikroskop (1) in Deckung bringen.

Die Gesamtlänge ergibt sich aus der Summe der Abstände:

1. Maßstabträger (Teilung 100 mm, 1 bis 2 Meter lang),
2. Feinmaßstab (Teilung 0,1 mm, aber 100 mm lang),
3. Fühlhebel (Teilung 0,0002 mm = 0,2 μm, Meßbereich 100 μm).

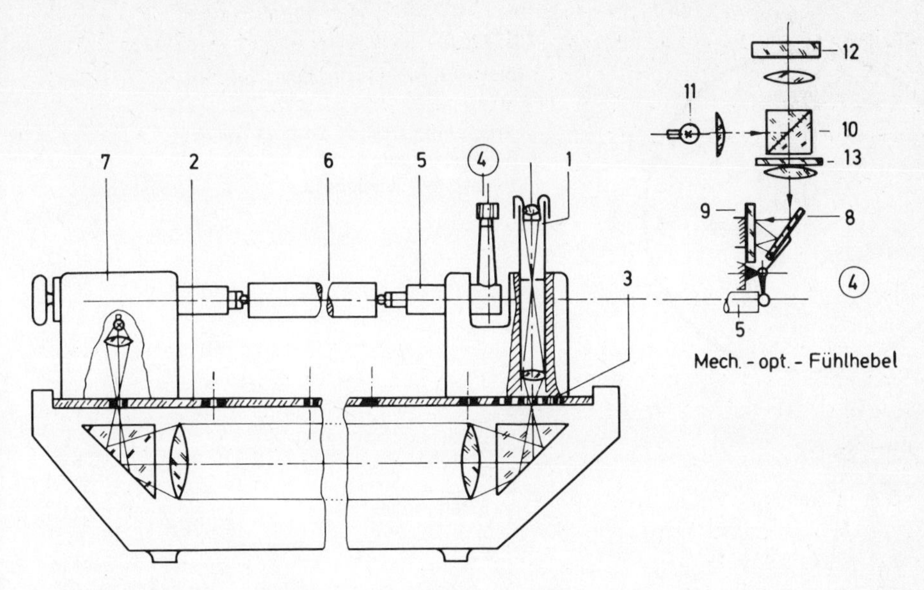

Bild C.20. Längenmeßmaschine nach dem Eppenstein-Prinzip

1 Mikroskop für Feinmaßstab (3), 2 Maßstabträger mit Doppelstrichen, 3 Feinmaßstab 0,1 mm Teilung, 4 Mechanisch-optischer Fühlhebel, 5 Pinole mit Meßhütchen, 6 Prüfstück, 7 Pinole in Schlitten, 8 Kippspiegel, 9 Fester Spiegel, 10 Teilerprisma, 11 Glühlampe, 12 Mattscheibe, 13 Strichplatte

Dieser mechanisch-optische Fühlhebel hat einen beachtlichen Skalenwert von 0,2 μm, der sich aus der mehrfachen Reflektion der Lichtstrahlen erklären läßt. Jede Reflektion verdoppelt den Winkelausschlag (siehe auch Prinzip der Autokollimation Seite 68).

Die Meßunsicherheit eines Komparators bestimmt nicht etwa der Skalenwert des Fühlhebels oder Feinzeigers, sondern vielmehr die zufälligen Fehler, die im Prinzip des Meßverfahrens enthalten sind.

a) Antasten des Meßgegenstandes

Schattenbildverfahren. Das optische Antasten eines Werkstückes mit Vergrößerung gelingt nicht ohne Schwierigkeiten. Das ideale Objekt wäre ein papierdünnes Prüfstück, das flach auf dem Objekttisch aufliegt. Da diese Forderung in der Praxis undurchführbar ist, müssen wegen des telezentrischen Strahlenganges an der Kante des Prüfstückes Beugungsstreifen in Kauf genommen werden, die die eigentliche Kante undeutlich erscheinen lassen.

Lichtspaltverfahren. Bei zylindrischen Prüfstücken, wie Wellen und Schneckenfräsern, ist zur Steigerung der Tastsicherheit das Anlegen von Meßschneiden üblich. Wie ein Drehmeißel, der auf der Mitte eingespannt ist, liegt die Schneide mit einem Lichtspalt am Umfang des Prüfkörpers. Eine weitere Möglichkeit bietet das Einfangen eines zur Schneide parallel laufenden Meßstriches, der einen bekannten Abstand von der Schneide aufweist. Das Bild C.21 zeigt die Meßschneide mit Auflicht und das Prüfstück als Schattenbild mit Durchlicht.

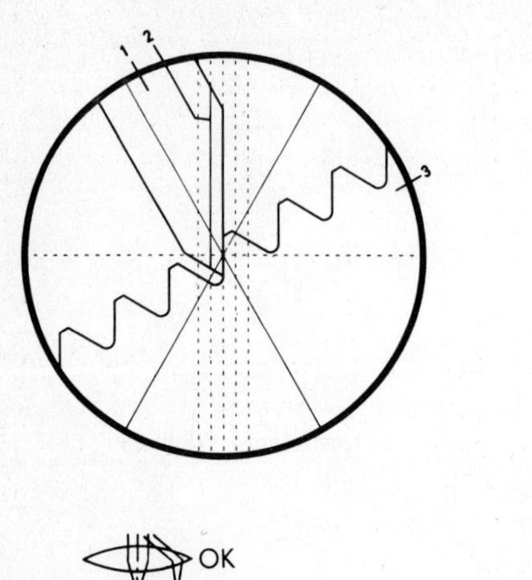

Bild C.21

Antasten mit Meßschneide

1 Meßschneide

2 Strich mit genauem Abstand von der Schneidenkante

3 Prüfstück Gewindebolzen

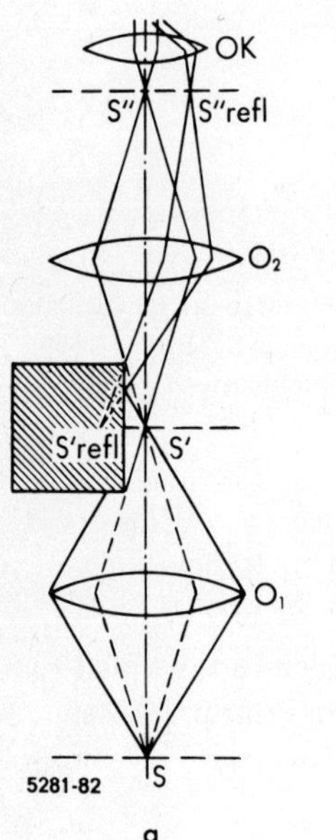

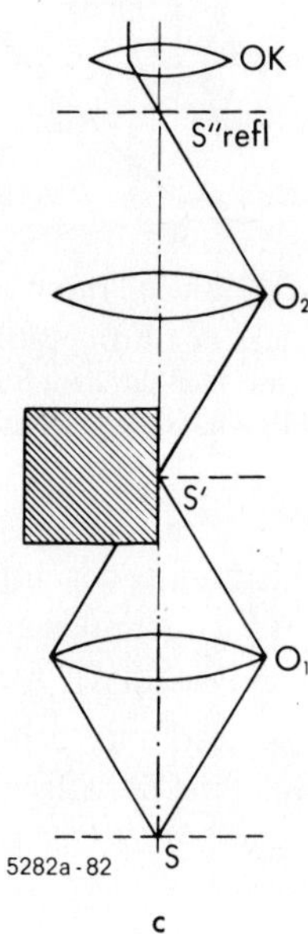

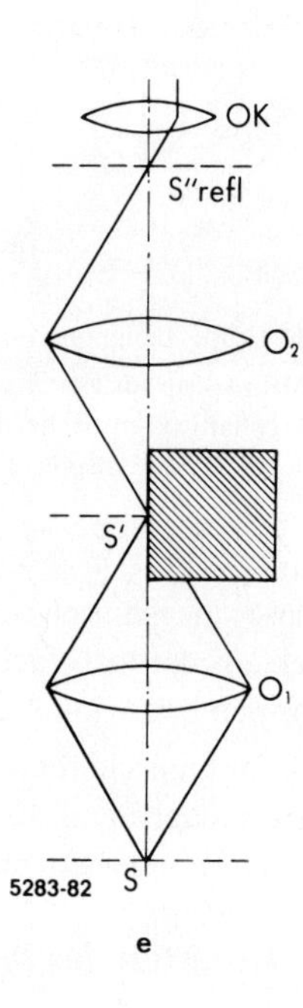

Bild C.22. Schema des Perflektometers

S beleuchtetes Strichkreuz, O_1 Objektiv, S' reelles Strichkreuzbild, S'_{refl} Spiegelbild des Strichkreuzbildes, $S'\,O_2$ Objektiv, S'' in die Okularebene projiziertes Strichkreuz, S''_{refl} in die Okularebene reflektiertes Strichkreuz, *Ok* Okular

Perflektometer. Dieses meßkraftfreie Antastverfahren eignet sich besonders für einen Komparator. Hier stehen sich zwei Mikroskope gegenüber. Das untere projiziert ein Strichkreuz als Luftbild in die Ebene des Prüfstückes (Bild C.22). Die in den Strahlengang gefahrene Meßfläche spiegelt das Strichkreuz in das obere Mikroskop. Dieses hat in der Strichplatte einen Doppelstrich, mit dem das gespiegelte Strichkreuzbild einwandfrei eingefangen und die Meßfläche damit festgelegt worden ist.

Die beachtliche Antastsicherheit wird durch die Eigenart des Spiegelgesetzes erreicht. Die Meßfläche liegt immer im halben Abstand zwischen dem direkten Strichkreuzbild (S') und dem gespiegelten Strichkreuz (S'_{refl}) (Bild C.22). Gegenüber dem Antasten mit einem Strichkreuz ist die Tastunsicherheit um die Hälfte geringer geworden; sie beträgt nur 0,1 μm.

b) Komparator mit Perflektometer

Dieser Komparator teilt den Meßvorgang in zwei Schritte auf. Antasten mit dem berührungslosen Perflektometer und Ablesen des Meßwertes auf dem Feinmeßokular. Das Bild C.23 zeigt den klaren Aufbau dieser Längenmeßmaschine, die den Abbeschen Grundsatz erfüllt. Das Feinmeßokular ist auf Seite 55 eingehend beschrieben.

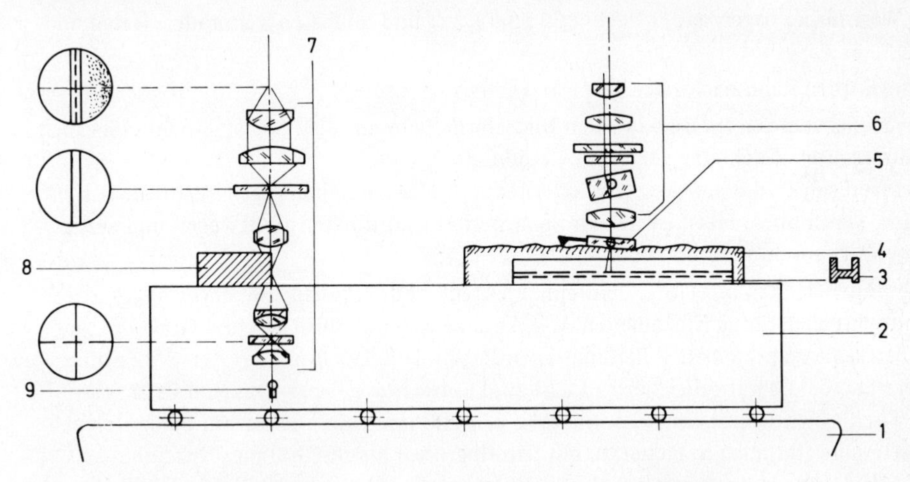

Bild C.23. Schema des Komparators mit optischer Antastung und Ablesung
1 Bett, 2 Schlitten, 3 Stahlmaßstab mit H-Querschnitt, 4 Korrekturkurve, 5 Planplatte mit Tastfinger, 6 Feinmeßokular, 7 Perflektometer, 8 Prüfling, 9 Glühlampe

Maßstab des Komparators. Der Maßstab des Komparators besteht aus Stahl, damit sich kein zufälliger Fehler bei Überschreiten der Bezugstemperatur einschleichen kann. Dieses wäre möglich, wenn der Maßstab aus Glas bestünde, dessen Wärmedehnbeiwert geringer als der von Stahl ist.

Der Maßstab ist noch in anderer Hinsicht bemerkenswert: Er wird durch eine optische Einrichtung nach einer Fehlerkurve korrigiert. Die Grundlage dieser ungemein feinen Korrektur darf nicht etwa ein Maßstab sein, der als Urmaßstab der Herstellerfirma die gleiche Maßverkörperung – als Strichmaßstab – darstellt. Wenn die Fehler in der Größenordnung von 0,1 μm zuverlässig festgestellt werden sollen, so kann nur ein anderes Meßverfahren in diesen Meßbereich eindringen. Die Fehlerkurve sämtlicher Stahlmaßstäbe stellt ein Interferenzkomparator selbsttätig fest. Die mit einem Digitaldrucker erstellte Fehlerkurve wird durch Fräsen auf ein Lineal mit vergrößerter Ordinate übertragen. Dieses

Lineal (4), neben dem Maßstab befestigt, stellt nun die Steuerkurve für die Korrektureinrichtung dar. Mit einem Tastarm schwenkt die Steuerkurve eine Planplatte (5), die den Strahlengang des Meßokulars entsprechend abknickt, so daß die Anzeige auf dem Sehfeld richtig korrigiert abgelesen werden kann.

5. Meß- und Profilprojektoren

Das Beobachten durch das Okular ermüdet das Auge schon nach kurzer Zeit, dagegen empfindet der Beobachter dasselbe Objekt, auf einen Bildschirm projiziert, als ermüdungsfrei, da die normale Sehweite von etwa 250 mm eingehalten wird. Im Prüfraum ist daher neben dem Meßmikroskop auch der Projektor zu finden, der Schattenbilder von flachen Werkstücken abbildet, bei denen es auf die Überprüfung der Umrißlinien ankommt. Derartige Werkstücke liegen in der Feinwerktechnik vor und umfassen Zahnräder, Hebel und Profile.

Mit Projektoren kann nach zwei Verfahren gemessen werden:

1. Das reelle, vergrößerte Bild auf dem Bildschirm kann mit dem Maßstab oder einer maßstabgerechten Zeichnung gemessen werden.
2. Das Werkstück wird auf dem Objekttisch durch Meßschrauben gegen eine feste Strichmarke verschoben. Meist ist der Tisch nach zwei Koordinaten zu bewegen und außerdem noch um 360° zu drehen.

Häufig projiziert man mit Durchlicht ein Schattenbild des Prüfstückes, dagegen gestattet die Auflichtbeleuchtung Einzelheiten, wie Absätze, Grundbohrungen und Gravuren, auf der Oberfläche zu erkennen. Allerdings erfordert diese Beleuchtungsart eine wesentlich stärkere Lampe, da nur reflektiertes Licht zum Betrachter gelangt. Das Bild C.24 zeigt einen Tischprojektor mit einer Schirmgröße von 200 mm Durchmesser für beide Beleuchtungsarten. Es gibt auch Standgeräte mit Schirmgrößen bis zu 1000 mm Durchmesser. Die Vergrößerung kann durch Revolverobjektive stufenweise von 10- bis zu 100-fach mit einem Handgriff gewechselt werden.

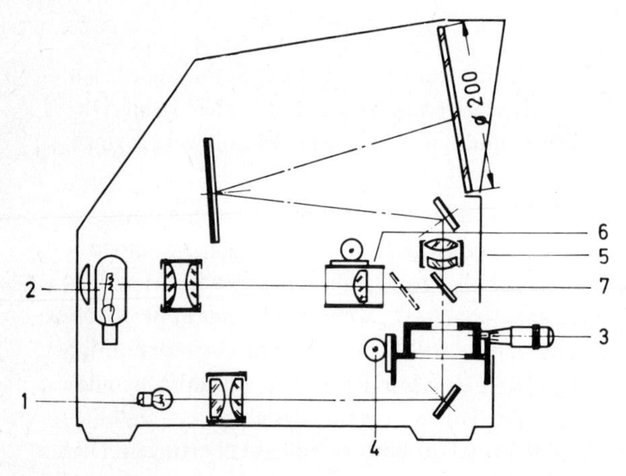

Bild C.24

Tischprojektor für Durch- und Auflicht

1 Durchlichtlampe
2 Auflichtlampe
3 Objekttisch mit Meßschraube
4 Einstelltrieb
5 Wechselobjektiv
6 Auflichtobjektivtubus, verstellbar
7 teildurchlässiger Spiegel in Gebrauchsstellung

6. Fluchtungs- und Richtungsprüfgeräte

a) Allgemeines

Kleine Werkstücke, die in ihren Abmessungen zu Meßmikroskopen und Projektoren passen, können oft zusammengesetzt nicht mehr mit diesen Meßgeräten geprüft werden. Meßaufgaben, die einen bis mehrere zehn Meter überbrücken müssen, prüft man mit Fernrohren und ihren Hilfsmitteln.

Zunächst sollen die Begriffe: Fluchten und Richten gegeneinander abgegrenzt werden.

Fluchtungsprüfung. Die Fluchtungsprüfung stellt die Versetzung der Koordinaten gegen eine Bezugsachse fest. Diese Versetzung zur Seite und zur Höhe wird in Längenmaßen gemessen. Das Bild C.25 zeigt die parallele Versetzung zweier Achsen um das Längenmaß a.

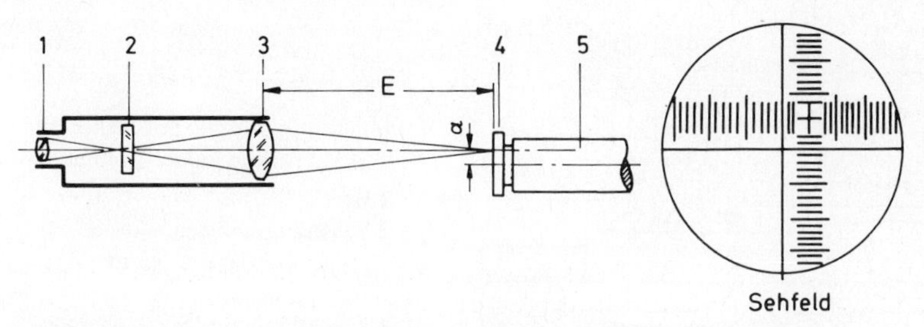

Bild C.25. Fluchtfernrohr und Zielmarke mit Magnet, Meßwert: Längenmaß
1 Okular, 2 Strichplatte, 3 Objektiv, 4 selbstzentrierende Zielmarke, 5 Welle im Lager, a Höhenversetzung, E Zielentfernung

Richtungsprüfung. Die Richtungsprüfung stellt die Winkelabweichung gegen eine Bezugsachse fest. Diese Abweichung wird in Winkelmaßen gemessen. Das Bild C.26 zeigt die Winkelabweichung um den Winkel α.

Gerichtet sind zwei Achsen oder Bohrungen, wenn sie zueinander parallel laufen.

Gefluchtet liegen zwei Achsen oder Bohrungen, wenn sie weder in der Richtung noch in der Seiten- oder Höhenlage von der Bezugsachse abweichen.

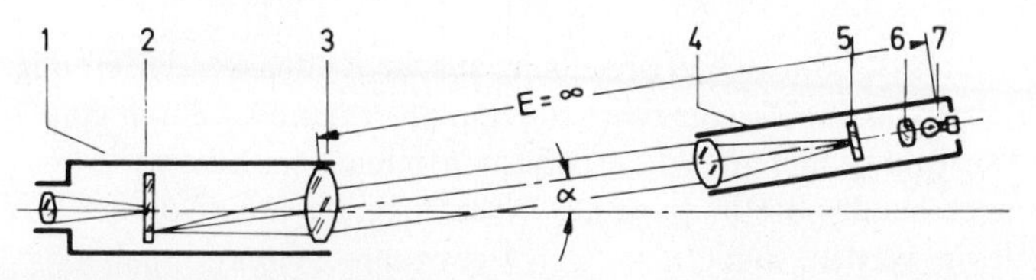

Bild C.26. Richtungsprüfung mit Fernrohr und Kollimator, Meßwert: Winkelgrad
1 Richtungsfernrohr, 2 Strichplatte, 3 Objektiv auf unendlich eingestellt, 4 Kollimator, 5 Strichplatte, 6 Okular, 7 Glühlampe, α Winkelabweichung, E Zielentfernung

b) Fluchtlinienprüfer

Der Fluchtlinienprüfer dient zum Nachweis eines Führungsbahnfehlers (Kippen oder Verkanten) eines Schlittens, der auf einer Geradführung läuft. Hier ist die Bezugsgerade ein Stahldraht, der parallel zu einer Führungsleiste befestigt und gespannt ist. Der Fluchtlinienprüfer fährt mit dem Schlitten über den Draht hinweg, der in bestimmten Wegstrecken mit dem Meßmikroskop eingefangen wird. Das Bild C.27 zeigt die Meßanordnung an einer Drehmaschine, um den Führungsfehler des Werkzeugschlittens zu prüfen. Die eingebaute Meßschraube mit dem Skalenwert 0,2 μm stellt die Seitenabweichung der Schlittenbewegung fest. Zum sicheren Einfangen des Drahtes darf dieser keinen Knick haben und sollte möglichst dünn (0,1 . . . 0,3 mm) sein. Dieses Meßverfahren eignet sich wegen des unvermeidlichen Durchhanges des Spanndrahtes nur bis zu einer Prüfstücklänge von 5 m. Die Vergrößerung ist auf das 15-fache begrenzt.

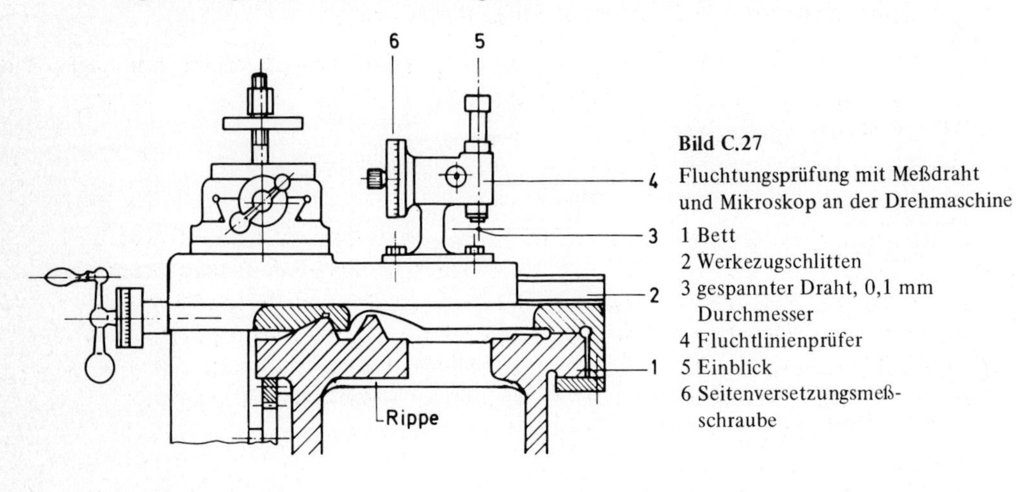

Bild C.27
Fluchtungsprüfung mit Meßdraht und Mikroskop an der Drehmaschine
1 Bett
2 Werkezugschlitten
3 gespannter Draht, 0,1 mm Durchmesser
4 Fluchtlinienprüfer
5 Einblick
6 Seitenversetzungsmeßschraube

c) Fluchtfernrohre

Ein rein optisches Meßverfahren, das die Versetzung zweier oder mehrerer Achsen, die durch hintereinander liegende Bohrungen dargestellt werden, feststellt, verwendet ein Fluchtfernrohr, mit dem Zielmarken und Teilungen abgelesen werden können. Die Zielmarken lagern in den Bohrungen und sind selbstverständlich beleuchtet. Das Bild C.25 zeigt die schematische Anordnung, rechts erkennt man das Sehfeld mit der beobachteten Doppelteilung der Zielmarke.

Eine Besonderheit des Fernrohres ist seine Scharfeinstellung auf die Zielmarkenentfernung. Die übliche teleskopartige Bewegung des Okulars führt zu Kippfehlern und ist durch eine Innenfokussierung ersetzt. Das Bild C.28 deutet diese Scharfeinstellung an. Eine wesentliche Verbesserung besteht auch bei der Bestimmung der Versetzung, die nicht von der Teilung der Zielmarke abgelesen werden, sondern von den Meßtrommeln des doppelten Planplattenvorsatzes. Die Meßunsicherheit liegt bei 20 μm, die als Skalenwert der Meßtrommel genannt wird. Durch Schlieren in der Luft, die durch Temperaturunterschiede entstehen, ist die Beobachtung der Zielmarke erschwert.

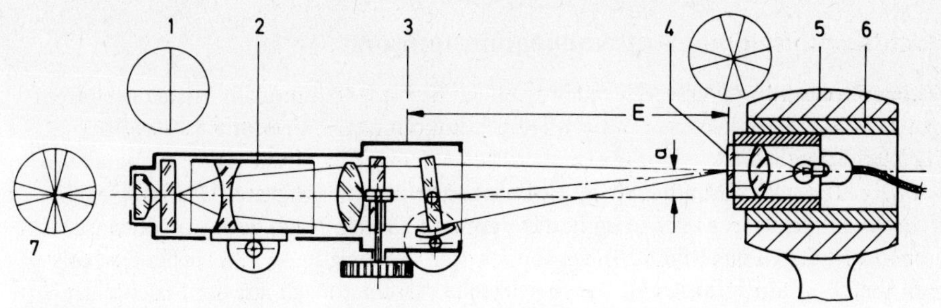

Bild C.28. Fluchtungsprüfung mit Fernrohr und Zielmarke

1 Strichkreuz, 2 Innenfokussierung zum Einstellen der Entfernung E, 3 Planplattenvorsatz, 4 beleuchtete Zielmarke, 5 Lagergehäuse, 6 Reduzierbuchse, 7 Sehfeld

d) Richtungsprüfung mit Zielfernrohr und Kollimator

Für die Richtungsprüfung eignet sich das gleiche Fernrohr, das auch für die Fluchtungsprüfung verwendet wurde. Die beiden Prüfungen unterscheiden sich voneinander durch die Einstellung der Entfernungen:

1. Das Fluchten erfolgt mit endlichem Abstand.
2. Das Richten erfolgt mit unendlichem Abstand.

Um den Richtungswinkel unabhängig von der Entfernung der Zielmarke zu machen, ist diese in unendlich weite Entfernung zu verlegen. Ohne Schwierigkeiten ist das Richtungsfernrohr auf eine unendliche Entfernung zu bringen. Dazu ist nur die Fokussierung entsprechend einzustellen. Bei der Zielmarke gelingt das aber nur mit einem optischen Kunstgriff. Der Kollimator, so heißt das Gerät, ist ein zweites Fernrohr, nur blickt man vom Objektiv her hinein. Hierdurch erscheint das Strichkreuz mit Doppelteilung in weiter Entfernung verkleinert. Diese Erscheinung ist bei jedem Fernglas vorhanden, wenn in verkehrter Richtung beobachtet wird.

Meßvorgang bei der Richtungsprüfung. Wenn die Richtungen der Achsen von Fernrohr und Kollimator einen Winkel bilden, können die Winkel in Minuten von der Kreuzteilung des Kollimators abgelesen werden. Parallelversetzungen der beiden Achsen untereinander spielen keine Rolle und entziehen sich der Beobachtung. Das Bild C.29 zeigt die unterschiedlichen Strahlengänge, oben bei Fluchtungsfehlern und unten bei Richtungsfehlern.

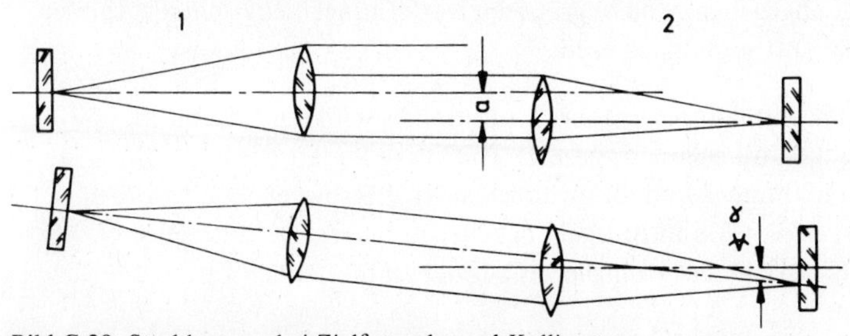

Bild C.29. Strahlengang bei Zielfernrohr und Kollimator

1 Fernrohr, 2 Kollimator, a Fluchtungsfehler in Millimetern, Winkel α Winkelfehler in Graden als Richtungsfehler

e) Richtungsprüfung mit Autokollimationsfernrohr

Für die Richtungsprüfung läßt sich mit Vorteil ein besonderes Fernrohr mit eingebautem Kollimator verwenden. Dieses Meßgerät heißt Autokollimator. Er projiziert das Bild eines beleuchteten Strichkreuzes ins Unendliche, d. h. die Lichtstrahlen treten parallel aus dem Objektiv aus. Ein in beliebiger Entfernung senkrecht aufgestellter Planspiegel reflektiert das Strahlenbündel wieder in das Fernrohr zurück. Nach dem Reflektionsgesetz, veranschaulicht durch das Bild C.30, verdoppelt sich der Neigungswinkel α des Spiegels bei dem Ausfall- und Einfallstrahl. Das Strichkreuz verschiebt sich auf der Strichplatte im Feinmeßokular um das Maß y. Das Feinmeßokular ist so geteilt, daß die Ablesung der Winkeländerungen des Planspiegels in Winkelsekunden möglich ist. Wegen des parallelen Strahlenganges ist die Versetzung Y (im Bild C.30) nur von der Winkeländerung des Spiegels abhängig. Fluchtfehler, also parallele Versetzungen des Spiegels zur Fernrohrachse, bleiben bei diesem optischen System ohne Anzeige.

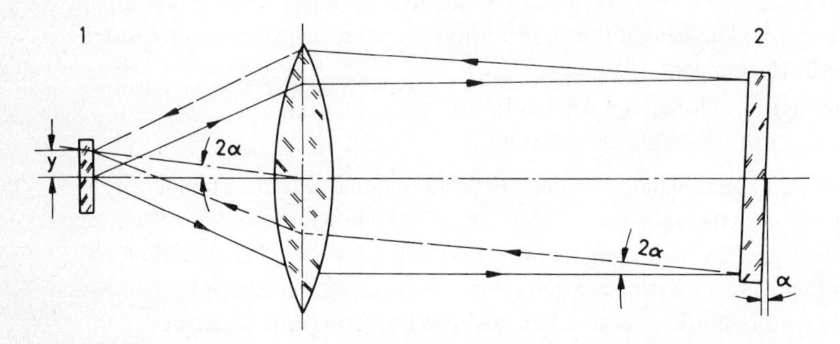

Bild C.30. Meßprinzip des Autokollimationsfernrohres
1 Strichplatte, 2 Spiegel, α Kippwinkel des Spiegels, Y Versetzung in Millimetern als Maß für die Winkeländerung

Die Ablesesicherheit bei einem Meßbereich von 16 Winkelminuten ist erstaunlich gut, da der Skalenwert 0,1 Sekunde erreicht. Dazu muß man wissen, daß eine Winkelsekunde bei einem Meter Entfernung gerade 5 μm Versetzung bedeutet, oder auf 1000 m Entfernung erhebt sich der Lichtstrahl um ganze 5 Millimeter. Die größte Spiegelentfernung wird jedoch mit 20 Meter angegeben, weil in größeren Entfernungen ein sicheres Ablesen durch die Schlieren in der Luft unmöglich wird.

Meßaufgaben für das Autokollimationsfernrohr. Im Bild C.31 wird das Schema einer *Richtungsprüfung* mit dem Autokollimator gezeigt. Die kurze Bauart des Fernrohres ist bei einer Brennweite von 500 mm durch die zweifachen Ablenkspiegel erzielt worden. Mit einem Teilungswürfel erfolgt das Einspiegeln des Strichkreuzes. Der Planspiegel wird bei der Messung um die Basislänge des Planspiegels auf der zu messenden Ebene oder Führungsbahn verschoben.

Eine *quantitative Prüfung des rechten Winkels* ermöglicht die Meßanordnung nach Bild C.32. Im Gegensatz dazu ist die Lichtspaltprüfung mit einem Haarlinealwinkel immer

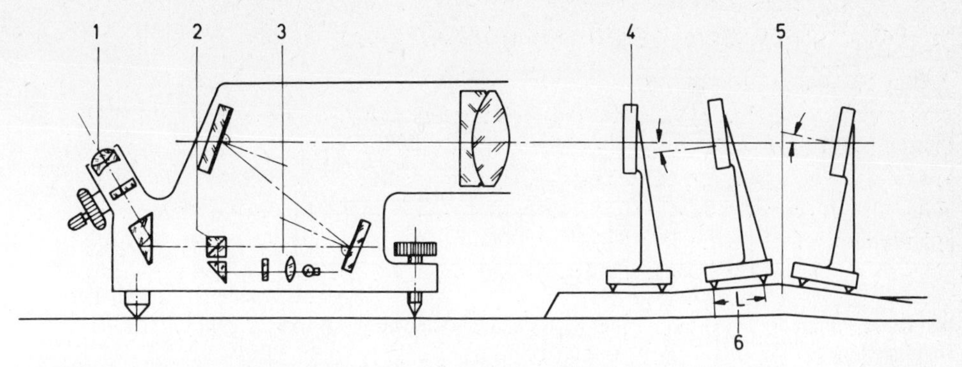

Bild C.31. Autokollimationsfernrohr und Planspiegel bei der Prüfung der Ebenheit einer Führungsbahn

1 Feinmeßokular, 2 Teilerwürfel, 3 Beleuchtung mit Strichkreuzplatte, 4 Planspiegel, 5 Führungsbahn, 6 Basislänge des Planspiegels L

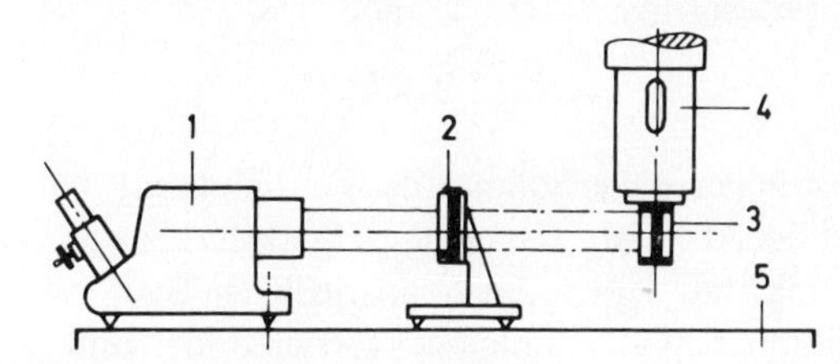

Bild C.32

Prüfen des rechten Winkels zwischen Spindel und Tisch

1 Autokollimationsfernrohr
2 Planspiegel
3 Doppelspiegel
4 Werkzeugmaschinenspindel
5 Maschinentisch

nur eine qualitative Prüfung. Der Prüfvorgang ist folgender: Der planparallele Doppelspiegel (3) wird auf Umschlag mit dem Fernrohr (1) zur Achse der Spindel (4) parallel gestellt. Es ist tatsächlich die Spindelachse und nicht wie bei dem Antasten durch einen Winkel nur die Mantellinie des Spindelkopfes. Dann wird das vom Spiegel (2) reflektierte Strichkreuzbild im Fernrohr (1) eingefangen. Die Differenz der Ablesungen ist die Abweichung des 90°-Winkels zwischen Spindel und Tisch.

Die Güte einer Werkzeugmaschine zeigt sich durch ihr Verhalten unter Last. Bei dieser wichtigen Beurteilung ist die *Durchbiegung des Bettes* und das *Kippen des Werkzeugschlittens* unter der Last der Schnittkraft von entscheidender Bedeutung. Das Bild C.33 zeigt den einfachen Meßaufbau an einer Drehmaschine. Das Fernrohr (1) steht auf dem Spindelstock, ein Planspiegel am Ende des Bettes, hier auf dem Reitstock (3). Auf den Werkzeugschlitten wird ein zweiter Planspiegel (2) gesetzt, der halb in den Strahlengang hineinragt. Die reflektierten Strichkreuzbilder geben, im Fernrohr abgelesen, Aufschluß über die Abweichung der geraden Linie, die aus der Summe der Durchbiegung und des Kippens des Schlittens besteht.

Als weiteres Zubehör ist noch zu nennen: Pentagonprisma für die 90°-Winkelprüfung, das als Winkelnormal mit einem Fehler von ± 2 Winkelsekunden gefertigt wird. Zur Überprüfung von anderen Winkeln und Teilungen stehen noch Polygone mit 4, 8, 10 bis 36 Flächen zur Verfügung.

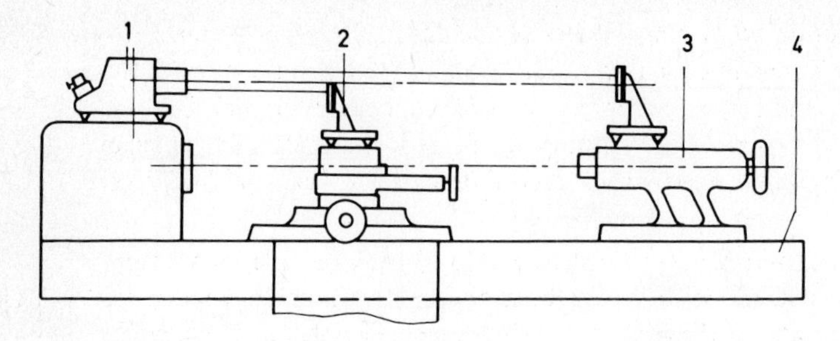

Bild C.33. Prüfen der Durchbiegung des Bettes und des Kippens des Werkezugschlittens bei einer Drehmaschine

1 Autokollimationsfernrohr auf Spindelstock, 2 Planspiegel auf Werkzeugschlitten, 3 Planspiegel auf Reitstock, 4 Bett

7. Optische Meßgeräte an der Werkzeugmaschine

a) Messen und Positionieren

Bei der Werkzeugmaschine soll durch das Positionieren das Sollmaß der Zeichnung auf das Werkstück übertragen werden. Hierbei ist der Abstand: Werkzeug zu Werkstück zu messen, damit nach dem Spanvorgang das Istmaß mit dem Sollmaß innerhalb der Toleranz übereinstimmt. Dieser Vorgang des Positionierens ähnelt dem des Messens, doch mit dem Unterschied, daß das Stellen des Werkzeuges einen gewollten Zustand beinhaltet und das Messen einen bereits vorhandenen Zustand feststellt. Positionieren und Messen verlangen einen Vergleich von der Meßstrecke zu einem Normal. Das Erfassen der Endpunkte der Meßstrecke erfolgt durch das Antasten. Bei der Werkzeugmaschine ist das Antasten der Meßstrecke dadurch erschwert, daß nur der Anfang durch eine bearbeitete Fläche genau definiert ist, die zweite Fläche, also das Ende, soll erst gefertigt werden.

b) Antastverfahren und Normale

Wiederholt wurde auf die schwerwiegenden Fehler, die bei dem mechanischen Antasten entstehen, hingewiesen. Die Fehler sind alle auf die Wirkung der Reibung und dem daraus folgenden Verschleiß zurückzuführen. Weiterhin ist die Größe der Meßkraft nicht exakt festgelegt. Auch dieses führt zu Meßfehlern, deren Ursachen in den elastischen Verformungen liegen.

Als Normal können die in der Meßtechnik üblichen Maßverkörperungen dienen, das sind: Endmaße, Meßschrauben und Strichmaßstäbe. Von diesen drei erweist sich der Strichmaßstab als besonders gut geeignet, da das Antasten der Strichteilung berührungslos und deshalb meßkraftfrei erfolgen kann. Endmaße sind umständlich zu handhaben und auch zu wertvoll, da sie im Werkstattgebrauch rasch verschleißen und sich deshalb nicht mehr ansprengen lassen. Die üblichen Meßschrauben, die gleichzeitig als Stellglieder der Schlitten benutzt werden, finden bei Fein-Werkzeugmaschinen keine Verwendung mehr.

Das Eppenstein-Prinzip vermeidet den Kippfehler der Schlitten. Mit einer Ausnahme verstoßen die Schlitten oder Tische in Geradführungen gegen das Komparatorprinzip. Nur das Gewindeschneiden auf der Patronendrehmaschine vermeidet den Kippfehler I. Ordnung, da Gewindebuchse (Normal) und Werkstück (Meßstrecke) fluchtend hintereinander liegen. Die Regel sieht jedoch eine parallele Anordnung von Normal und Meßstrecke vor, da nur so eine *kurze* Bauweise möglich wird.

Wenn das Ablesen des Strichmaßstabes mit optischen Mitteln erfolgt, und zwar unter Berücksichtigung des Eppenstein-Prinzips, wird der grobe Fehler durch das Kippen vermieden. Ein Längenkomparator (siehe Seite 60), wendet dieses Prinzip zum ersten Mal an.

Das Eppenstein-Prinzip sagt aus: Tritt ein Kippen einer Linse um den objektseitigen Knotenpunkt auf, so erfolgt keine Richtungsänderung der vom Brennpunkt ausgehenden und hinter dem System parallellaufenden Strahlen. Das Bild C.34 zeigt den Strahlenverlauf einer um ihren objektseitigen Knotenpunkt gekippten Linse, der sich *nicht* von dem ursprünglichen Strahlengang unterscheidet.

Das optische Positionieren nutzt diesen Vorteil der parallaxenfreien Ablesung aus und verfügt außerdem über einen telezentrischen Strahlengang, damit Unschärfen des Bildes keine Meßfehler erzeugen. Das Bild C.35 zeigt das Schema des Strahlenganges bei einer Maßstabs-Projektionseinrichtung.

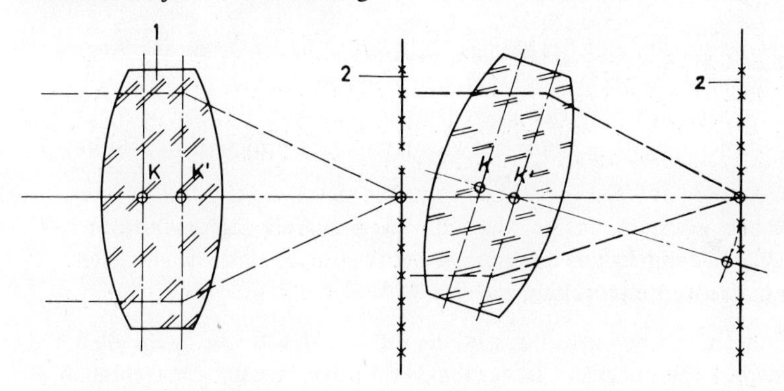

Bild C.34. Kippen der Linse um einen Knotenpunkt
1 Linse, 2 Ebene des Maßstabes, *K* Knotenpunkt der Linse, *K'* maßstabseitiger Knotenpunkt

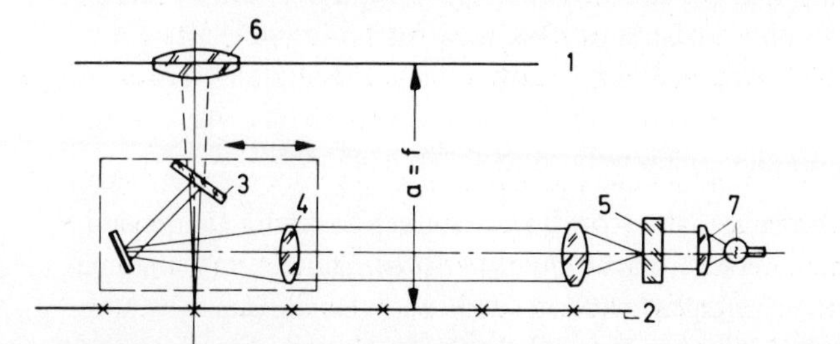

Bild C.35
Parallaxenfreies Ablesen durch Eppenstein-Prinzip (*Räntsch:* Messen und Positionieren an Werkzeugmaschinen)

1 Meßebene, 2 Maßstabebene, 3 Halbspiegel, 4 Fernrohrobjektiv, 5 Strichplatte, 6 Projektionsschirm, 7 Beleuchtungseinrichtung

c) Maßstäbe und ihre Befestigung an der Werkzeugmaschine

Ein sicheres Positionieren verlangt nicht nur die optische Antastung und Anzeige sondern auch einen Teilungsträger, den Maßstab, an den gleich strenge Forderungen gestellt werden, um Meßfehler so klein wie möglich zu halten. In den meisten Fällen addieren sich die Fehler, das Aufrechnen mehrerer Fehler gehört zu den seltenen Zufällen.

Von jeher ist die Frage gestellt worden, welcher Werkstoff sich für ein Normal in der Werkzeugmaschine am besten eignet. Hierzu sind zwei Grundsätze zu beachten:

1. Der Meßaufbau soll aus Elementen bestehen, die sich thermisch gleichartig verhalten.
2. Die Bezugstemperatur von 20 °C soll eingehalten werden. Dies setzt eine Klimaanlage im Raum voraus. Außerdem sollen geringe Schwankungen, und diese auch nur langsam, möglich sein.

Diese Grundsätze sind in Werkräumen und während des Zerspanvorganges kaum streng einzuhalten.

Als Werkstoffe stehen zur Auswahl Stahl und Glas. Glas hat einen wesentlich kleineren Wärmedehnungsbeiwert als Stahl. Glas zu Stahl verhält sich wie 1 : 20. Ein Spezialglas nähert sich mit seiner Wärmedehnung stark dem Stahl, das Verhältnis bessert sich zu 1 : 1,2, doch sind die mechanischen Eigenschaften ungünstig, es ist weich und nicht kratzfest.

Für den Maßstab aus Glas spricht auch der geringe Lichtverlust in der Optik. Die Anzeige auf der Mattscheibe erzeugt Durchlicht, das durch den Maßstab aus Glas mit geringen Verlusten hindurchtritt. Stahlmaßstäbe brauchen dagegen stets Auflicht, von dem nur die reflektierenden Strahlen eingefangen und auf die Mattscheibe projiziert werden können.

In der Praxis hat sich aber erwiesen, daß die Maßstäbe aus dem Werkstoff zu fertigen sind, der die gleiche Wärmedehnung wie die Endmaße aufweist, die als die wichtigsten Maßverkörperungen in der Werkstatt gelten.

Die Maßstäbe müssen nach DIN 864 gefertigt sein, die für jede Meßstrecke innerhalb der Teilung einen Fehler von ± 10 μm zuläßt. In der Praxis sind aber Maßstäbe in Gebrauch, die kleinere systematische Fehler aufweisen.

Der exakteste Maßstab ist wertlos, wenn er nicht so befestigt wird, daß er den Forderungen nach höchster Güte genügt. Schon das berühmte Pariser Urmeter (1840) hatte einen H-förmigen Querschnitt, damit die Durchbiegung des zweifach unterstützten Trägers keinen Meßfehler verursachte. Auf dem Steg des Profils befand sich die Teilung, die zugleich die neutrale Faser war und sich deshalb weder reckte noch stauchte.

In Werkzeugmaschinen ist der H-förmige Querschnitt umständlich in der Fertigung und unbequem beim Antasten. Der rechteckige, flache Querschnitt ist häufiger im Gebrauch. Es ist aber zu bedenken, daß der Biegefehler unzulässig groß wird. Der Abstand Teilungsebene, also Oberfläche des Maßstabes, bis zur Mitte Maßstab, die neutrale Faser, verursacht den Fehler. Dazu ein Zahlenbeispiel: Bei einem Höhenfehler von nur 0,1 mm entsteht bei einem Maßstab von 6 mm Dicke und 1000 mm Länge ein Längenfehler von

7,2 µm. Dagegen hat ein H-förmiger Maßstab unter den sonst gleichen Bedingungen einen Längenfehler von nur 0,24 µm. Das Bild C.36 veranschaulicht die Fehlerquellen der beiden Maßstabsquerschnitte.

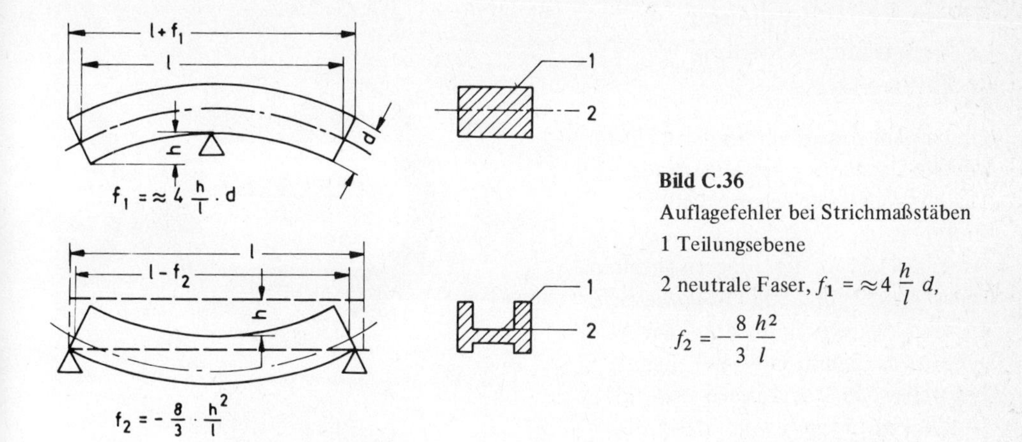

Bild C.36

Auflagefehler bei Strichmaßstäben

1 Teilungsebene

2 neutrale Faser, $f_1 = \approx 4 \frac{h}{l} d$,

$$f_2 = -\frac{8}{3}\frac{h^2}{l}$$

Es liegt nun nahe, den schädlichen Abstand zwischen der Teilungsebene und der neutralen Faser drastisch zu verringern, um so den wohlbekannten Maßstab aus Bandstahl zu erhalten. Hier fällt die neutrale Faser mit der Oberfläche beinahe zusammen, doch jetzt macht sich der Dehnungsfehler bei unvermeidlichen Zugbelastungen störend bemerkbar. Wieder ein Rechenbeispiel dazu: Der Maßstab aus Bandstahl 0,2 × 15 mm bei einer Länge von einem Meter längt sich bei nur 10 N Zuglast um 17 µm.

Ein glänzender Ausweg, so einfach und zugleich frappant, kombiniert die beiden erwähnten Lösungen in geschickter Weise. Der rechteckige Maßstab von ausreichender Dicke und geringem Dehnungsfehler besitzt in den Auflagestellen Sägeeinschnitte, also Schwachstellen, die die neutrale Faser nahe an die Teilungsebene heranrücken. Das Bild C.37 zeigt den Maßstab, der mit seinen sieben Auflagern drei Schwachstellen erhalten hat. Der Teilungsfehler eines solchen Maßstabes beträgt nur noch 0,6 µm. Somit liegt der Fehler innerhalb der nach DIN 864 zulässigen Teilungsfehler bei Maßstäben.

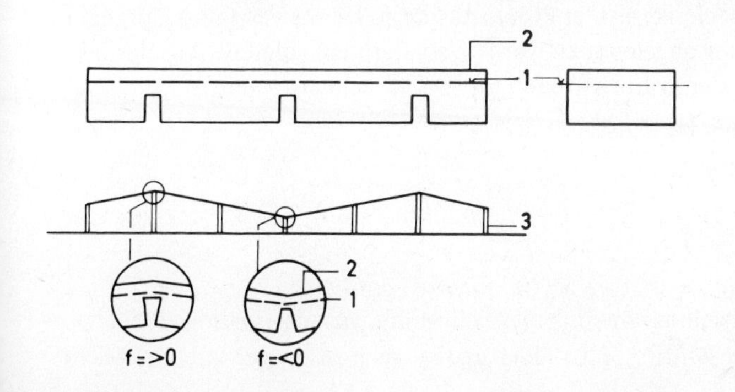

Bild C.37

Strichmaßstab mit Schwachstellen

1 Neutrale Faser

2 Teilungsebene

3 Auflager und Befestigungsstellen

Im Bild C.38 ist das oben beschriebene Bildfeldgerät zu sehen, das mit stählernen Maßstäben durch Auflicht einen Teilstrich auf das Sehfeld spiegelt. Es ist ein Zielstrahlgerät, dessen Skalenwert 10 μm beträgt.

d) Optische Einstell- und Meßgeräte – Optische Zählwerke

Hinter dem Begriff verbirgt sich eine *digitale* Darstellung des Meßwertes. Digital (vom lateinischen „digitus" = Finger) ist die Bezeichnung einer Arbeitsweise: An den Fingern abzählen, das ist gleichbedeutend mit *numerisch,* ziffernmäßig. Durch diese Art der Anzeige ist das Schätzen eines Teilungsintervalles oder das Ablesen eines Nonius überflüssig geworden, somit ist eine wichtige individuelle Fehlerquelle beseitigt.

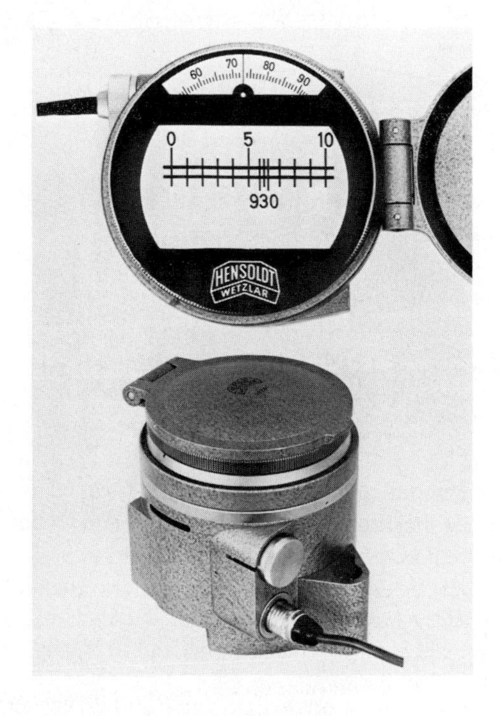

Bild C.38. Zielstrahlgerät
Bildfeldgerät für Zentimetermaßstäbe – CM-Standard-Position: 936,73 mm

Im Gegensatz dazu gibt es die *analoge* Darstellung, wie sie jedes Zeigergerät aufweist. Beide Systeme werden in Zukunft nebeneinander bestehen bleiben. Der Zeitmesser, die Uhr, wird immer mit Ziffernblatt und zwei Zeigern ausgestattet bleiben, auch dann, wenn modische Strömungen eine digitale Anzeige anpreisen. Ebenso behält der Kilometerzähler innerhalb des Tachometers seine bewährte digitale Anzeige.

Im allgemeinen haben digitale Anzeigen eine höhere Auflösung bei kleinstem Raumbedarf. Der Hauptvorteil der digitalen Ablesung der Meßwerte besteht in der einfacheren Verarbeitung innerhalb der Datentechnik, also in Prozeßrechnern. Die Zeigerstellung braucht also nicht mehr über eine Teilung abgelesen zu werden, sondern eine digitale Anzeige läßt sich sofort drucken, codieren oder in Lochstreifen für Prozeßrechner speichern.

Die optischen Zählwerke können als
Durchlichtgeräte mit Glasmaßstäben
oder als
Auflichtgeräte mit Stahlmaßstäben
ausgeführt sein.

Die Durchlichtgeräte zeichnen sich durch ein helles Schirmbild aus, da ein direkter optischer Strahlengang: Lampe–Optik–Maßstab–Auge möglich ist, wogegen bei Auflicht das reflektierte Licht aus der Maßstabsoberfläche auf die Mattscheibe und dann in das Auge des Beobachters dringt. Diese Brillanz bei Durchlicht verbessert ein ermüdungsfreies Ablesen der Meßwerte.

Die Entwicklungsrichtung weist aber immer mehr auf die Verwendung von Auflichtgeräten hin, da stählerne Maßstäbe geringere Wärmedehnungsfehler als die aus Glas gefertigten aufweisen.

Die optischen Zählwerke weisen zwei optische Systeme auf, wie es im Schema des Bildes C.39 gezeigt wird. Das untere System projiziert einen Maßstabteilstrich (einen Millimeter) auf die Mattscheibe und das obere System mit der Einfanggabel wirft die drei Dezimalen hinter dem Komma von der Feinskale auf das Sehfeld. Anstelle von Teilstrichen trägt die Feinskale nur die Dezimalen ..., 000; ..., 001; ..., 999. Wird nun die Einfanggabel auf das Schattenbild des Teilstriches symmetrisch eingestellt, so bildet die mit der beweglichen Einfanggabel fest verbundene zweite Optik jeweils die entsprechenden Dezimalen der Feinskale auf dem Sehfeld ab. Das Bild C.40 läßt die digitale Anzeige 389,478 mm mühelos ablesen. Durch Drehen des Abgleichknopfes gelingt das Einfangen des Teilstriches mit der Fanggabel. Hierbei bewegt sich die zweite Optik mitsamt der Einfanggabel über die Feinskale hinweg.

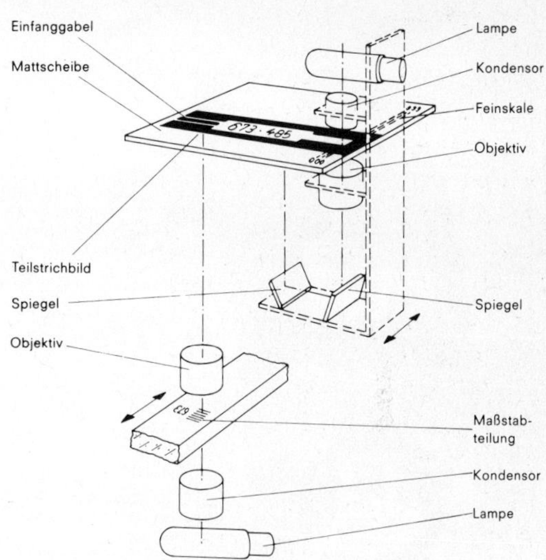

Bild C.39. System eines optischen Zählwerks für Durchlicht

Bild C.40. Längenmeßgerät mit Glasmaßstäben (Durchlicht)
Ablesemöglichkeit: 1 μm, digitale Darstellung des Meßwertes

Die optischen Zählwerke mit Auflicht sind im Prinzip gleich und ähneln sich daher im mechanisch-optischen Aufbau. Auch hier entwerfen zwei voneinander unabhängige optische Systeme den Teilstrich des Stahlmaßstabes, daneben erscheinen die Dezimalen der Feinskale in dem Sehfeld. Unterschiede gibt es nur in der Ablesemöglichkeit der Meßanordnungen. Hier spricht man nicht vom Skalenwert, sondern von Stufen oder dem Ziffernschritt. Das Bild C.41 zeigt das Auflicht-Zählwerk mit der Auflösung des Millimeters in 100 Stufen = 10 μm und das optische Zählwerk nach dem Bild C.42 kann das Millimeter in 1 000 Stufen = 1 μm Ziffernschritt aufteilen.

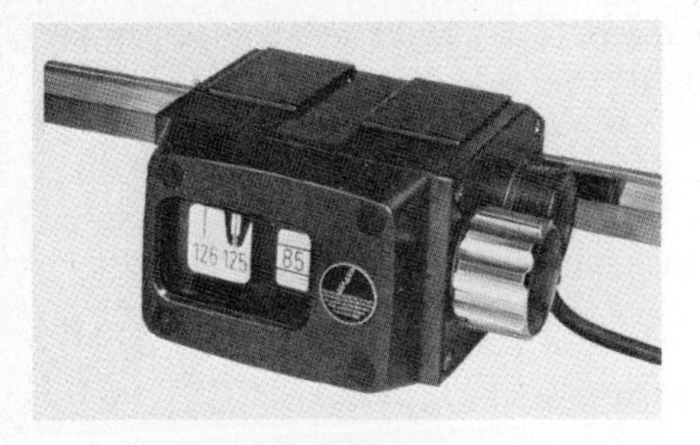

Bild C.41

Längenmeßgerät mit Stahlmaßstäben (Auflicht)

Ablesemöglichkeit 10 μm

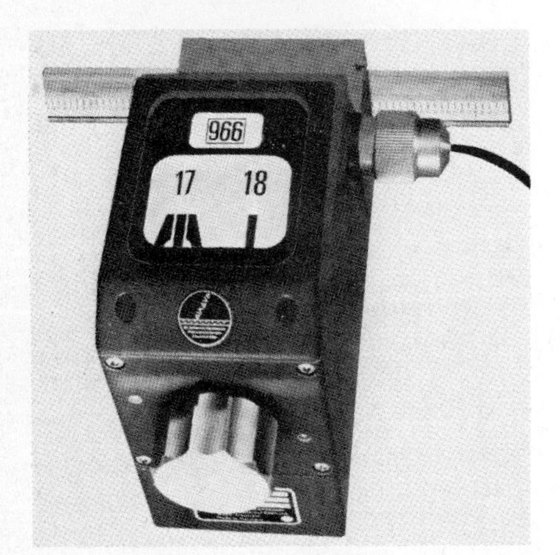

Bild C.42

Längenmeßgerät mit Stahlmaßstäben (Auflicht)

Ablesemöglichkeit 1 μm bei 21-facher Vergrößerung

8. Interferenz des Lichts bei Meßgeräten

a) Interferenz des Lichts

Spiegelnde ebene Flächen lassen sich ohne großen Geräteaufwand mit den Planglasplatten auf ihre Ebenheit prüfen. Derartige Flächen finden sich an Endmaßen, Lehren und Feinmeßgeräten. Das Meßverfahren bedient sich der Interferenz des Lichts.

Die Interferenz des Lichts tritt in Erscheinung, wenn der Lichtstrom einer Lichtquelle in zwei Teilströme aufgespalten wird. Derartige Lichtspaltungen werden von reflektierenden Flächen hervorgerufen. Liegt eine Planglasplatte, wie im Bild C.43, auf einer Meßfläche auf, so wird der einfallende Lichtstrom aufgespalten, da er teils an der rückseitigen Fläche

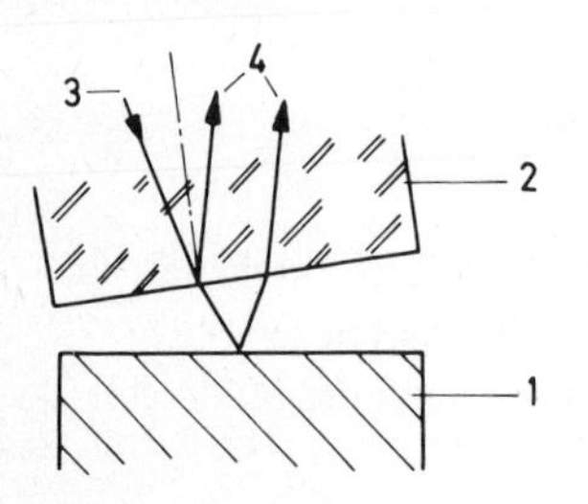

Bild C.43

Interferenz des Lichts (Schema)

1 Prüfstück, 2 Planglasplatte, 3 einfallender Lichtstrahl, 4 Teilstrahlen

des Planglases und teils an der Oberfläche des Prüfstückes reflektiert wird. Das Licht der beiden Teilströme überlagert sich und bildet dabei Interferenzstreifen. Diese Erscheinung löscht entweder oder verstärkt das Licht, so daß Streifen durch helle und dunkle Zonen entstehen. Die Dicke des Luftkeils bestimmt dabei den Abstand der Streifen.

Zwischen zwei aufeinanderfolgenden Streifen hat der Luftkeil die Dicke von genau einer halben Wellenlänge, also $\frac{\lambda}{2}$. Infolge der hohen Frequenz der Lichtwellenschwingungen, – das ist gleichbedeutend mit kurzer Wellenlänge ($\lambda \approx 0{,}6\ \mu m$ für weißes Licht) – gestattet dieses Verfahren, die Ebenheit von feingearbeiteten Oberflächen zu prüfen und ihre Formfehler zu messen.

Die Interferenzstreifen sind mit Höhenschichtlinien einer Landkarte zu vergleichen. Sind beide Flächen, die den Keil bilden, absolut eben, so erhält man vollkommen geradlinige parallele Streifen mit gleich großen Zwischenabständen. Ist dagegen die zu prüfende Fläche gebogen, so weichen die Streifen ebenfalls von der Geradlinigkeit ab.

Die Oberflächenprüfung setzt eine sorgfältige Säuberung der Flächen voraus. Schon das feinste Körnchen stellt die Prüfung in Frage. Es sind die Fettreste mit Alkohol oder Benzin zu entfernen und die Flächen mit Lederlappen nachzureiben.

b) Ebenheitsprüfung

Zur Prüfung wird das Planglas an die Meßfläche angesprengt. Sofort bildet sich das typische Streifenmuster, dem durch einseitiges Andrücken jede beliebige Richtung gegeben werden kann. Das Bild C.44 zeigt links den Einfluß des Fingerdruckes auf den engen Teil des Luftkeils und rechts den veränderten Abstand der Streifen, wenn der Druck auf den weiten Teil des Keiles ausgeübt wird.

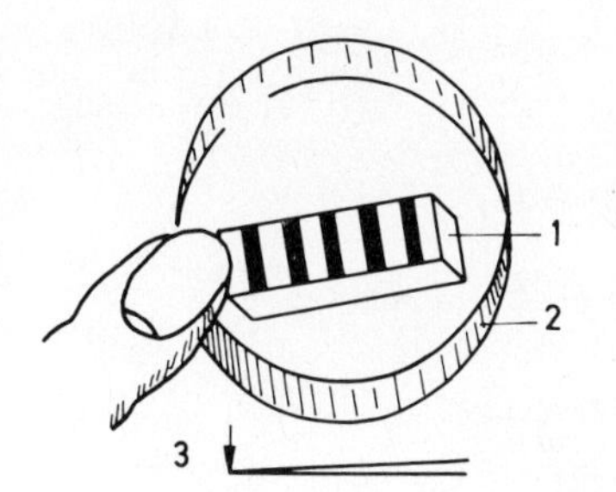

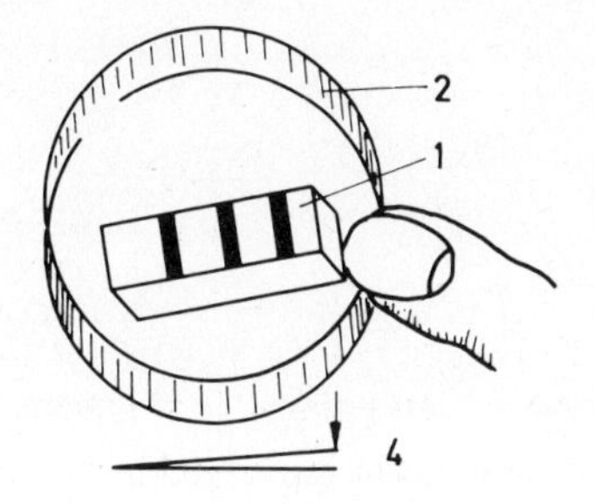

Bild C.44. Keilveränderung durch einseitigen Druck
1 Endmaß als Prüfstück, 2 Planglasplatte

Daraus ist ersichtlich: Die Anzahl der Streifen ist nur von der Größe des Luftkeils abhängig. Ein großer Luftkeil erzeugt viele Streifen, ein enger Keil nur wenige. Die Güte der Fläche wird nicht durch die Anzahl der Streifen bestimmt. Nur der Verlauf der Streifen, ihre gestörte Parallelität, läßt Rückschlüsse auf die Ebenheit zu.

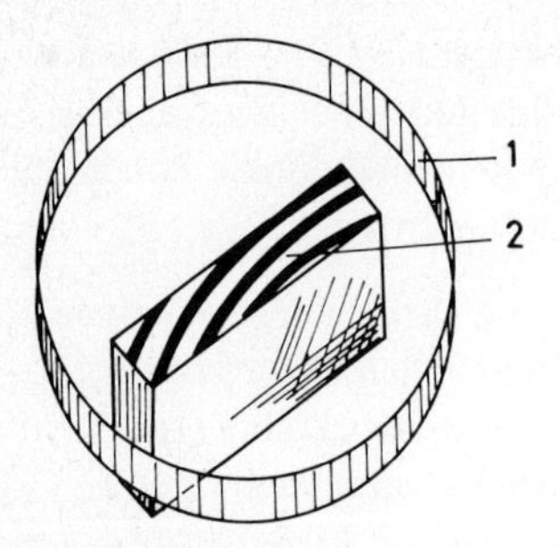

Bild C.45

Gebogene Interferenzstreifen weisen auf eine gewölbte Fläche hin

1 Planglasplatte, 2 Meßfläche des Endmaßes

Das Bild C.45 zeigt eine für ein Endmaß unzulässig gewölbte Oberfläche, das gebogene Streifenmuster nachweist.

Für die *quantitative Auswertung* der Fehler ist die Beobachtung mit einfarbigem Licht zu empfehlen. Hierbei treten scharf abgegrenzte helle und dunkle Streifen auf, die leichter zu beobachten sind als bunte Streifen in Regenbogenfarben des weißen oder Mischlichts. Die meistbenutzte Natriumdampflampe gibt monochromatisches Licht mit einer Wellenlänge von $\lambda = 0{,}589\ \mu m$ ab.

Die Wahl der Basis für die Streifenbildung kann die Auswertung erleichtern. Das Bild C.46 zeigt links den Streifenverlauf, wenn die Basis längs des Formfehlers liegt. Rechts hat man die Basis an die Schmalseite verlagert, wodurch die Auswertung durch den deutlichen Knick der Streifen verbessert wurde.

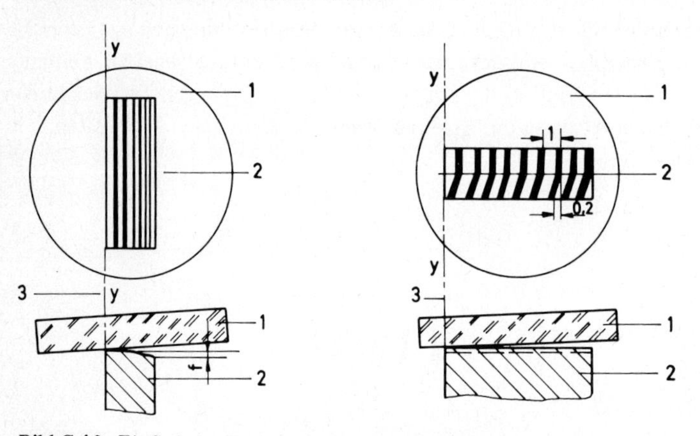

Bild C.46. Einfluß der Basis des Luftkeils auf die Beurteilung der Ebenheit

1 Planglasplatte, 2 Prüfstück mit Ebenheitsfehler, 3 Basis des Luftkeils

Fehler $f = \frac{t \cdot \lambda}{2} = \frac{0{,}2 \cdot 0{,}6}{2}\ \mu m = 0{,}06\ \mu m$

Bei runden Prüfstücken läßt sich zwischen einer konkaven und konvexen Oberfläche nicht unterscheiden. In beiden Fällen ergeben sich konzentrische Kreise, wie Bild C.47 zeigt. Hier hilft ein leichter Druck, um eine Basis, tangential zur Prüffläche, zu schaffen. Dabei verschwinden die Ringe und es erscheinen dafür Streifen, die nun zahlenmäßig ausgewertet werden können.

Die Teilung der Streifen wird mit dem Wert eins geschätzt oder gemessen. Die Auslenkung der Streifen beträgt dann das 1,5-fache der Teilung in dem Beispiel des Bildes C.47 rechts. Folglich errechnet sich die Pfeilhöhe der konvexen Kuppe:

$$h = \frac{t \cdot \lambda}{2} = \frac{1{,}5 \cdot 0{,}6}{2}\ \mu\text{m} = 0{,}45\ \mu\text{m}.$$

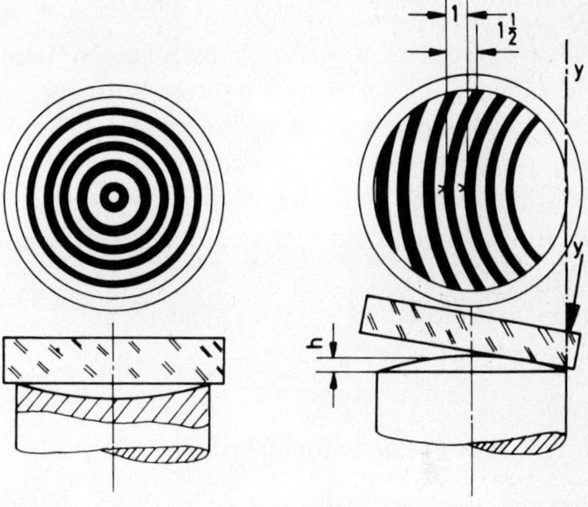

Bild C.47

Interferenzlinien an den kreisförmigen Oberflächen

Konkave Prüffläche, Konvexe Prüffläche, 1 einseitiger Druck erzeugt die Basis für den Luftkeil

Ein weiteres Beispiel ist im Bild C.48 angegeben. Die Teilung der Streifen ist hier mit einer Längeneinheit gemessen oder geschätzt worden. Die Auslenkung der gebogenen Streifen entspricht 0,3 · Teilung. Es ergibt sich die Tiefe der Mulde

$$d = \frac{t \cdot \lambda}{2} = \frac{0{,}3 \cdot 0{,}6}{2}\ \mu\text{m} = 0{,}09\ \mu\text{m}.$$

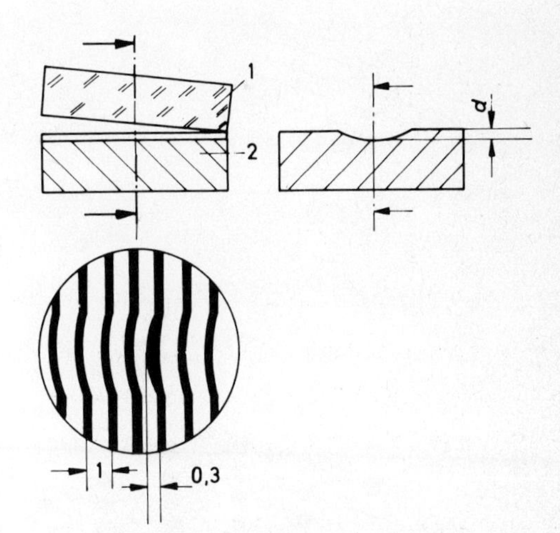

Bild C.48

Zahlenmäßiges Auswerten der Interferenzstreifen

1 Planglasplatte
2 Prüfstück
d Tiefe des Ebenheitsfehlers (Mulde)

D. Interferenzkomparatoren

1. Allgemeines

Schon 1893 führte *Michelson* in Paris Längenmessungen mit Hilfe der Interferenz des Lichts durch und eröffnete mit diesen Versuchen ganz neue Möglichkeiten für die Längenmeßtechnik. *Kösters* und *Engelhard* von der Physikalisch-Technischen Bundesanstalt verbesserten die Geräte, so daß die 11. Konferenz der Meterkonvention im Jahre 1960 als Krönung ihrer langen Bemühungen die Wellenlängen einer Lichtstrahlung, also ein Naturmaß, für die Definition des Meters angenommen hat (siehe auch Seite 2, Meter-Definition).

Durch diese neue Festlegung der Längeneinheit gewinnt die interferometrische Längenmessung praktische Bedeutung.

2. Das Wesen der Inferferenz des Lichts

Die Interferenz des Lichts beweist die Wellenstruktur der Lichtstrahlung. Laufen zwei Wellenzüge in einem spitzen Winkel aufeinander zu, so überlagern sie sich im Kreuzungspunkt. Das Bild D.1 zeigt schematisch diesen Vorgang, nur ist der Winkel φ, unter dem sich die beiden Strahlen schneiden, stark vergrößert dargestellt. Die Schnittpunkte von Wellen gleicher Phase, also Stellen, bei denen sich zwei gleich dicke Linien schneiden,

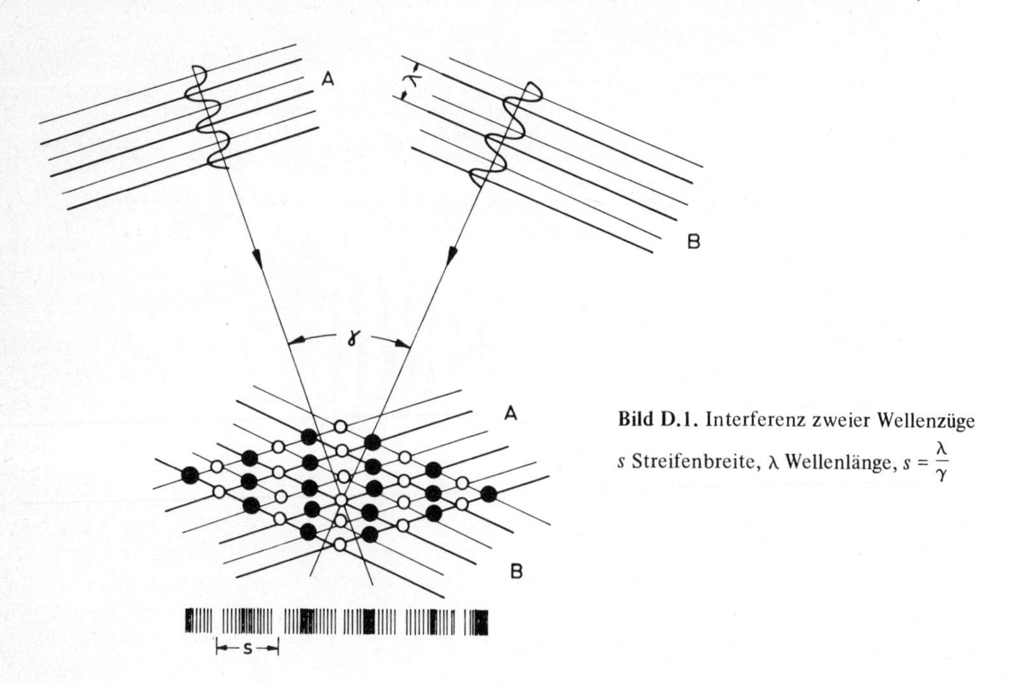

Bild D.1. Interferenz zweier Wellenzüge

s Streifenbreite, λ Wellenlänge, $s = \frac{\lambda}{\gamma}$

sind durch einen Kreis hervorgehoben, hier verstärken sich die Wellen, so daß sich eine größere Helligkeit ergibt. Schneiden sich dagegen zwei Wellen mit dem Phasenunterschied von einer halben Wellenlänge, so löschen sich die Wellen gegeneinander aus, die Stellen sind dunkel und mit einen Punkt markiert. Laufen die Wellen parallel, also $\varphi = 0$, so ist das Gesichtsfeld entweder gleichmäßig hell oder dunkel; es findet keine Überlagerung statt.

3. Die Interferenz des Lichts im physikalischen Versuch

Eine starke Lichtquelle, zum Beispiel ein Helium-Neon-Laser mit der Wellenlänge von $\lambda = 632{,}8$ nm, wird wie im Bild D.2 aufgebaut. Dieser Aufbau gleicht dem Interferometer nach *Michelson.* Der Spiegel (4) muß so geschwenkt werden, daß sich die interferierenden Lichtbündel zu einem System konzentrischer Kreise überlagern. Der Vorteil des Laserstrahls ist der, daß sich das Bild mit einem Bildschirm auffangen läßt. Bei geringerer Leuchtdichte mit schwächeren Lichtquellen beobachtet man die Interferenz durch ein Fernrohr (6). Beim Verschieben des Spiegels (5) mit der Meßschraube wechseln in der Kreismitte periodische Helligkeit und Dunkelheit ab. Eine Periode entspricht einer Verschiebung des Spiegels (5) um die halbe Wellenlänge λ.

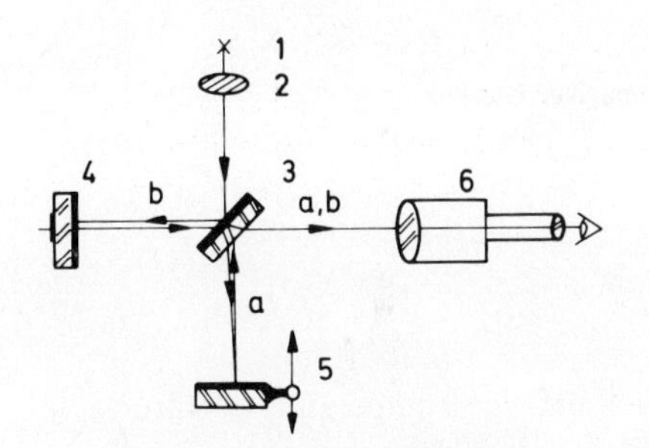

Bild D.2. Schema des Michelson-Interferometers
1 Lichtquelle, einfarbiges Licht, z. B. Laserlicht, 2 Kondensor, 3 versilberter Halbspiegel, 4 fester Spiegel, 5 beweglicher Spiegel, 6 Fernrohr oder Bildschirm, *a* Meßstrahl, *b* Vergleichstrahl

Angenommen, es wurden 50 Perioden beobachtet, so zählt man auf der Meßtrommel der Meßschraube 16 Teilstriche. Dies entspricht einer Verschiebung des Spiegels um 16 μm. Nach der Gleichung

$$s = n \cdot \frac{\lambda}{2}$$

ergibt sich

$$\lambda = \frac{s \cdot 2}{n} = \frac{16 \cdot 2}{50}\ \mu\text{m} = 0{,}64\ \mu\text{m}\,.$$

Diese zweistrahlige Interferenz erfolgt nur, wenn es gelingt, das Lichtbündel (Bild D.3) zunächst zu spalten und später wieder zu vereinigen. Das optische Gerät mit diesen Eigenschaften ist der Halbspiegel, eine Glasplatte, auf die ein hauchdünner Silberfilm aufgedampft worden ist. Der Film ist so dünn, daß ein Teil des Lichts hindurchtritt, der Rest von der spiegelnden Oberfläche reflektiert wird.

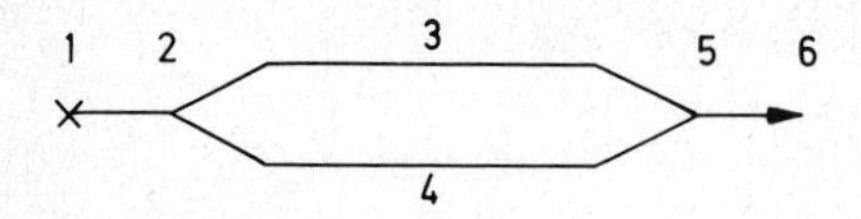

Bild D.3
Schema des Zweistrahl-Interferometers
1 Lichtquelle, 2 Spaltung, 3 Meßstrahl, 4 Vergleichsstrahl, 5 Vereinigung, 6 Interferenzstreifen

4. Interferenzkomparator für Endmaße bis zu 1 m Länge

Dieser Komparator ist für das Ausmessen des internationalen Urmeters geeignet. Hiermit kann ein Endmaß (Standard) mit Lichtwellen der Krypton-Linie im Vakuum gegeneinander verglichen werden. Diese Meßmaschine ist 1938 von *Kösters* vorgeschlagen und in enger Zusammenarbeit mit *Engelhardt* von der Firma Carl Zeiss, Oberkochen, gebaut worden.

Kösters hat das Michelsonsche Interferometer (Bild D.2) verbessert, in dem er die Spaltung der Lichtstrahlen mit einem Prisma vorschlug. Das Bild D.4 zeigt dieses Prisma, das als Höhe auf der Grundseite den Halbspiegel trägt. Das Prisma ist in der Filmschicht zusammengekittet. Die Meßstrecke befindet sich in einem Trog, der luftdicht verschließbar ist. Der Trog, natürlich gut gegen Wärmeeinflüsse isoliert, wird luftleer gepumpt, um die Bedingungen der Meterdefinition zu erfüllen.

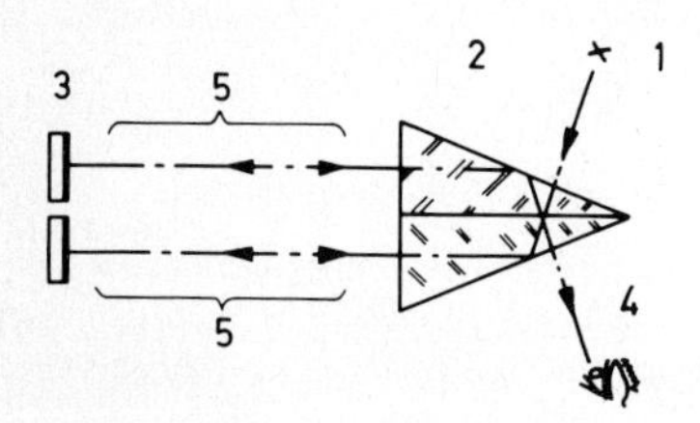

Bild D.4
Interferometer nach *Kösters*
1 Lichtquelle
2 Prisma
3 Spiegel
4 Fernrohr
5 Meßstrecke

Schon die feinsten Veränderungen des Zustandes der Luft, wie Temperatur, Luftdruck und Luftfeuchte, beeinflussen die Wellenlänge des Lichts, da der Brechungsindex von dem Luftzustand abhängig ist. Diese Schwierigkeiten sind aber durch die Idee von *Kösters* beseitigt worden, der den Brechungsindex der Luft durch eine gesonderte Messung in einer in dem Trog befindlichen Vakuumkammer interferometrisch bestimmt.

5. Meßunsicherheit des Interferenzkomparators

Die angestrebten Genauigkeiten sind bei Endmaßmessungen die absolute Spitze. Schon *Kösters* (1938) gibt für Endmaße von 0,5 m Länge einen Fehler an, der 0,01 μm nicht überschreitet. Das bedeutet: Eine Teilung mit dem Abstand jedes Teilstriches von 1 mm müßte 5 km lang sein.

Endmaße von 1 m Länge werden immer in zwei Schritten gemessen, da die Sichtbarkeit der Interferenzlinien schon bei 500 mm Länge nachläßt. Für die Meßsicherheit ist das Bestimmen der Temperatur der Endmaße wichtig. Nach Angaben der Physikalisch-Technischen Reichsanstalt (*Engelhardt*) kann die Temperatur auf 1/1000 °C genau gemessen werden. Das entspricht bei 1 m Länge einer Verlängerung von 0,01 μm.

6. Interferenzkomparator für Strichmaße bis zu 1 m Länge

Obwohl das Urmeter – ein Strichmaß – seit 1960 auf den zweiten Platz zurückgedrängt worden ist, haben die Strichmaße für die Praxis und für die Eichämter eine wichtige Bedeutung als Standard oder Normal. Das Messen mit Endmaßen ist zeitraubend und kompliziert. Strichmaße haben den Vorzug des berührungslosen Messens und lassen auch ein rasches Erfassen von Zwischenmaßen zu.

Daher ist es nicht verwunderlich, wenn Komparatoren mit optischer Antastung ebenfalls weiterentwickelt wurden. Die Firma SIP (Socíété Genevois d'Instruments de Physique Genf, Schweiz) hat in den Jahren 1942 bis 1948 ein Antastverfahren entwickelt, das den subjektiven Einfluß vermeidet, der durch ein unsymmetrisches Einfangen des Teilstrichs zwischen der Einfanggabel entstehen kann. Bild D.5 zeigt diesen Komplex bei einer optischen Ablesung. Der beiderseitige Abstand, der Zwischenraum zwischen der Gabel und dem Teilstrich, wird durch die Wahrnehmung des Auges auf seine Symmetrie hin überwacht.

Bild D.5. Einfangen eines Striches zwischen einem Doppelstrich oder einer Einfanggabel (nach *Lehmann*, Leitfaden der Längenmeßtechnik. Berlin)
s Strichbreite, Zwischenraum des Einfangdoppelstriches 1,5 bis 2 *s*

Der Interferenzkomparator dient zum Vergleichen des internationalen Urmeters gegen Lichtwellenlängen, der anderen nationalen Urmeter sowie der hochgenauen Strichmaßstäbe der Meßgeräteindustrie. Sein Standort ist in Sèvres bei Paris im Internationalen Amt für Maß und Gewicht.

Im Bild D.6 ist der schematische Aufbau zu sehen. Das Gestell ruht auf drei Kugeln. Die erste Kugel liegt in einem Hohlkegel, die zweite in einem V-Stück und die dritte lagert auf einer ebenen Fläche. Ebenfalls stützt sich das Bett auf drei Kugeln ab.Der H-förmige Maßstab ruht auf den Besselschen Punkten, die dem Maßstab die geringstmögliche Durchbiegung bieten. Da alle drei Auflagekugeln des Bettes und des Gestells in einer Flucht liegen, ergibt sich für das Gestell die geringste Biegung, wenn sich der Schlitten auf dem Bett bewegt. Am rechten Ende des Maßstabes ist ein planparalleler Spiegel befestigt, der das Licht des Michelson-Interferometers reflektiert.

Am Joch des Gestells befindet sich das fotoelektrische Mikroskop, das die Teilstriche des Maßstabs einfängt.

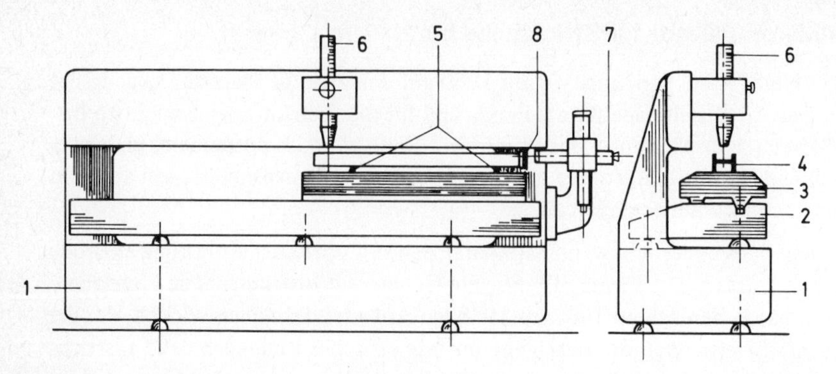

Bild D.6. Interferenzkomparator mit fotoelektrischem Mikroskop

1 Gestell, auf drei Kugeln lagernd, 2 Bett auf drei Kugeln, 3 Schlitten mit Strichmaßstab, 4 Strichmaßstab als Urmeter oder Standard, 5 Besselsche Auflagepunkte, 6 Fotoelektrisches Mikroskop, 7 Michelson-Interferometer, 8 Planspiegel

a) Meßvorgang des Komparators

Der Meßvorgang ähnelt dem des oben beschriebenen physikalischen Versuchs. Zunächst erfaßt das Mikroskop den linken Teilstrich des Maßstabs, gleichzeitig wird das Interferenzbild im Fernrohr justiert. Dann bewegt sich der Schlitten mit dem Maßstab über das Bett zur rechten Endstellung. Währenddessen zählt ein Zählwerk die 1,65 Millionen Wellenlängen, die durch Hell- und Dunkelzonen im Abstand von einer halben Wellenlänge der Verschiebung durch eine Lichtschranke (Fotowiderstand) registriert werden. Selbstverständlich werden alle nur denkbaren Vorsichtsmaßnahmen ergriffen, um irgendwelche Meßfehler durch Wärmedehnung und Änderung der Wellenlänge der Lichtstrahlung im Vakuum zu vermeiden.

Die Meßsicherheit dieses Komparators hängt davon ab, wie exakt die Teilstriche des Maßstabs eingefangen werden können. Das fotoelektrische Mikroskop führt zu einer weiteren Steigerung der Antastsicherheit, die sich mit einer Dezimalen größer dem Nanometer nähert. Zum Beweis dieser Behauptung folgt eine Beschreibung dieses Antastverfahrens.

b) Fotoelektrisches Mikroskop der SIP

Den schematischen Aufbau des Gerätes zeigt das Bild D.7. Der Strahlengang berührt folgende optischen Elemente: Das Licht einer sehr schwachen Glühlampe entwirft das Bild des Strichs durch einen Spalt, der gerade so dick wie der Maßstrich ist. Beim Gravieren des Maßstabes achtet man eher auf eine gleichmäßige Strichbreite und auf gerade Kanten als auf besonders dünne Striche. Das Spaltbild erreicht die Oberfläche des Maßstabes, nachdem es vier Spiegel passiert hat. Die spiegelnde Oberfläche des Maßstabes wirft das Licht wieder zurück, doch lenkt ein Prisma einen Teil davon ab, das dann auf einen Halbspiegel trifft, von dem es auf eine Fotozelle geworfen wird. Der Anteil des Lichts, der durch den Spiegel hindurchtritt, gelangt über einen Spiegel in das Okular mit

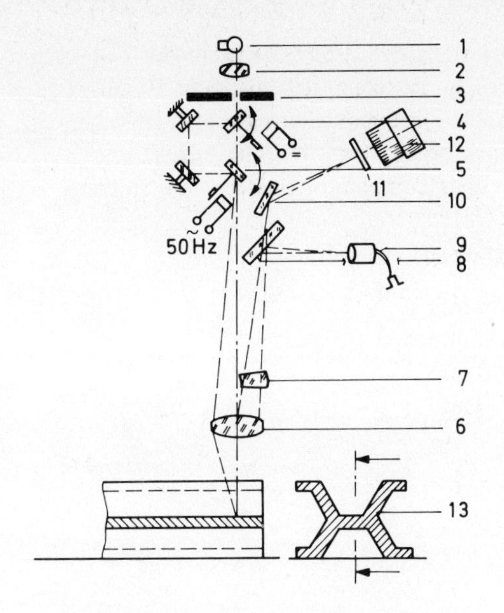

Bild D.7
Strahlengang des fotoelektrischen Mikroskops

1 Glühlampe
2 Kondensor
3 Spaltblende
4 Nulleinstellungsspiegel mit Gleichspannungsmagnet
5 Schwingspiegel mit Wechselspannungsmagnet
6 Objektiv
7 Prisma
8 Halbdurchlässiger Spiegel
9 Fotozelle
10 Spiegel
11 Strichplatte
12 Okular
13 Urmeter, Standard oder Normal.

Strichplatte. Diese Beobachtung dient nur zur Grobeinstellung, damit die optische Achse des Mikroskops in der Nähe eines Teilstrichs zu liegen kommt.

Steht ein Strich fluchtend in der optischen Achse, so erfolgt keine Reflektion, die Fotozelle empfängt keinen Lichtimpuls. Diese zunächst nur vermutbare Übereinstimmung von Spaltbild und Teilstrich wird elektrisch-optisch nachgeprüft, indem ein ähnlicher Vorgang des Einfangens in eine Gabel mit rein technischen Mitteln nachgeahmt wird. Der Spiegel (5) (Bild D.7) schwingt mit der Netzfrequenz und läßt so den Lichtstrich zu beiden Seiten des Maßstabstriches hin und her pendeln.

Befindet sich der Strich des Maßstabes fluchtend in der optischen Achse, gleicht die Signalform dem Bild D.8 oben. Durch eine elektrische Umformung erhalten die Signale dann die im Bild D.8 unten dargestellte Form. Schließlich erlaubt ein analoges Simultangerät diese Signalform nachzuahmen, und mit einem Zeiger ist die tatsächliche Abweichung abzu-

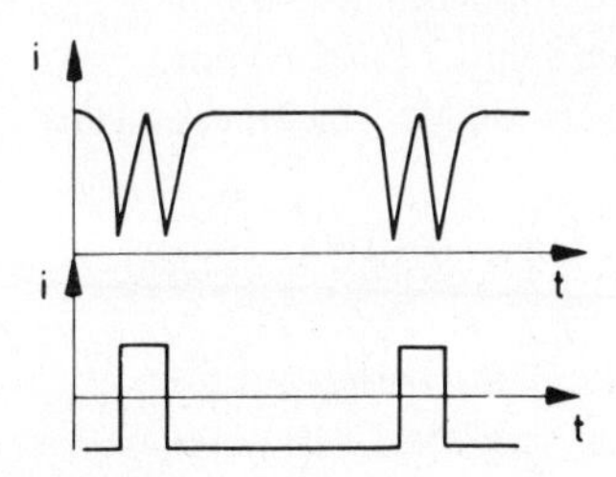

Bild D.8. Strom der Fotozelle bei zentriertem Maßstabstrich, darunter Signalstrom
i Fotostrom, *t* Zeit

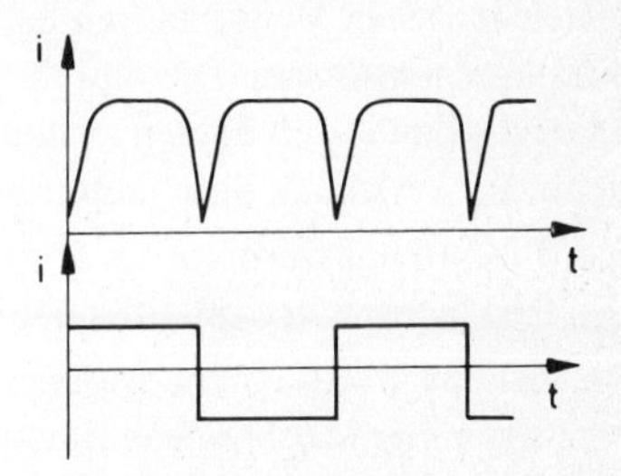

Bild D.9. Strom der Fotozelle bei verschobenem Maßstabstrich
i Fotostrom, *t* Zeit

lesen. Das Bild D.9 veranschaulicht die Form des Signals der Fotozelle, wenn der Teilstrich asymmetrisch zur Einfanggabel steht. Der kleinste Skalenteil entspricht 10 nm = 0,010 μm und 1 nm kann noch geschätzt werden. Die maximal erreichbare Meßsicherheit beträgt 3 nm, wenn alle Vorsichtsmaßnahmen beachtet werden. Die Anzeige entspricht einer 650 000-fachen Vergrößerung, die dem Komparator eine absolute Spitzenklasse sichert.

Nach Angaben der SIP betragen die mittleren Abweichungen nur

14 nm für die Teilstriche von 0 ... 250 mm,
25 nm für die Teilstriche von 260 ... 500 mm,
32 nm für die Teilstriche von 510 ... 750 mm,
38 nm für die Teilstriche von 760 ... 1000 mm.

E. Elektrische Längenmeßgeräte

1. Allgemeines

In den letzten Jahren sind bei den elektrischen Längenmeßverfahren entscheidende Fortschritte erzielt worden. Die Hochfrequenztechnik hat durch die Entwicklung der Elektronik mit ihren stromsparenden Bausteinen auf Halbleiterbasis die Verstärkertechnik derart beeinflußt, daß Platz- und Leistungsbedarf auf den zehnten bis einhundertsten Teil reduziert werden konnten. Die Verstärkertechnik ist auch durch die Transistoren in der Lage, aus winzigen Signalen der Meßwertaufnehmer sicher und stabil Werkzeugmaschinen zu steuern. Diese Meßsteuerungen schalten die Rundschleifmaschinen bei Erreichen des Sollmaßes sicher ab.

Die elektrischen Meßverfahren haben manche Eigenarten mit den pneumatischen Meßverfahren gemeinsam. Die räumliche Trennung von Meßwertaufnehmer (Taster) und Anzeige erlaubt den beiden konkurrierenden Verfahren zeitsparende Mehrfachmessungen an einem Werkstück durchzuführen.

Die Übersetzungsverhältnisse erreichen die gleichen Werte; sie liegen bei 1000- bis zu 100 000-facher Vergrößerung der Meßgröße.

Für manche Meßaufgaben ist der rasche Wechsel durch einfaches Umschalten auf drei oder sogar vier Meßbereiche günstig. Die Meßbereiche verhalten sich wie 1 : 10 : 100.

Neben der analogen Anzeige gestattet das elektrische Meßverfahren, die Meßwerte in eine digitale Anzeige umzuwandeln. Eine Ziffernfolge von fünf bis sechs Ziffern läßt sich mit geringerer Ermüdung ablesen als die Stellung eines über eine Teilung hinwegstreichenden Zeigers. Weil das Schätzen von Zwischenwerten wegfällt, ist eine Fixierung des Auges auf den Zeiger unnötig. Der nächste Schritt besteht dann in der Dokumentation des Meßwertes durch einen Zahlendrucker, der eine digitale Anzeige zur Voraussetzung hat.

2. Elektrische Taster als Feinzeiger

Das elektrische Längenmessen tastet das Werkstück mechanisch ab. Zwar gibt es eine elektrische Abtastung der Werkstücke, die aber für die Kraftmessung und nicht für die Längenmessung benutzt wird.

Bei der Kontrolle von Werkstücken der Großserienfertigung sind mechanische Taster als Feinzeigermeßwerk mit einer dreifachen Signalweitergabe häufig im Einsatz (Bild E.1). Bei diesen Geräten dient der elektrische Strom nur als Mittel zum Zweck, da hierbei entweder optische oder akustische Signale eine räumliche Trennung vom Meßort erlauben. Ähnlich wie bei den Anfängen der Fernmeldetechnik, die nur die Signale kurz und lang übermittelten, zeigen drei simple Glühlämpchen die Lage des Istwertes zum Sollwert an. Grün bedeutet: Gut, rot entsprechend Ausschuß und weiß leuchtet für noch mögliche Nacharbeit auf. Das Bild E.2 zeigt die Schaltung für diese Art der Istwertkontrolle.

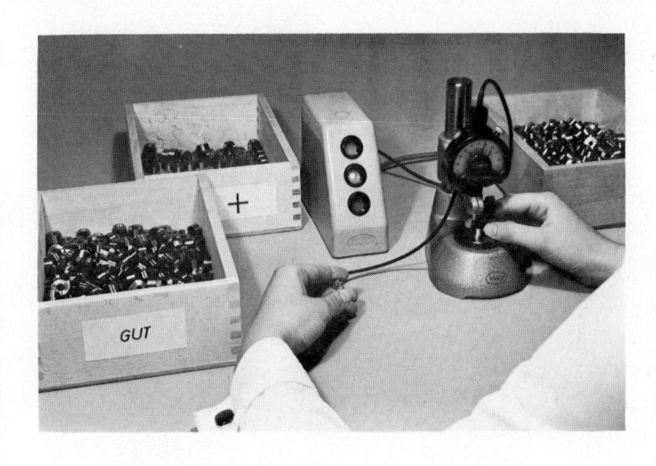

Bild E.1
Meßeinrichtung mit elektrischem Feinzeiger und optischer Anzeige

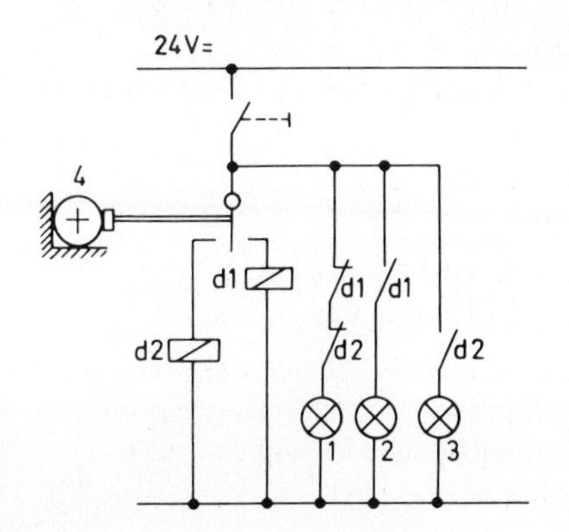

Bild E.2. Schaltbild eines kontaktgebenden Tasters
1 grün
2 weiß
3 rot
4 Werkstück
5 Relais

a) Wirkungsweise der Taster mit elektrischem Signalgeber

Der Schalter (1) (Bild E.2) hat drei Stellungen, aber nur zwei Schaltkontakte. Die Schaltung braucht daher zwei Relais, damit die Mittelstellung des Schalters angezeigt werden kann. In dieser Schalterstellung fließt über die Ruhekontakte der beiden Relais ein Lampenstrom für die grüne Glühlampe. Mit anderen Worten: Trotz offenem Schalter fließt ein Strom. In den beiden anderen Grenzstellungen spricht über Kontaktfedersätze das betreffende Relais an, damit der Arbeitsstromkreis für eine entsprechende Lampe weiß oder rot leuchtet.

b) Ausführungen der elektrischen Taster

Es gibt Feinzeiger mit elektrischen Kontakten und Taster ohne optische Anzeige, wie das Gerät des Bildes E.3. Dieses Meßwerk hat weder Schneiden- noch Zapfenlager, sondern die reibungsfreie Bandfederaufhängung, die einem Gelenk entspricht. Durch diese Federgelenke ist zwar die Umkehrspanne vermieden, aber der Nachteil einer Übersetzungsänderung bei größeren Winkelausschlägen muß in Kauf genommen werden.

Die Schaltleistungen dieser Schalter (1) sind auf nur zwei Watt begrenzt, damit die Lebensdauer und eine Sicherheit der Kontaktgabe erhöht wird.

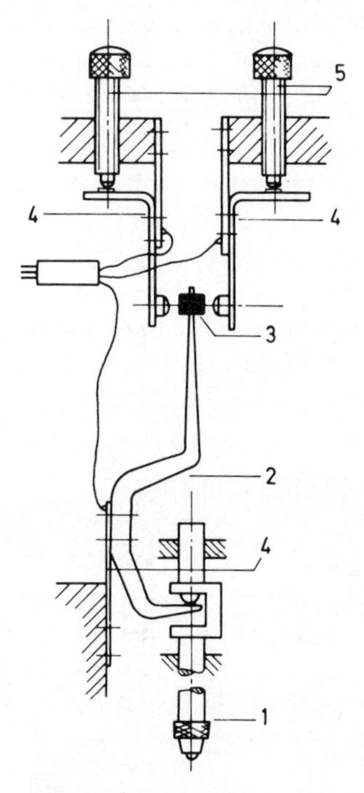

Bild E.3. Taster mit Kontaktgeber
1 Tastbolzen, 2 Übersetzungshebel, 3 Kontakte, 4 Bandfedergelenk, 5 Einstellschrauben

3. Meßtaster mit elektrischer Meßwertumwandlung

a) Ohmsche Meßwandler

Ein Meßwandler wandelt die abgetastete Länge in eine analoge elektrische Spannung um. Bei dem Ohmschen Meßwandler verstellt eine Schleifbürste den Abgriff eines Potentiometers im Verhältnis zum Tastbolzenweg. Hierdurch entspricht das Verhältnis der Spannungsteilung genau der Meßgröße zum Nullpunkt. Die Gleitreibung zwischen der Schleifbürste und dem Widerstand begünstigt das Entstehen einer Umkehrspanne, so daß die Meßwerte eine starke Streuung aufweisen. Ein weiterer Nachteil dieses Systems entsteht durch die Reibung, die den Widerstandskörper, ob Drahtwicklung oder Widerstandsbelag, verschleißt, so daß die Lebensdauer begrenzt wird.

b) Der kapazitive Meßwandler

Dieser Meßwandler verändert im Verhältnis der Tastbewegung den Plattenabstand eines Kondensators. Die Meßgröße beeinflußt damit die Ladekapazität des Kondensators. Obwohl dieser Weg reibungsfrei vom Meßbolzen zurückgelegt werden kann und auch die einzig gangbare Lösung zur Änderung der Kapazität darstellt, so ist gerade dieser Meßwandler verhältnismäßig groß und dadurch unhandlich im Gebrauch. Ein weiterer Nachteil liegt noch in der hohen Frequenz, die nötig ist, um die geringen Kapazitätsänderungen durch ein Anzeigegerät nachzuweisen.

c) Der induktive Meßwandler

Für die Längenmeßtechnik haben die induktiven Meßwandler die besten Eigenschaften. Nur dieses Verfahren, das die Induktivität einer Spule durch die Meßgröße ändert, ist ausbaufähig und hat damit Aussichten für die Zukunft, da hier die analoge Anzeige durch die digitale Anzeige mit Ziffernröhren ersetzt werden kann.

Der Meßwertaufnehmer dieses Systems besteht aus einer Spule, in die ein Eisenkern eintaucht. Das Bild E.4 zeigt den Aufbau. Der bewegliche Eisenkern ist mit Hilfe eines Bandfedernpaares aufgehängt, um auch hier die schädliche Reibung zu vermeiden. Falls Geradführungen ausreichen, so ist die Gleitreibung durch eine Kugelführung mit der wesentlich geringeren Rollreibung ersetzt. Ein ferromagnetischer Zapfen ragt in die Induktionsspule hinein, so daß sich eine Änderung der Induktivität proportional mit dem Meßbolzenweg einstellt. Die Wirkung des Weicheisenkernes nimmt mit zunehmender Entfernung von der Spulenmitte ab, doch gelingt es, durch eine geometrische Formung der Spule und des Kernes eine einwandfreie Linearität der Anzeige, zumindest in den kleinen Meßbereichen, zu erreichen.

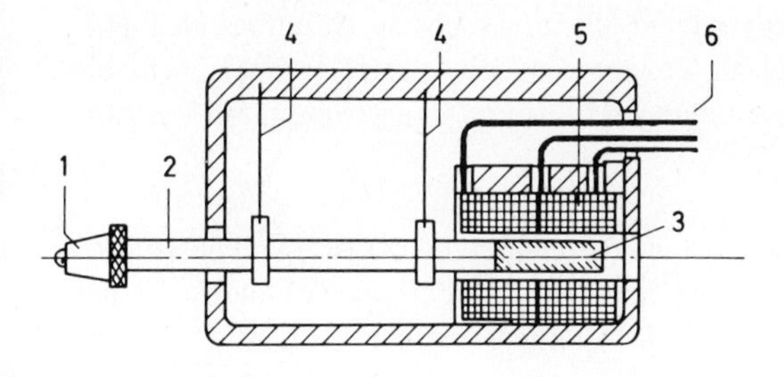

Bild E.4
Meßwertaufnehmer mit Federaufhängung
1 Meßhütchen
2 Tastbolzen
3 Ferromagnetischer Kern
4 Bandfedergelenk
5 Hochohmspulen mit Mittelabgriff
6 Elektrische Leitungen

Die elektrische Schaltung zeigt das Bild E.5. Zur Vorbemerkung muß gesagt werden, daß sich die Induktivität einer Spule nur mit Wechselspannung nachweisen läßt. Für Gleichspannung verhält sich eine mehr oder minder hohe Windungszahl wie ein Ohmscher Widerstand. Spulen mit geschlossenem Eisenkern reagieren bei angelegter Wechselspannung mit einem so hohen Widerstand für den Strom, daß der Name Drosselspule nur zu berechtigt ist. Damit die äußerst geringen Induktionsänderungen deutlich in der Anzeige erscheinen, benutzt man nicht die Netzfrequenz von 50 Hz, sondern eine Mittelfrequenz, die bei

1 ... 20 kHz liegt. Diese besondere Trägerfrequenz liefert ein Schwinger, auch Oszillator genannt. Die Spannung überträgt ein Transformator auf die mit Mittelabgriff versehene Spule im Meßwertaufnehmer.

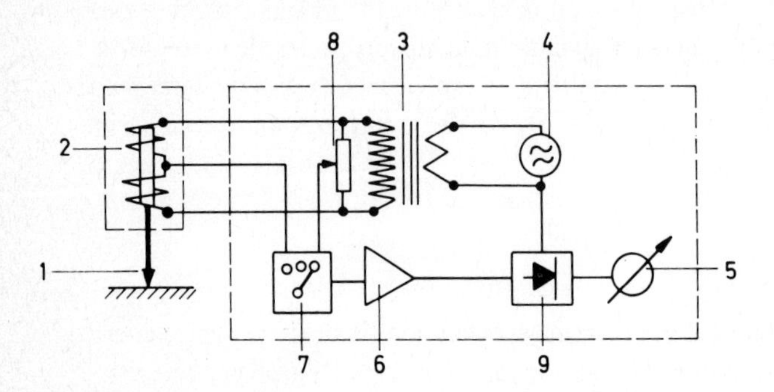

Bild E.5. Schaltbild des induktiven Meßtasters
1 Taststift, 2 Spulen mit Mittelabgriff, 3 Meßwandler, 4 Oszillator, 5 Anzeigegerät, 6 Verstärker, 7 Wahlschalter für Meßbereiche, 8 Nullpunkt-Potentiometer, 9 Gleichrichter

Befindet sich der Spulenkern (Bild E.5) genau in der Mitte zwischen beiden Spulenhälften (2), so besteht zwischen den Mittelpunkten des Meßwandlers (3) und des Nullpunkt-Potentiometers (8) keine Spannung. Über den Taststift (1) wird nun der Spulenkern in die dem abgetasteten Maß entsprechende Lage gebracht. Die dadurch verursachte Veränderung der Induktivität in den beiden Spulenhälften erzeugt eine zur Meßgröße verhältnisgleiche Spannung. Dieses Signal, verstärkt und gleichgerichtet, erzeugt im Voltmeter (5) einen Zeigerausschlag, der der Meßbolzenbewegung proportional ist. Da eine genaue Mitteneinstellung des Spulenkerns zu Beginn jeder Messung nicht durchführbar ist, kann der Nullpunkt über das Potentiometer (8) als Nullabgleich der Anzeige durchgeführt werden. Der Wahlschalter (7) mit seinen drei Stellungen bestimmt den gewünschten Verstärkungsfaktor für die Anzeige.

Auslösen von optischen Signalen. Um die Vorteile der elektrischen Taster voll auszunutzen, ist das Auslösen von Signalen nicht mit den üblichen Kontaktfedersätzen möglich, da die Richtkraft der Drehspule des Voltmeters für eine Kontaktgabe unzureichend ist. Die Signale werden berührungslos durch eine Fahne am Zeiger ausgelöst, die eine Lichtschranke steuert. Diese Lichtschranken bestehen aus einem Photowiderstand, der einer Punktlichtquelle gegenübersteht. Zwischen diesen beiden Objekten kann sich der Zeiger mit der Blechfahne bewegen und unterbricht dabei das Lichtbündel, das den Photowiderstand trifft. Diese Signalauslösung ist von der Zeigergeschwindigkeit abhängig, sie liegt bei max. 0,8 s.

Ein anderes Prinzip, das des unmittelbaren Spannungsvergleiches, schaltet wesentlich schneller (maximal 50 ms), erfordert aber einen etwas höheren Geräteaufwand.

F. Das Messen von Winkeln

1. Einheiten der Winkelmessung

Die Einheiten der Winkelmessung sind das Bogenmaß und das Gradmaß.

Der Zahlenwert des Bogenmaßes läßt sich nicht ganzzahlig teilen, da die Definition lautet:

$$1^\circ = \frac{2 \cdot \pi}{360^\circ} = 0{,}0175\ldots$$

Deshalb kommt dem Bogenmaß nur eine untergeordnete Bedeutung zu.

In der technischen Winkelmessung ist die Winkeleinheit Grad mit der Unterteilung in Minuten und Sekunden eingeführt.

$$1^\circ = 60 \text{ Minuten} = 60 \cdot 60 \text{ Sekunden} = 3600 \text{ Sekunden}$$

Die Winkeleinheit 1 rad = 57,3° läßt sich durch das Verhältnis: Kreisbogen zu Kreisradius (= 1) erklären (Bild F.1). Dieser *Rad*iant (Winkel) ist durch ein Verhältnis zweier Längen definiert. Damit ist der Winkel von 57,3° jederzeit wieder herstellbar und somit unverlierbar geworden. Aus diesem Grunde verzichtet man auf eine Maßverkörperung des Winkels, die dem sogenannten ,,Urwinkel" entsprechen würde. Lediglich die drei Grundmaße: Länge, Masse und Zeit zeichnen sich durch ihre international anerkannten Prototypen oder die Urmaße (Standard) aus.

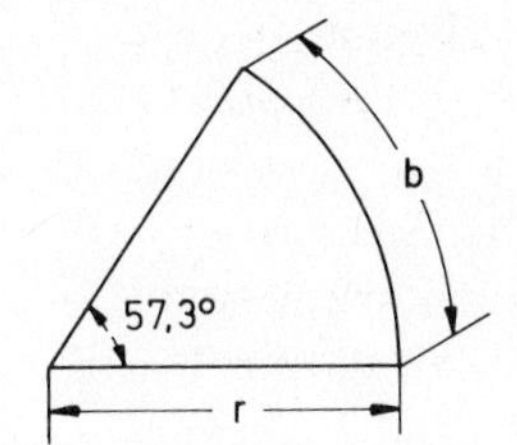

Bild F.1

Winkeleinheit 1 rad = $\frac{b}{r}$ = 1 = 57,3°

Im praktischen Gebrauch erleichtern jedoch Winkelnormale das Winkelmessen, die in Form von:

1. Teilkreisen aus Glas,
2. Spiegelpolygonen, siehe Flucht- und Richtungsfernrohre Seite 69,
3. Winkelendmaßen,

üblich sind. Gegenüber dem Radiant sind diese drei Standards sofort einsatzbereit.

In der Geodäsie (Vermessungslehre) ist die dekadische Einteilung des Vollwinkels von 400^g eingeführt. Die Grundeinheit 1 Gon oder ein Neugrad (^{g}) entspricht dem 400-sten Teil des Umfanges eines Einheitskreises mit dem Radius 1.

Im Maschinenbau und in der Feinwerktechnik herrschen noch die Altgrade vor, die den Einheitskreis in 360° aufteilen.

Die Untereinheiten des Bogenmaßes heißen:

$1' = 1$ Bogenminute $= 0{,}0175 \cdot \frac{1}{60} = 2{,}9110 \cdot 10^{-4}$

$1'' = 1$ Bogensekunde $= 0{,}0175 \cdot \frac{1}{3600} = 4{,}85 \cdot 10^{-6}$

$1 \text{ rad} = 63{,}7^{g}$

2. Winkelmeßtechnik und Winkelmeßgeräte

a) Feste Winkel

Zum Prüfen der Lage von Flächen oder Achsen dienen die festen Winkel aus Stahl. Am häufigsten trifft man den rechten Winkel mit ungleichlangen Schenkeln an, der nach DIN 875 genormt ist. Diese festen Winkel gibt es als flache Winkel, als Anschlagwinkel und in der genauesten Ausführung als Haarwinkel mit geläppter Messerkante.

Sehr praktisch ist der Zentrierwinkel zum Anreißen der Wellenmitten. Nach zweimaligem Anreißen auf der Stirnseite der Welle, ein drittes Anreißen dient nur zur Kontrolle, ergibt der Schnittpunkt der Risse den Mittelpunkt der Welle.

b) Winkelendmaße

Beliebige Winkel lassen sich durch Aneinandersprengen von Einzelwinkeln zusammenstellen. Hierzu sind die Winkelendmaße geeignet, die einen bestimmten Winkel in Endmaßqualität verkörpern.

Ein Satz Winkelendmaße enthält 14 Stück:

$1°, 3°, 5°, 15°, 30°, 45°$ und weiter unterteilt in Minuten:
$1', 3', 5', 10', 25', 40'$ und schließlich in Sekunden:
$20''$ und $30''$.

Dazu gehört noch ein prismatisches Lineal und ein Haarlineal.

Mit einem Satz Winkelendmaße läßt sich jeder Winkel von $0°$ bis $90°$, gestuft von 10 zu 10 Winkelsekunden, zusammenstellen. Das sind 32 400 Kombinationen. Das Bild F.2 zeigt, wie die Winkelendmaße additiv und auch subtraktiv zusammengesetzt werden können.

Beispiele für Kombinationen:

$19° = 15° + 5° - 1° =$ oder $15° + 3° + 1°$

$27° \, 28' \, 40'' = (30° - 3°) + (25' + 3' + 1') - 20''$

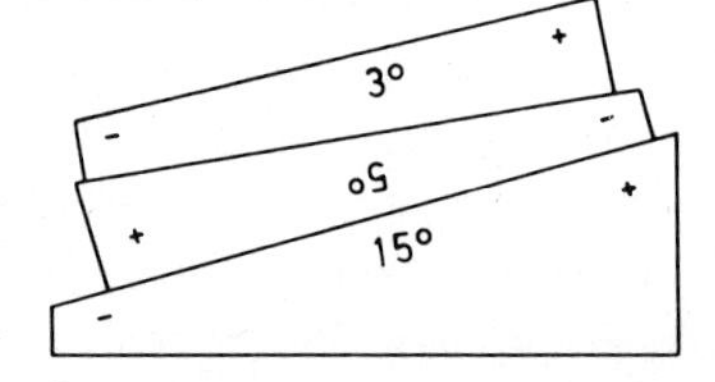

Bild F.2
Maßverkörperung mit drei aneinander gesprengten Winkelendmaßen
$+ 15° - 5° + 3° = 13°$

c) Das Sinuslineal

Mit dem Sinuslineal läßt sich die trigonometrische Winkelfunktion so anwenden, daß beliebige Winkel von 0° bis 60° mit bemerkenswerter Präzision entstehen. Als Hilfsmittel sind Parallelendmaße und zwei kurze Meßzylinder nötig. Nach dem Bild F.3 ist die Sinusfunktion durch das Verhältnis von Gegenkathete zu Hypotenuse definiert.

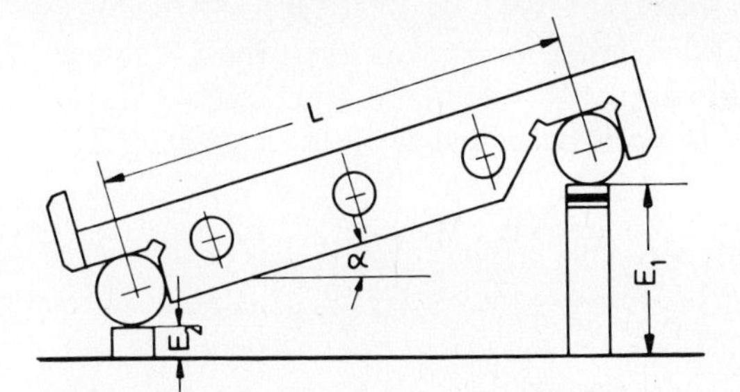

Bild F.3
Sinuslineal

$$\sin\alpha = \frac{E_1 - E_2}{L}$$

Die Basislänge der Lineale beträgt 100 mm, 200 mm und 40 mm Länge. Kleinere Werkstücke lassen sich unterhalb des Sinuslineals mit dem Lichtspaltverfahren prüfen. Größere Werkstücke finden nur auf dem Lineal Platz und können nach dem Satz: Wechselwinkel an Parallelen durch Entlangschieben einer Meßuhr auf Parallelität geprüft werden. Das Bild F.4 zeigt diese Meßanordnung.

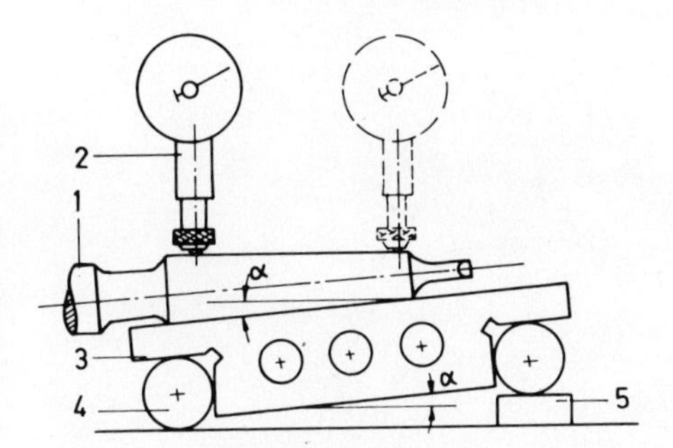

Bild F.4
Winkelprüfung mit Sinuslineal und Meßuhr
1 Werkstück Morsekegel
2 Meßuhr oder Feinzeiger
3 Sinuslineal
4 Walzen
Zubehör zu 3
5 Parallelendmaß

Berechnungsbeispiel:
Der Winkel $\alpha = 30°$ ist gesucht. Die Basislänge, die der Hypotenuse entspricht, beträgt $L = 200$ mm. Die Höhe $E_1 = 10$ mm. Gesucht ist die Höhe des Endmaßes $E_2 = ?$ mm.

Es gilt:

$$\sin\alpha = \frac{E_1 - E_2}{L}$$

$E_1 = \sin\alpha \cdot L + E_2$ nach Tabelle ist der Sinuswert 30° = 0,5

$E_1 = 0{,}5 \cdot 200\ \text{mm} + E_2$

$= 100\ \text{mm} + 10\ \text{mm}$

$\underline{E_1 = 110\ \text{mm}}$

Für häufig gebrauchte Winkel sind passende Endmaße erhältlich.

d) Winkelmesser

Mit Winkelmessern können die Größen der Winkel zahlenmäßig bestimmt werden. Je nach Güte des Gerätes unterscheidet sich nur die Art der Anzeige:

1. Ablesen mit Koinzidenz von Teilstrich und Nullstrich bei den Gradmessern mit dem Skalenwert von 1°
2. Ablesen mit einem Nonius bei Universalwinkelmessern mit Skalenwert von 5 Minuten
3. Ablesen mit einer Lupe oder einem Mikroskop
4. Ablesen durch Symmetrieabgleich eines Doppelstriches und des Teilstriches der Glasteilung
5. bei optischen Winkelmessern Skalenwert 5 Minuten bis 1 Minute.

e) Universalwinkelmesser

Wie der Name sagt, ist dieses Meßgerät vielseitig anzulegen, um auch bei ausgefallenen Formen des Werkstücks den Winkel auf zwei Schenkel des Geräts zu übertragen. Das Bild F.5 zeigt das handliche Gerät. Mit der Nebenskale (Nonius) lassen sich 5 Winkelminuten ablesen. Die Hauptteilung ist in viermal 90° unterteilt. Die Meßanwendungen des Geräts zeigt Bild F.6.

Bild F.5
Universalwinkelmesser

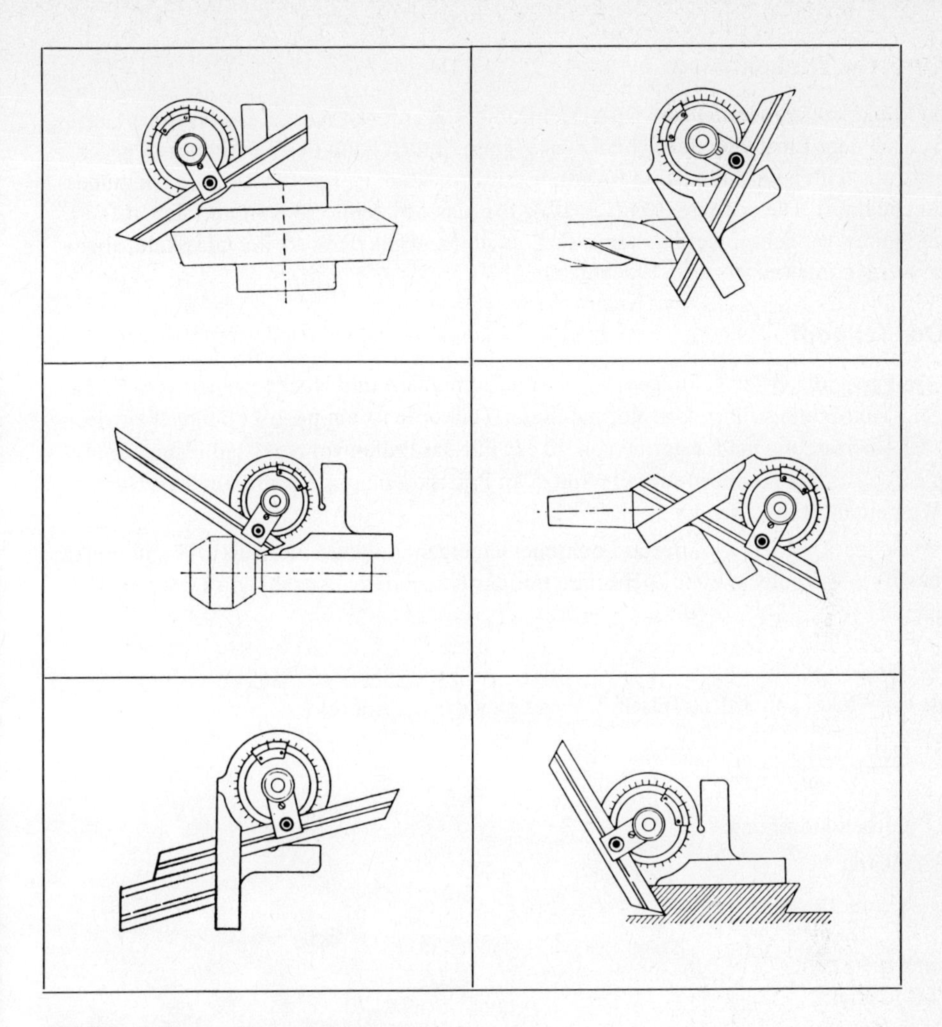

Bild F.6. Meßanwendung mit Universalwinkelmesser

Der Nonius reicht nach links und rechts bis zu 23°. Diese 23° sind in zwölf gleiche Teile zerlegt. Jedes Teil ist daher

$$\frac{23^\circ}{12} = 1\,\frac{11^\circ}{12} = 1^\circ\,55'$$

Das Bild F.7 zeigt einen Ausschnitt der Teilung mit dem Nonius.

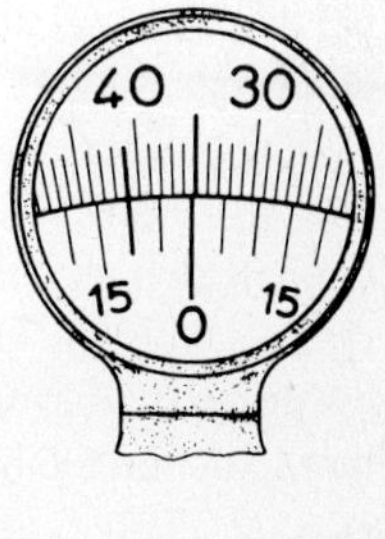

Bild F.7
Universalwinkelmesser, Kreisteilung und Nonius 23°

f) Optische Winkelmesser

Diese Winkelmesser weisen eine Durchsichtsablesung auf. Mit einer Lupe wird die Glasskale nach dem Einstellen der Schenkel abgelesen, indem dann der Winkelmesser gegen das Licht gehalten wird. Um eine Blendung zu vermeiden, ist das Licht durch ein grünes Filter gedämpft. Die optische Vergrößerung löst das Ablesebild so weit auf, daß auf einen Nonius verzichtet werden kann. Es können 5′, als Skalenwert der Glasskale, abgelesen werden, hierbei ist noch 1′ schätzbar.

g) Der Teilkopf

Für die Fertigung vieler Teilungen, wie sie an Zahnrädern und Nockenwellen vorkommen, ist der Teilkopf eingeführt. Das Normal dieser Teilköpfe ist ein präziser Schneckentrieb mit der Übersetzung ins Langsame von 40 : 1. Für das Prüfen von Kreisteilungen benutzt man den optischen Teilkopf, der die Spitze an Präzision hält und somit auch als Normal für Winkelteilungen gelten kann.

Dieser Schneckentrieb wird durch Lochscheiben ergänzt, indem die Teilkurbel mit einem Indexstift in die berechneten Lochkreise mit der berechneten Anzahl von Löchern einschnappt.

Berechnungsbeispiel:

Es ist ein Winkel von 38° zu fräsen. Übersetzung des Teilkopfes $i = \frac{40}{1}$

$$\frac{360^\circ}{i} = \frac{360^\circ}{40} = 9$$

$$\text{Kurbelumdrehung} = \frac{\alpha}{9} = \frac{38^\circ}{9} = 4\,\frac{2^\circ}{9}$$

das sind dann

$$4 \text{ volle Umdrehungen} + \frac{2 \cdot 2}{9 \cdot 2} = \frac{4}{18}$$

also noch 4 Löcher des Lochkreises mit 18 Löchern.

Bild F.8. Optischer Präzisionsteilkopf
1 Okular für Glasteilkreis
2 Okular für Schwenkwinkel
3 Antriebsmotor als Zubehör

h) Optischer Präzisionsteilkopf

Der optische Teilkopf nach dem Bild F.8 unterscheidet sich von anderen Teilköpfen durch eine Durchmessermessung, wie sie bei den Sekundentheodoliten allgemein üblich ist. Diese besondere Art, eine Kreisteilung zu messen, ist auch unter dem Namen Doppelablesung bekannt. Es handelt sich aber nicht um ein zweimaliges Ablesen. Durch zwei getrennte Objektive, wie im Bild F.9 ersichtlich, werden die gegenüberliegenden Bilder der Kreisteilung im Ablesebild derart vereinigt, daß sich beim Drehen die beiden scharf aneinanderstoßenden Bilder gegenläufig bewegen.

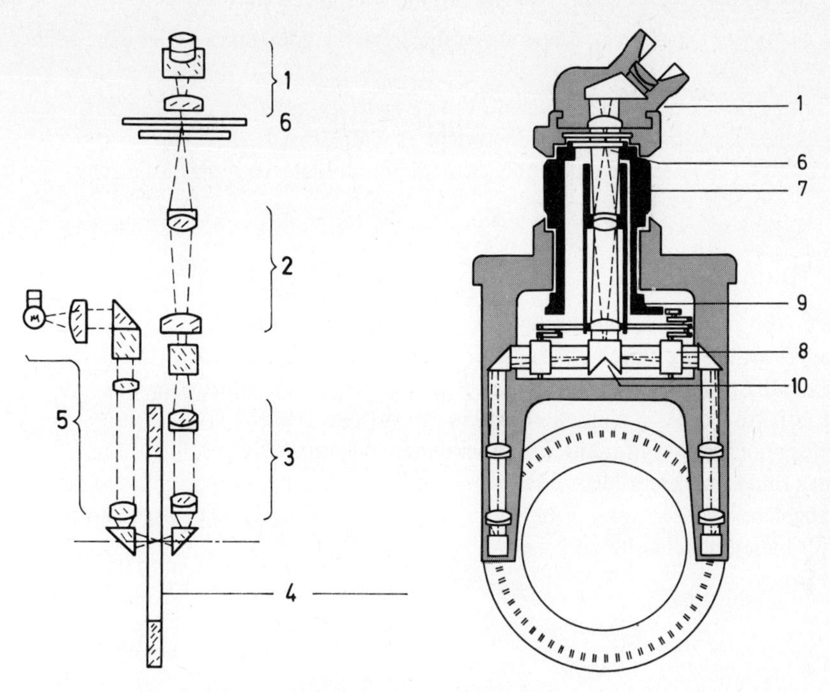

Bild F.9. Mikroskopische Doppelablesung des Teilkreises
1 Schwenkbares Okular, 2 System für Zwischenabbildung, 3 Objektiv, 4 Teilkreis mit 20′ Doppelstrichteilung, 5 Beleuchtungseinrichtung, 6 Feinteilung 2″-Teilung, 7 Rändelring, 8 Planglasplatte, 9 Steuerkurve, 10 Prisma

Die Feinskale hat einen Stellenwert von 2″, 1″ läßt sich noch gut schätzen. Damit diese Meßunsicherheit auch im richtigen Licht erscheint, soll der Steigungswert der drei Winkelmaße in Erinnerung gebracht werden:

$1'' \mathrel{\hat{=}} 5\ \mu m$ auf 1 m Basis oder $1'' \mathrel{\hat{=}} 5$ mm auf 1 km Basis
$1' \mathrel{\hat{=}} 300\ \mu m$ auf 1 m Basis oder $1' \mathrel{\hat{=}} 300$ mm auf 1 km Basis
$1° \mathrel{\hat{=}} 18$ mm auf 1 m Basis oder $1° \mathrel{\hat{=}} 18$ m auf 1 km Basis

Um die Meßunsicherheiten an Kreisteilungen näher zu erläutern, soll der Exzentrizitätsfehler größenmäßig genannt werden.

Beträgt die Exzentrizität zwischen Teilkreis und Teilungsspindel nur 1 μm und ist die Kreisteilung auf einem Durchmesser von 400 mm aufgetragen, so nimmt der Fehler die Größe von 1,03″ an. Verringert sich der Teilungsdurchmesser auf 100 mm, so wächst der Fehler auf 4,12″ an.

Hierbei handelt es sich um einen Systemfehler bei einer an sich sonst strichfehlerfreien Winkelteilung, die nur um 0,001 mm aus der Mitte der Drehachse verschoben worden ist. Dieser Fehler, er tritt zufällig auf, wenn sich beispielsweise Spiel in der Lagerung ergibt, ist nicht gleichbleibend, sondern ändert sich mit der Drehung der Spindel. Sein Verlauf ist daher sinusförmig und kann nur durch die Durchmessermessung ausgeschaltet werden.

Ein weiterer Vorzug der Durchmessermessung ist das Verschwinden eines Teiles der Strichfehleranteile.

Zur Kennzeichnung der Güte von Teilkreisen ist der Begriff des mittleren totalen Teilungsfehlers τ üblich. Die Firma Heidenhain erreicht eine Meßunsicherheit von $\tau = \pm 0{,}25''$, die natürlich von der Teilmaschine eine noch kleinere Standardabweichung verlangt.

i) Optischer Rundtisch

Dem Rundtisch fehlt die 90° Schwenkmöglichkeit um die horizontale Achse, dafür weist der Tisch eine wesentlich breitere Aufnahme für die Werkstücke auf. Für den Rundtisch gibt es unterschiedliche Meßeinrichtungen. Das Bild F.10 zeigt eine Anordnung mit einem Einbauprojektor, der das Winkelintervall in 60′ aufteilt. Dieses Transversalmeßfeld läßt sich aber nochmals weiter auf Winkelsekunden auflösen. Dies geschieht durch Verschieben des Bildes mit einer Meßschraube, deren Stellung durch eine Trommelskale in Sekunden abgelesen werden kann. Eine digitale Ablesung gestattet das optische Zählwerk, das eine Ablesemöglichkeit von jeweils 5″ aufweist (Bild F.11).

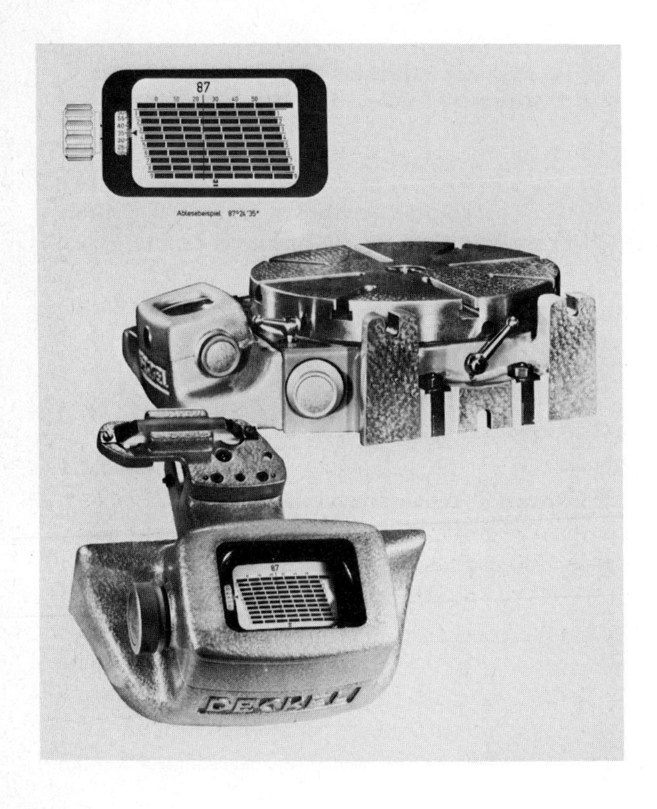

Bild F.10

Winkelmeßgerät für Auflicht mit Stahlteilscheibe, Ablesemöglichkeit 10″

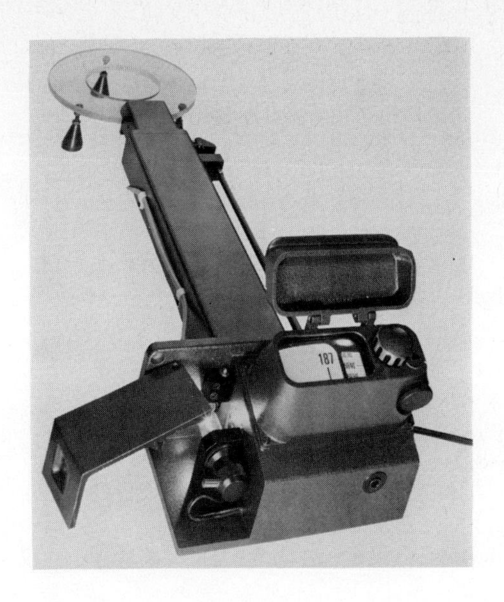

Bild F.11
Winkelmeßgerät für Durchlicht mit Glasteilscheibe, Ablesemöglichkeit zwei Bogensekunden direkt in Zahlen

G. Prüfen der Oberfläche

1. Allgemeines

Die Bedeutung der Oberflächenbeschaffenheit ist im Maschinenbau und im Feinwerkbau von jeher unbestritten. Die Gleitfähigkeit bestimmt den Verschleiß und damit steht die Lebensdauer der Maschine oder des Gerätes in enger Beziehung zur Oberflächengüte der ineinander gefügten Paßteile. So konnte sich die Steuerungs- und Regelungstechnik erst dann verbreiten, als die Technologie der Zylinderfertigung so weit entwickelt war, daß die weichen Dichtungen der Kolben und Kolbenstangen nicht durch zu hohe Rauhtiefen der Gleitflächen vorzeitig verschlissen wurden. Rauhtiefen von 0,5 μm sind heute keine Seltenheit mehr, so daß objektive Meßverfahren Voraussetzung für die Serienfertigung und die Abnahme der Werkstücke wurden. Keineswegs genügte die bloße Inaugenscheinnahme für eine Gütekontrolle. Häufig reicht eine Unterschiedsmessung, die einen größenmäßigen Vergleich zu einem Normal durchführt. Nur in Prüffeldern ist eine unmittelbare Messung mit Oberflächenprüfgeräten anzutreffen.

2. Einheiten der Oberflächengüte

Die technischen Oberflächen werden nach den Abweichungen von der ideal-mathematischen (früher geometrischen) Oberfläche beurteilt. Dabei sind Gestaltsabweichungen der 1. bis 6. Ordnung möglich. Allerdings sind die 6. Ordnung für die Gitterstruktur und die 5. Ordnung für die Kristallform, dem Gefüge, vorbehalten. So bleiben für die Gestaltsabweichung nur noch übrig:

1. Ordnung Formabweichung, wie oval, kegelig,
2. Ordnung Welligkeit,
3. Ordnung Rillen
4. Ordnung Riefen, Schuppen

(3. und 4. Ordnung: Rauheit.)

Das Bild G. 1 zeigt diese Aufteilung der Oberflächenfehler.

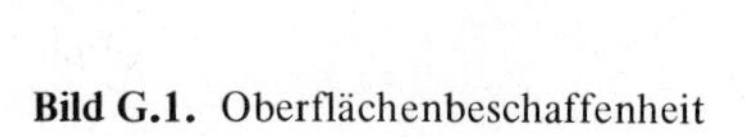

Bild G.1. Oberflächenbeschaffenheit

Denkt man sich einen senkrechten Schnitt durch einen Körper, so entsteht ein Oberflächenprofil nach Bild G.2. Die Grobgestalt des Prüfgegenstandes, wie Zylinder, Kegel u.a.m. ist nicht der Inhalt einer Oberflächenprüfung, sondern die *Feingestalt,* die durch Wellen, Rillen, Riefen, Kratzer, Schuppen oder Kuppen rauh erscheint.

In diesem Zusammenhang sind folgende Definitionen wichtig:

Die *tragende Linie* (L_t) ist die Darstellung der tragenden Fläche im Profilschnitt.

Auf die *Hüllinie* (L_h) beziehen sich alle Messungen der Oberfläche und Körpergestalt. Der Tastbolzen des Meßgerätes kommt mit der Hüllinie meist zuerst oder allein in Berührung.

Die *mittlere Linie* (L_m) halbiert die zu prüfende Oberfläche, so daß der Flächeninhalt der Berge gleich dem der Täler ist.

Die *Grundlinie* (L_g) tangiert parallel die Täler.

Die *Rauhtiefe* (R_t) ist der Abstand zwischen Grundlinie und der Hüllinie. Sie ist der größte Abstand des Istprofils zum Bezugsprofil. Sie wird in Mikrometer gemessen.

Die *Glättungstiefe* (R_p) ist der mittlere Abstand des Bezugsprofils zum Istprofil.

Näheres findet man im DIN-Blatt 4760.

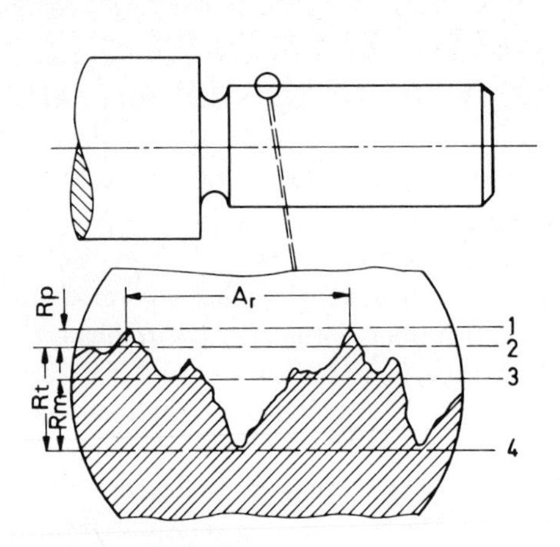

Bild G.2. Profilschnitt einer Oberfläche, Lage des Bezugssystems

1 tragende Linie L_t, 2 Hüllinie L_h, 3 Mittlere Linie L_m, 4 Grundlinie L_g, R_t Rauhtiefe, R_m = mittlere Rauhtiefe, A_r Riefenabstand, R_p Glättungstiefe

Die Vielzahl der Meßverfahren für die Oberflächengestalt läßt sich in drei Hauptgruppen einteilen:

1. Rauhigkeitsprüfer,
2. Rauhigkeitsmesser,
3. Lichtschnittmesser.

3. Das Prüfen der Rauhigkeit

Am einfachsten erfolgt die Prüfung der Oberfläche durch die Beobachtung gegen schräg einfallendes Licht. Je mehr die Oberfläche spiegelt und hell erscheint, um so geringer ist die Rauhtiefe.

Erstaunlicherweise weist der menschliche Tastsinn eine bessere Auflösung als das unbewaffnete Auge auf. Als Aufnehmer darf dann aber nicht die Kante des Fingernagels auf die zu prüfende Oberfläche aufgelegt werden, sie besitzt keinen definierten Spitzenradius, sondern es muß ein scharfkantiges Kupferblech verwendet werden. Damit nun ein Vergleich stattfinden kann, benutzt man Oberflächen-Muster mit gestufter Rauheit und unterteilt nach Bearbeitungsarten, wie Fräsen, Umfangsfräsen, Flachschleifen, Langdrehen, Hobeln und Rundschleifen. Im Bild G.3 ist ein Oberflächen-Muster für das Flachschleifen gezeigt. Dieses Muster ist eine galvanoplastische Kopie von 0,6 ... 10 μm Rauhtiefe (R_t).

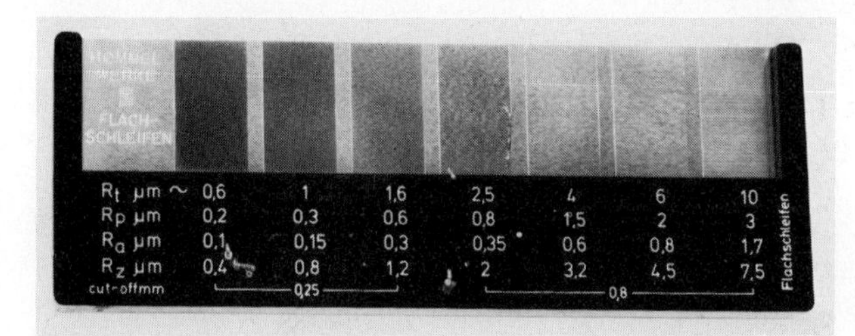

Bild G.3
Oberflächen-Muster
Formtreue galvanoplastische Kopien von Oberflächen mit verschleißfester und nicht rostender Hartchromschicht.

Ähnliche Oberflächenmuster, nach dem Verfahren der Abdrücke für Schallplatten gefertigt, sind ebenfalls üblich. Mit beiden Oberflächen-Mustern sind Vergleiche zwischen dem Prüfgegenstand und dem Muster möglich, soweit dies Auge und Tastsinn zulassen.

4. Rauhtiefenmesser

Um die subjektive Unsicherheit zu vermeiden, benutzt man Abtastgeräte mit einem mechanischen Vorschub, die dann objektive, also auch reproduzierbare Versuchsergebnisse liefern.

Wichtig sind die Tastspitzen, die mit ihren Kegelspitzen kraftschlüssig die Oberflächenkontur exakt abtasten müssen. Dabei hat sich eine bemerkenswerte Tatsache ergeben: Umfassende Untersuchungen wiesen einwandfrei nach, daß sich Kegelspitzen mit 60° Spitzenwinkel zum Abtasten eignen, wenn sie nur einen sehr kleinen Spitzenradius von 1 . . . 10 μm aufweisen. Die Normalwerte liegen bei 3 . . . 5 μm.

Die Spitze darf die Oberfläche des Prüfgegenstandes auf keinen Fall beschädigen, also zerkratzen, daher bleibt die Meßkraft unter 10 mN. Die Flächenpressung oder der spezifische Flächendruck erreicht trotz der geringen Auflagekraft erhebliche Werte, da die Fläche fast Null ist. Ein Quotient mit dem Nenner fast Null ergibt aber fast unendlich große Werte. Während sich die Tastspitze langsam über die Oberfläche bewegt, kann sie in senkrechter Richtung Wege von 0,01 . . . 250 μm ausführen. Der zu messende Weg wird stark vergrößert, damit die Meßgröße sicher beobachtet und vom Meßwertdarsteller abgelesen werden kann.

Bis zum Jahre 1925 wurde die Aufgabe nur mit optischen Mitteln befriedigend gelöst. Es entstanden eine Anzahl von Profilschnitt-Meßgeräten, die heute nur noch selten benutzt werden. Eine Ausnahme bildet der Oberflächen-Indikator, der aus einem Mikrokator besteht und die Oberflächenkontur mit einem diamantbestückten Meßhütchen abtastet.

5. Rauheitsprüfgeräte

Auf dem Wege zur Mechanisierung des Prüfvorganges blieb man nicht bei einer Vorschubeinrichtung stehen, sondern wendete das große Auflösungsvermögen von elektronischen Meßverfahren an. Das Vorbild des Meßverfahrens ist der übliche Tonabnehmerkopf, der für die Wiedergabe von Schallplatten verwendet wird. Es bedurfte nur eines geringfügigen Umbaues, damit die Seitenschrift in den Rillen der Schallplatte als Höhenschrift der metallnen Prüfgegenstände abgetastet werden konnte.

Die Meßwertumwandlung findet mit einem Kristall statt, der seine elektrische Ladung bei mechanischer Belastung, meist Druck oder Biegung, ändert. Dieses System kann mit einem Kondensator in erster Annäherung verglichen werden, bei dem durch Änderung des Dielektrikums die Ladung der beiden Platten beeinflußt wird (Bild G.4). Allerdings besteht keine Proportionalität zwischen dem Eingangssignal und der Ausgangsspannung, so daß Verzerrungen entstehen. Der Schrieb dieser Meßwerte hat dann natürlich keine Ähnlichkeit mit der tatsächlichen Kontur der geprüften Oberfläche, weil nicht die Tiefe der Täler, also die Rauhtiefe, sondern die Beschleunigung die Meß- oder Ausgangsspannung bestimmt, die beim Aufprall der Tastspitze auf die Kontur entsteht.

Zweifellos war das Tonabnehmerprinzip mit einem Piezokristall keine befriedigende Lösung der Aufgabe. Es wurde lediglich das Oberflächenprofil als Frequenzfolge über einer mittleren Nullinie aufgezeichnet.

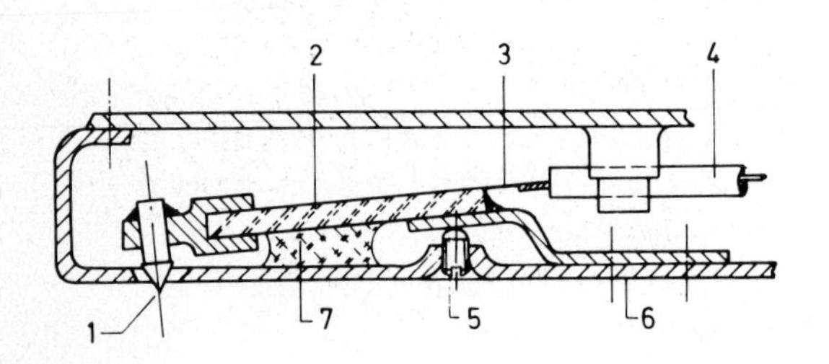

Bild G.4

Meßwertaufnehmer mit Piezokristall

1 Saphirkegelspitze, eingeklebt
2 Piezokristall
3 Aluminiumfolie
4 elektrische Leitung
5 Einstellschraube
6 Gleitsohle
7 Fett zum Dämpfen der Schwingungen (Störschwingungen)

Ein anderes Prinzip hat sich durch die Güte der Übertragung in der Praxis durchgesetzt. Es beruht auf der induktiven Wegmessung mit einem Magnetaufnehmer. Dieses Prinzip hat sich auch für die Hifi-Klangwiedergabequalität bewährt. Hier ist der Frequenzgang so linear, daß eine ausgezeichnete Wiedergabe auch bei hoher Verstärkung erreicht wird. Die Signale werden mit einem Trägerfrequenz-Meßverstärker angezeigt. Die Meßgeräte besitzen einen Rundzeiger und/oder einen Linienschreiber.

Im Bild G.5 ist das Schema des induktiven Aufnehmers mit den beiden möglichen Schaltungen gezeigt. Mit der Differenzschaltung läßt sich eine doppelt so große Signalspannung erreichen wie mit der weniger aufwandreichen Einzelschaltung.

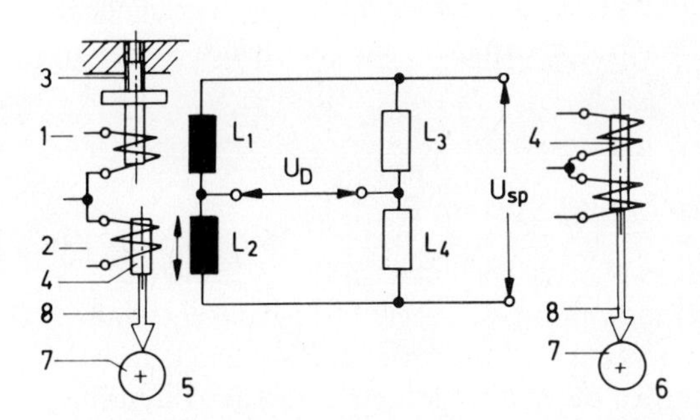

Bild G.5
Induktive Aufnehmer nach Einfach- (5) und Differenzschaltung (6)

1 passiver Aufnehmer
2 aktiver Aufnehmer
3 Gewindespindel mit Ferritkern
4 Ferritkern, beeinflußt von der Meßgröße
5 Einfachschaltung
6 Differenzschaltung
7 Meßgegenstand
8 Meßbolzen, $L_{1 \text{ bis } 4}$ Spulen

Der Aufnehmer tastet mit einer Diamantspitze die Oberfläche ab. Es werden dabei nur wenige Millimeter mit mechanischem Vorschub ausgemessen. Die Empfindlichkeit (Auflösungsvermögen) des Aufnehmers hängt vom Radius der Tastspitze und auch von der Vorschubgeschwindigkeit ab.

Das Bild G.6 zeigt eine Ausführung des Oberflächenmeßgerätes, wie es im Prüfraum verwendet wird. Es besitzt einen Tastkopf, wie im Bild G.7 angedeutet, der einem Schlitten gleicht.

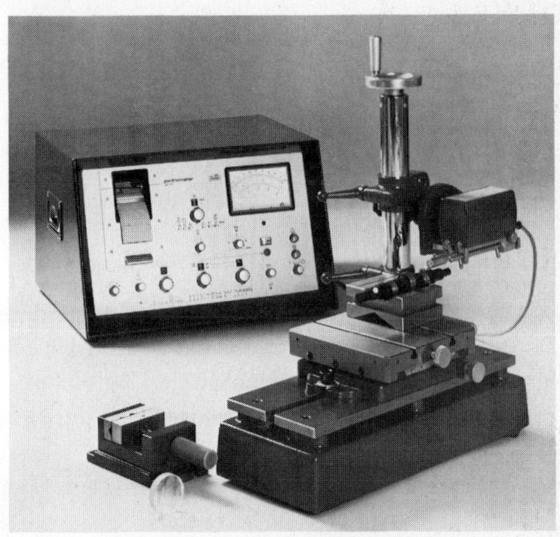

Bild G.6
Oberflächenmeßgerät
Registriergerät
Zeigergerät
Meßständer
Tisch und Tastsystem

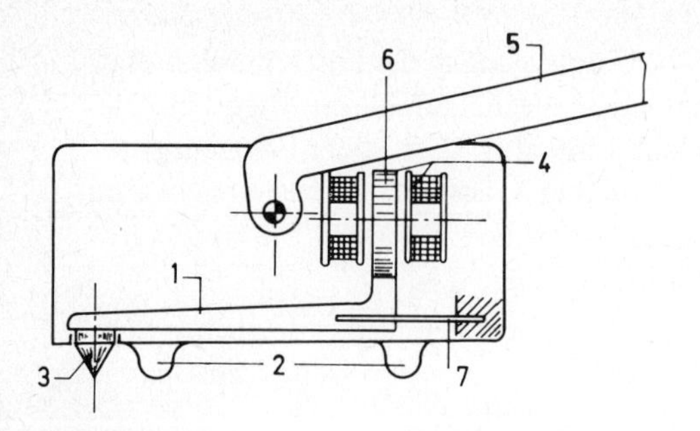

Bild G.7
Pendeltastsystem
1 Winkelhebel
2 Gleitkufen
3 Diamantkegelspitze
4 Meßspulen
5 Lenker
6 Ferritscheibe
7 Bandfedergelenk

Eine Abart ist das Oberflächenmeßgerät nach *Forster,* das mit einer vertikal pulsierenden Nadel die Oberfläche abtastet. Die Kontur des Prüfgegenstandes wird mechanisch-optisch über einen Kippspiegel angezeigt.

6. Unterschiede zwischen dem System M und System E

Die Entwicklung der Oberflächenprüfung ist zweigleisig verlaufen. In Deutschland hatte *Schmaltz* im Jahre 1932 das Lichtschnittmikroskop vorgeschlagen. In England entstand nach dem Prinzip des induktiven Tonabnehmers das erste elektronische Meßgerät, das unter dem Namen „Talysurf" bekannt geworden ist. In einer Minute tastet der Talysurf eine Länge von 5 bis 6 mm ab. Er zeichnet das Profil in Form eines Diagramms; die vertikale Koordinate zeigt die Rauhtiefe an: Das Bild G.8 stellt ein so entstandenes Rauhigkeits-Diagramm dar.

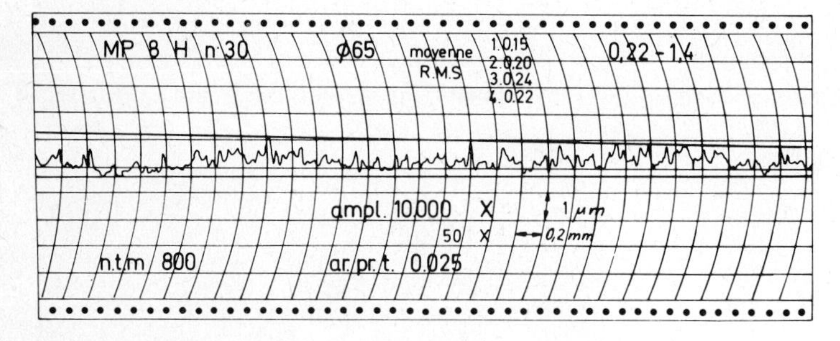

Bild G.8. Rauhigkeits-Diagramm Talysurf

Nun hegte man die Hoffnung, daß die ISO (seit 1946 „International Organisation for Standardisation") ohne Schwierigkeiten eine internationale Normung der wichtigsten Kriterien einführen könnte, die die Oberflächengüte exakt definiert. Bis heute ist eine derartige Verständigung zwischen den Kulturstaaten noch nicht möglich geworden. Die beiden grundsätzlichen Auffassungen sind durch die beiden Systeme „M" und „E" festgelegt worden. Die ISO hat vorläufige Empfehlungen nach dem System M herausgegeben. Einige Staaten haben sich aber für das System E entschieden: Bundesrepublik Deutschland, Frankreich, Italien und die Schweiz.

Betrachtet man das Bild G.9, so ist offensichtlich, daß sich die Rauhigkeit nur hinsichtlich einer Bezugsgeraden erklären läßt. Wählt man die Gerade $\overline{AB}$, die lange Gerade, die die gesamte Tastlänge erfaßt, so kommen auch alle Formfehler und die Welligkeit mit hinein. Im einzelnen stellt die Summe aller Höhen S_1, durch die Strecke $\overline{AC}$ dividiert, die Formabweichungen + Welligkeit + Rauhigkeit dar.

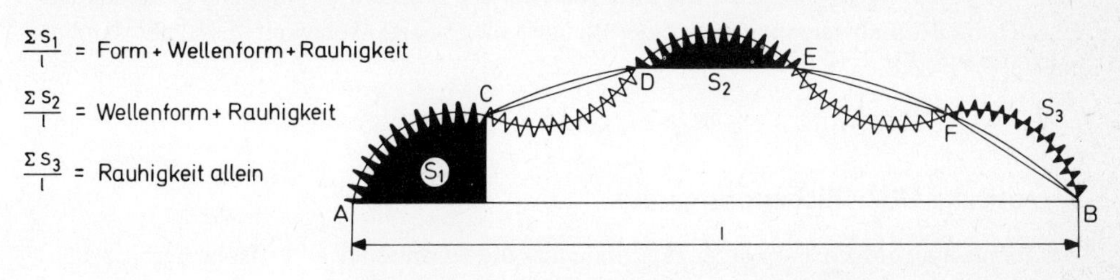

Bild G.9. Formfehler, Wellenform und Rauhigkeit

Wird nur über die Strecke $\overline{DE}$ gemessen, so ist darin enthalten: Welligkeit + Rauhigkeit. Schließlich ergibt die Strecke $\overline{FB}$ die Rauhigkeit allein.

Nach dieser Erörterung soll nun auf die Unterschiede beider Systeme eingegangen werden.

Das **System M** unterteilt die Meßlänge in Teilstrecken, aus denen die Rauhigkeit nach dem Bild G.10 ermittelt wird.

Bild G.10
Rauhigkeit nach System „M" (Mittlere Gerade)

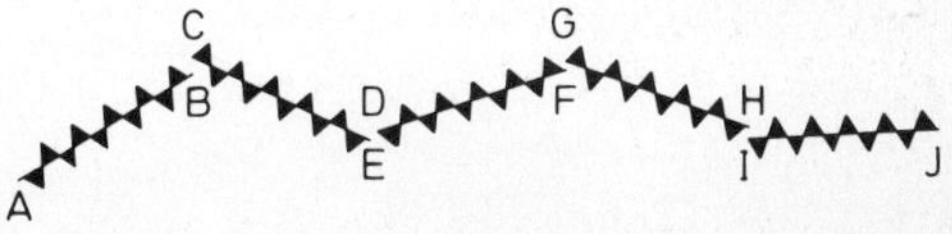

Nach ISO ist die Länge der Bezugsgeraden genormt. Es stehen zur Wahl:

0,08 mm; 0,25 mm; 0,8 mm; 2,5 mm; 8 mm oder 25 mm.

Das **System E** (Hüllprofil) tastet die Oberfläche mit einem Kreis vom Radius r_2 ab. Die Linie, die durch den Kreismittelpunkt beschrieben wird, versetzt man so weit tiefer, bis sie die höchsten Erhebungen berührt. Das Bild G.11 zeigt die Verschiebung, die das „Hüllprofil" darstellt.

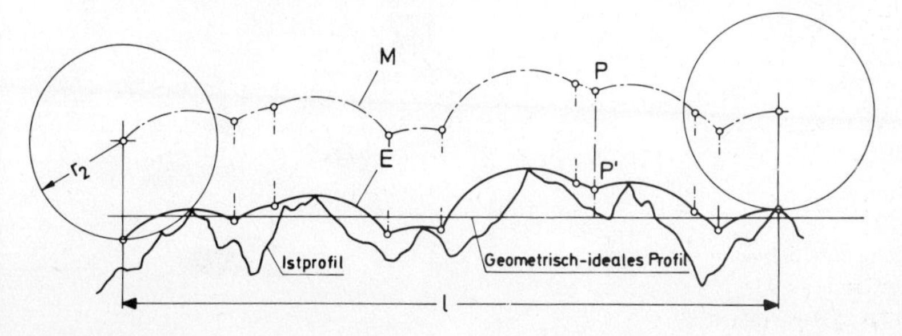

Bild G.11. Hüllprofil nach System „E"

Die Fläche zwischen dem wirklichen Profil und dem Hüllprofil stellt die Rauhigkeit dar. Teilt man diese Fläche durch die abgetastete Länge l, so erhält man die Rauhigkeit R_a.

Selbstverständlich ist der Einfluß des Radius r_2 bestimmend für die Rauhigkeit. Je kleiner der Radius, umso kleiner auch der Wert der Rauhigkeit. Deshalb muß dieser Radius genormt sein. Das System E kennt die zwei Radien: 250 mm und 25 mm. Der große Radius schaltet die Formabweichungen aus, der kleinere die etwaige Welligkeit. Es bleibt dann nur die Rauhigkeit übrig.

7. Optische Oberflächenprüfgeräte

Das Lichtschnitt-Mikroskop erzeugt – ohne daß die zu prüfende Oberfläche berührt oder etwa der Prüfgegenstand zerstört wird – einen Profilschnitt der Oberflächengestalt. Dieses Verfahren stammt von *Schmaltz* (1932) und es nutzt die Interferenz des Lichts aus. Das Meßergebnis kann durch ein Meßokular entweder beobachtet oder mit einer Kamera dokumentiert werden. Im Bild G.12 ist der Strahlengang wiedergegeben. Das Bild G.13 zeigt das Meßgerät selbst, das von Carl Zeiss Oberkochen stammt. Im Bild G.14 sind Muster einiger Fotos gezeigt.

Dieses Prüfverfahren ist zugunsten der leichteren Bedienbarkeit durch die Oberflächenabtast-Meßgeräte abgelöst worden.

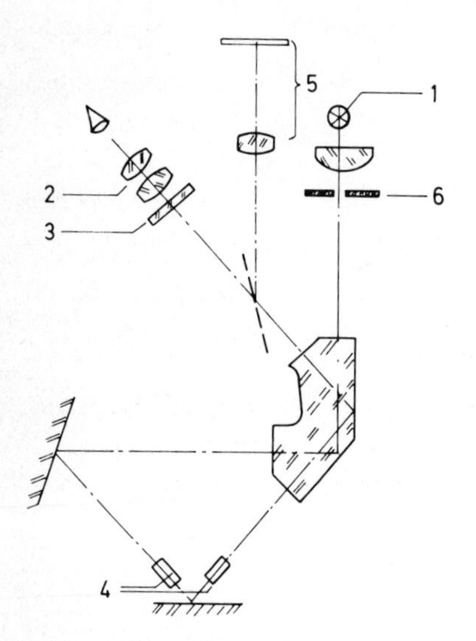

Bild G.12. Strahlengang des Lichtschnitt-Mikroskops (*Schmaltz* 1932)
1 Lichtquelle, 2 Okular, 3 Strichplatte, 4 Objektive, 5 Fototubus, 6 Spaltblende

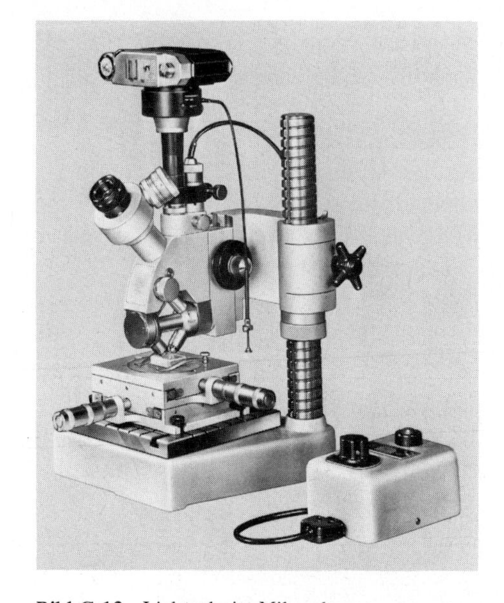

Bild G.13. Lichtschnitt-Mikroskop

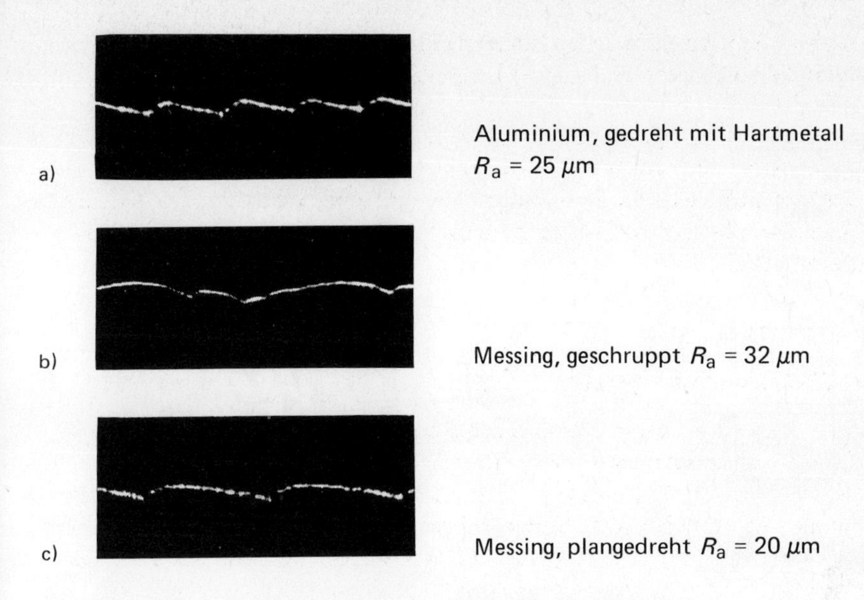

Bild G.14. Mikroskopische Betrachtungsausschnitte von Metalloberflächen

H. Prüfen und Messen der Form

1. Formabweichungen bei drehrunden Werkstücken

Ein Werkstück erfüllt nur dann die Forderungen, die als tolerierter Sollwert vom Konstrukteur in der Zeichnung festgelegt worden sind, wenn das Werkstück in allen drei Bestimmungsgrößen innerhalb der Toleranz liegt. Diese *drei* Bestimmungsgrößen heißen:

1. Längen- und Winkelmaße,
2. mathematische Form (Zylinder, Kegel u.a.m.),
3. Oberflächengüte, als Rauhtiefe maßlich festgelegt.

In den meisten Fällen treten keinerlei Abweichungen der Form auf, wenn die Längen- und Winkelmaße mit den Sollmaßen übereinstimmen. Doch wäre es ein Trugschluß, ein Werkstück als „gut" zu beurteilen, sobald nur eine Maßprüfung ohne Beanstandung vorgenommen wurde.

Drehrunde Werkstücke können nach den Bildern H.1, H.2 und H.3 eine Vielfalt von Formfehlern aufweisen, die sich als

1. Achsenfehler,
2. Mantellinienfehler,
3. Kreisformfehler

unterteilen lassen.

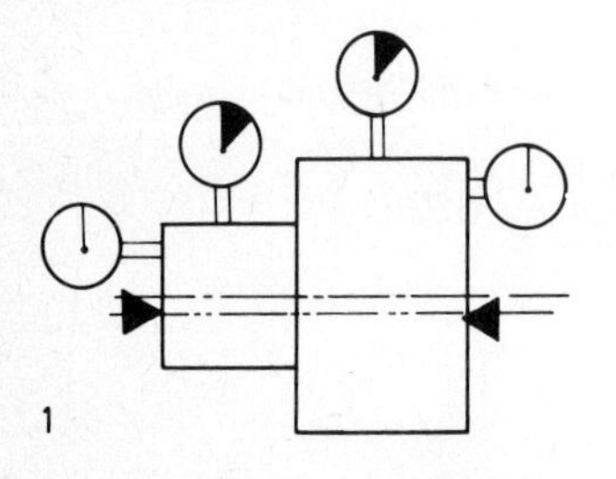

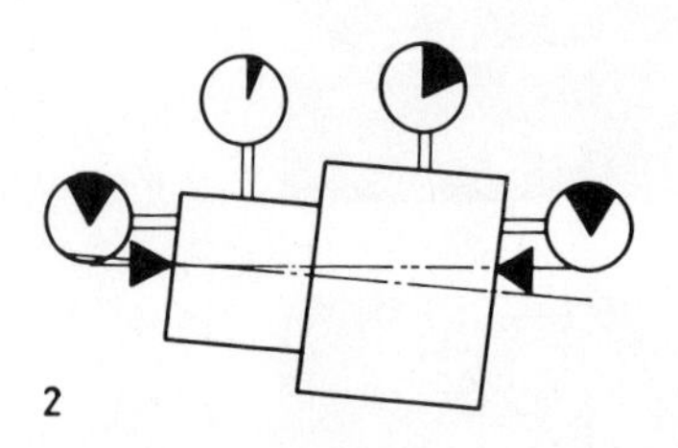

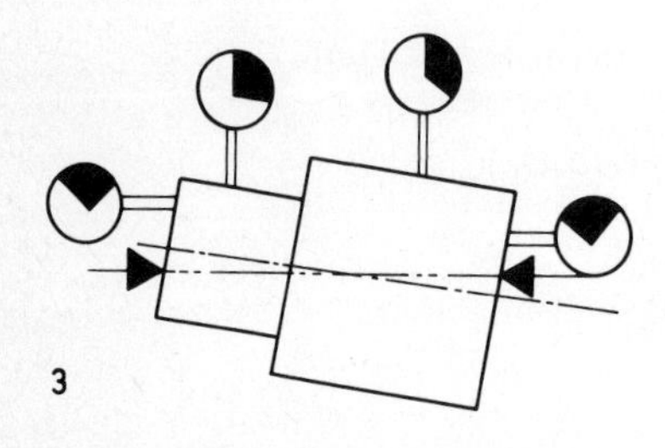

Bild H.1
Achsenfehler an drehrunden Werkstücken
1 Exzentrizität
2 Einfacher Taumelfehler
3 Doppelter Taumelfehler

Bei den *Achsenfehlern* unterscheidet man wieder Exzentrizität, einfacher und doppelter Taumelfehler. Zur Nachprüfung dieser Formabweichung ist ein Rundlauf-Prüfgerät nötig. Der zentrierte Meßgegenstand (Welle) liegt dabei zwischen zwei Spitzen eingespannt. Als Indikatoren des Höhen- und Seitenschlages sind Meßuhren oder die Fühlhebel (Meßuhren mit schwenkbarem Meßbolzen) im Magnetstativ geeignet.

Grobe Achsenfehler lassen sich durch Rollen auf der Richtplatte mit dem Lichtspaltverfahren prüfen.

Mehrstellen-Prüfgeräte, pneumatische oder elektrische, prüfen die Meßgegenstände, wie Kurbelwellen, auf Maß- und Formabweichungen (siehe Bilder B.17 und B.18).

Die *Abweichungen der Mantellinie* von der Geraden, im Bild H.2 als Mantellinienfehler (1, 2 und 3) zu erkennen, lassen sich mit den üblichen Zweipunktmeßgeräten feststellen. Die quantitative Erfassung des Fehlers gelingt durch mehrere Messungen mit der Bügelmeßschraube. Das Prüfen nach dem Lichtspaltverfahren mit einem Haarlineal ist für Wellen nicht zu empfehlen, da die exakte Ausrichtung des Haarlineals in Längsrichtung des Zapfens schwierig ist.

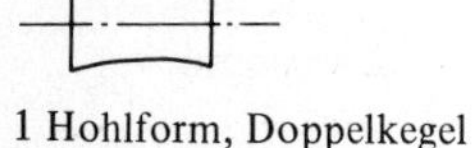

1 Hohlform, Doppelkegel

2 Tonnenform

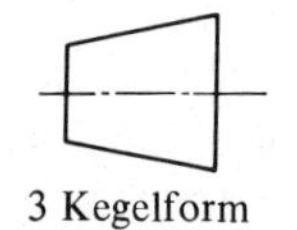

3 Kegelform

Bild H.2
Mantellinienfehler an drehrunden Werkstücken

Die *Kreisformfehler,* wie sie im Bild H.3 (1, 2 und 3) zu sehen sind, heißen auch Abweichungen von der idealen mathematischen Kreisform. Das Polygon, auch Gleichdick genannt, entsteht ungewollt beim spitzenlosen Rundschleifen. Es lassen sich nach Bild H.4 nur ungerade Teilungen unterscheiden. Das Feststellen dieses Fehlers erfordert eine Dreipunktmessung (Bild H.5), da mit einer Zweipunktmessung dieser Formfehler nicht entdeckt werden kann (siehe auch Bild A.14).

1 ovale Form | 2 Polygon Gleichdick | 3 unrunde Form

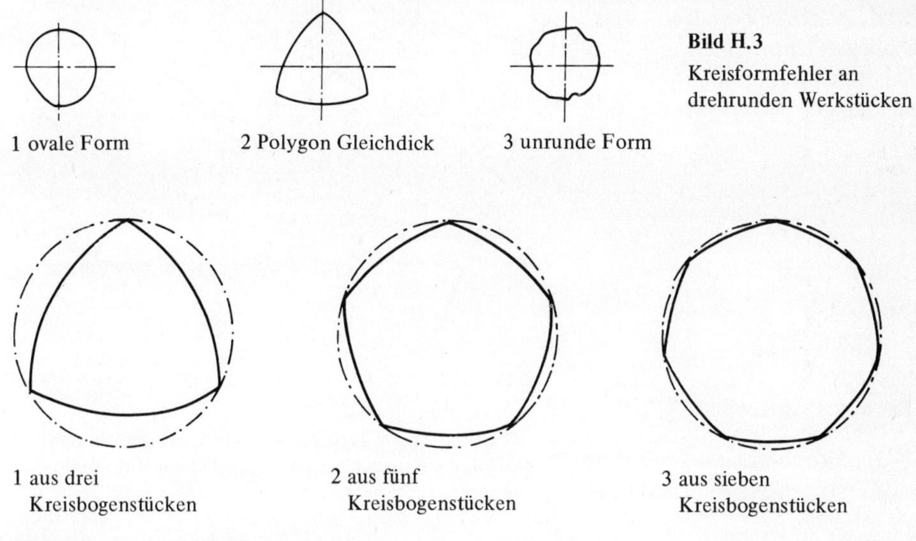

Bild H.3
Kreisformfehler an drehrunden Werkstücken

1 aus drei Kreisbogenstücken | 2 aus fünf Kreisbogenstücken | 3 aus sieben Kreisbogenstücken

Bild H.4. Arten des Gleichdicks

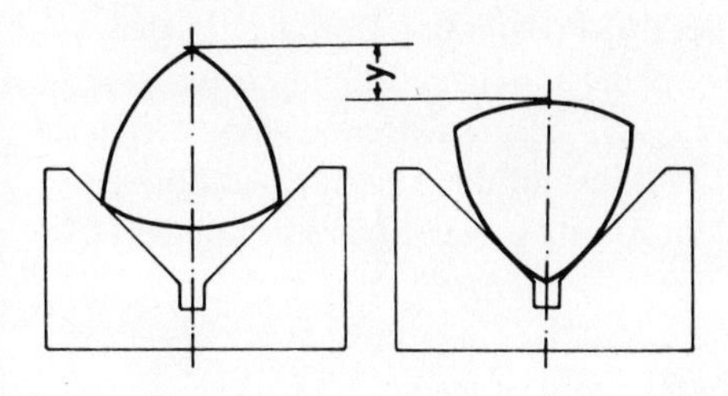

Bild H.5
Feststellen des Gleichdicks in der Dreipunktmessung

2. Spezielle Meßgeräte zur Ermittlung von Kreisformfehlern

a) Dreipunktmeßgeräte

Wenn es darauf ankommt, die Unrundheit als Formabweichung von der Kreisform festzustellen, sind für Außenstücke zwei Antastmöglichkeiten als Dreipunktmessungen üblich.

Für Einzelmessungen nimmt man ein Prisma zur Auflage des Meßgegenstandes und tastet mit dem Meßbolzen der eingespannten Meßuhr die Welle an. Das Bild H.6 zeigt diese einfache Meßanordnung mit der rechts daneben gezeichneten Zweipunktmessung. Das Einstellen der Meßuhr erfolgt mit einem runden Normal, das zuvor mit einem Parallelendmaß verglichen werden muß. Bei dieser Meßanordnung läßt sich *nicht* der tatsächliche Unterschied der Durchmesser mit der Meßuhranzeige ablesen, jedoch zeigt eine Änderung der Anzeige das Vorhandensein eines Gleichdicks *deutlich* an. Den tatsächlichen Unterschied der Durchmesser ergibt eine Umrechnung:

$$a = a \cdot v_1$$

worin

$$v_1 = \frac{2}{1 + \dfrac{1}{\sin \frac{\alpha}{2}}}$$

ist. Bei dem Prismawinkel

$\alpha = 39^\circ$ beträgt $v_1 = 0{,}5$
$\alpha = 90^\circ$ beträgt $v_1 = 0{,}828$

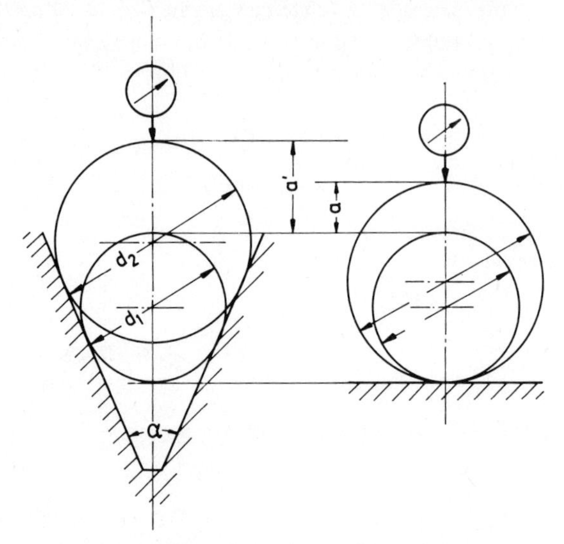

Bild H.6. Unterschied der Anzeige a' bei der Dreipunktmessung gegenüber der Anzeige a bei der Zweipunktmessung, Auflage in Prisma

Für die Überprüfung von Serienwerkstücken läßt sich ein Reitermeßgerät mit dem Vorteil der einfachen Handhabung einsetzen. Ein derartiges Meßgerät, mit einem Feinzeiger ausgerüstet, der in Richtung der Winkelhalbierenden des 60°-Prismas den Umfang des Meßgegenstandes antastet, wurde für das Messen von Durchmessern über 300 mm gefertigt.
In diese Reitermeßgeräte setzte man Hoffnungen, die sich nicht erfüllten, da eine definierte Antastung der Reiterflächen unmöglich erschien. Ein Blick auf die Ableitung läßt diesen Trugschluß offenbar werden. Es ergibt sich nach dem Ansatz gemäß Skizze des Bildes H.7

$$r^2 = (r - h)^2 + \left(\frac{s}{2}\right)^2$$

$$r = \frac{h}{2} + \frac{s^2}{8h}$$

s Sehne
h Pfeilhöhe
r Radius des Meßgegenstandes

Das Bild H.8 zeigt auch hier eine Differenz zwischen der Anzeige der Meßuhr und dem tatsächlichen Durchmesserunterschied. Die notwendige Korrektur ergibt der Faktor v_2, der für die Winkel

$\alpha = 39^\circ$ $v_2 = 1$ Fehler − 0,14 %,
$\alpha = 60^\circ$ $v_2 = 2$ Fehler ± 0 %,
$\alpha = 90^\circ$ $v_2 = 5$ Fehler + 1,0 %

brauchbare Werte mit der Multiplikation $a = a'' \cdot v_2$ ergibt.

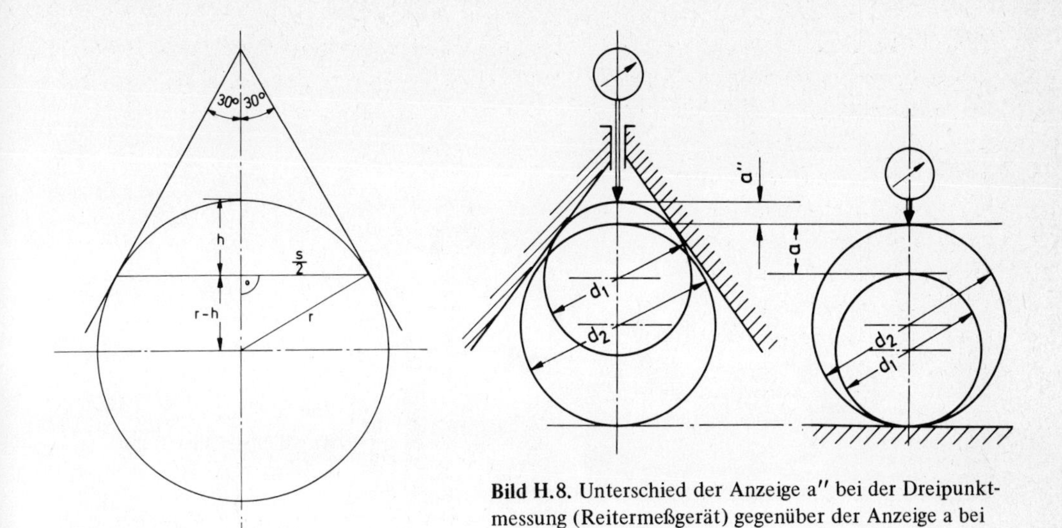

Bild H.8. Unterschied der Anzeige a'' bei der Dreipunktmessung (Reitermeßgerät) gegenüber der Anzeige a bei der Zweipunktmessung

Bild H.7. Schema der Reiterlehre $2\alpha = 60°$

Zusammenfassend kann gesagt werden, daß Reitermeßgeräte für das Ausmessen von Durchmessern nur in wenigen Sonderfällen in der Praxis üblich sind. Siehe Seite 17, Bild A.22.

Für die Dreipunkt-Innenmessung ist der Faktor $v_3 = \dfrac{\cos\frac{\alpha}{2}}{\cos^2\frac{\alpha}{4}}$ einzusetzen.

b) Rundlaufmeßgeräte

Für ringförmige Werkstücke, z. B. Wälzlagerringe, ist ein Rundlaufmeßgerät auf dem Markt erhältlich. Das Bild H.9 zeigt das Gerät in Meßstellung. Es besteht aus zwei Hauptteilen,

1. der Rundlaufspindel mit Aufnahme,
2. dem Meßgerät, bestehend aus Aufnehmer, Verstärker und Darsteller des Meßwertes.

Die Spindel hat eine bemerkenswerte präzise Lagerung, für deren Rundlauffehler weniger als 0,03 μm gewährleistet wird. Es handelt sich hierbei um eine mit Luft gelagerte Welle, die auf einem engen Druckluftpolster schwimmt. Diese Eigenart der Lagerung weist keine Gleitreibung und damit auch keinerlei Verschleiß auf. Einmal angestoßen, läuft sie durch den Schwung viele Minuten nach.

Der Meßgegenstand wird mechanisch angetastet. Die Tasterkugel aus Hartmetall oder Saphir gibt über einen Hebel mit Kreuzbandfedergelenk die Meßgröße in einen induktiven Wegaufnehmer, der als mechanisch-elektrischer Meßwertumformer ein Signal zum Verstärkereingang weitergibt. Hinter dem Verstärker schließt sich der Meßwertdarsteller an, der wahlweise ein Zeigergerät oder ein Schreibgerät sein kann. Für derartige feine Messungen bevorzugt man einen Schrieb zur Registrierung der ermittelten Rundlauffehler.

Bild H.9
Rundheits-Meßgerät mit Luftlagerung

Die Meßanordnung ist mit der für die Oberflächen-Meßgeräte bis auf den Taster gleich. Anstelle der 60°-Kegelspitze tastet eine verschleißarme Kugel die Oberfläche des Meßgegenstandes am Umfang oder an den Stirnseiten ab.

I. Prüfen des Gewindes

1. Allgemeines

Mit Gewinde versehene Schrauben sind im Austauschbau gefertigte Maschinenelemente, mit denen lösbare Verbindungen mit Kraftschluß hergestellt werden können. Daneben gibt es noch Spindeln mit Gewinde, die zur Bewegung von Schlitten in Geradführungen dienen. In beiden Fällen ist eine unbedingte und wahllose Austauschbarkeit zwischen Außen- und Innengewinde zu verlangen.

Schraubengewinde werden spanlos durch Walzen und Rollen gefertigt, nur bei Muttern (Innengewinde) überwiegt die spanende Formung. Für Spindeln, also längere Bewegungsgewinde, ist nur noch das Fertigschneiden auf Drehmaschinen üblich.

Jedes Gewinde ist durch fünf Größen eindeutig zu bestimmen (Bild I.1):

1. Nenndurchmesser,
2. Kerndurchmesser,
3. Flankendurchmesser,
4. Flankenwinkel,
5. Steigung.

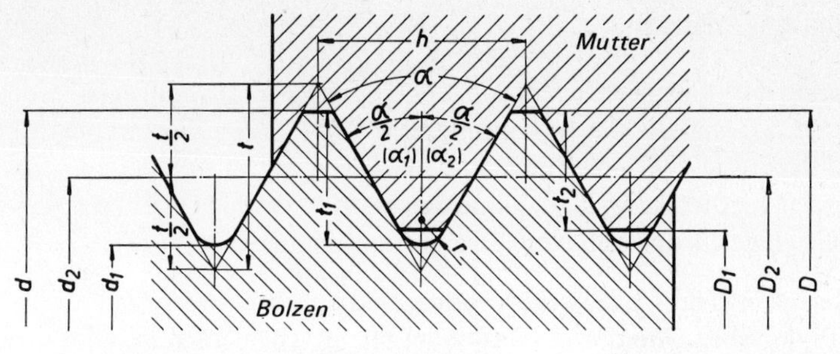

Bild I.1
Bestimmungsgrößen des Gewindes

d Außendurchmesser des Bolzengewindes
D Außendurchmesser des Muttergewindes
d_2 Flankendurchmesser des Bolzengewindes
D_2 Flankendurchmesser des Muttergewindes
d_1 Kerndurchmesser des Bolzengewindes
D_1 Kerndurchmesser des Muttergewindes

h Steigung, bei mehrgängigem Gewinde wird $\frac{h}{n}$ (n = Gangzahl) mit Teilung bezeichnet

α Flankenwinkel α_1 und α_2 Teilflankenwinkel (bei symmetrischem Profil ist $\alpha_1 = \alpha_2 = \frac{\alpha}{2}$)

t Profilhöhe

t_1 Gewindetiefe; t_2 Tragtiefe (Flankenüberdeckung)

φ Steigungswinkel ($\tan\varphi = \frac{h}{d_2 \cdot \pi}$)

r Rundungshalbmesser

Durch Angabe des Drehsinns, links oder rechts, und der Gängigkeit, Anzahl der umlaufenden Gänge, lassen sich die fünf Bestimmungsmaße noch ergänzen. Die wichtigsten Bestimmungsgrößen des Gewindes sind: Flankendurchmesser, Flankenwinkel und Steigung.

Der *Flankendurchmesser* bestimmt die „Passung" der gefügten Schraube und Mutter, die sich durch „Klappern" oder besser, durch die Größe der axialen Luft (in mm) oder als Lose (in Winkelgraden) bestimmen läßt. Durch Verdrehen der Schraube kann man den Winkel der Lose ermitteln. Axiale Luft ist dann vorhanden, wenn die Flankendurchmesser der Mutter größer als die der Schraube sind.

Bei dem *Flankenwinkel* ist nicht nur die Winkelgröße sondern auch die Symmetrie der beiden Teilflankenwinkel für die Passung des Gewindes wichtig.

Unter der *Steigung* ist der achsenparallele Weg der Mutter nach einer Umdrehung zu verstehen. Bei Unterschieden der Steigung zwischen Mutter und Bolzen entstehen auch Passungsfehler, die zum Klemmen der Mutter führen.

2. Prüfen des Gewindes mit Grenzlehren

Grenzlehren prüfen das Gewinde auf gut und Ausschuß innerhalb der Toleranz der Lehre. Nach den meßtechnischen Grundsätzen *Taylors* sollen auf der Gutseite *alle* Bestimmungsgrößen *gleichzeitig*, dagegen auf der Ausschußseite jede Bestimmungsgröße *einzeln* geprüft werden. Ebenso wie bei den Rund- und Flachpassungen erfüllen die genormten Grenzlehren nur zum Teil die Taylorschen Grundsätze, sie stellen einen Kompromiß zwischen Kosten und Handhabungs- und Prüffähigkeit dar.

a) Grenzlehren für Außengewinde

Gutlehre. Ein Grenzlehrring mit Innengewinde als genaues Gegenstück zum Prüfgegenstand erfüllt den Taylorschen Grundsatz für die Gutseite. Das Bild I.2 zeigt diesen Lehrring. Nicht erkennbar ist der freigeschliffene Außendurchmesser in der Mutter, der eine Anlage des Prüfgewindes bei angedrücktem Grat vermeidet. Das Prüfgewinde erhält das Urteil „gut", wenn der Gewindelehrring sich ohne Zwang aufschrauben läßt.

Ausschußlehre. Gewindelehrringe für die Ausschußlehrung sind ungebräuchlich. Zur besseren Erfüllung des Taylorschen Grundsatzes verwendet man Rachenlehren mit Meßeinsätzen, wie Kimme und Kegel nach Bild I.3. Die punktförmige Anlage erzeugt hohe Flächenpressungen, die zu hohem Verschleiß der Meßflächen führen. Aus diesem Grunde sind die **Gewinde-Grenzrollen-Rachenlehren** für das Überprüfen von Außengewinden weit verbreitet im Einsatz. Die Gewindelehrringe sind unhandlich und verschleißen rasch, daher sind Grenzrachenlehren mit zwei Paar Gewindeprofilrollen vorteilhafter im Gebrauch. Diese Rollen haben lediglich Profilrillen, die im Abstand der Steigung radial eingeschliffen worden sind.

Bild I.2. Gewinde- Gutlehrring, d von 1 bis 260 mm

An die Stelle der schädlichen Gleitreibung tritt durch das Abrollen beim Handhaben die Roll- oder Wälzreibung mit dem geringeren Abrieb. Das Bild I.4 vermittelt den Aufbau der Lehre, die durch die Anordnung der beiden Rollenpaare den Prüfvorgang zu einem einzigen vereinigt. Die Rollen lassen sich auf einer Seite leicht nachstellen, da ein exzentrisch gelagerter Zapfen eine Feineinstellung nach besonderen Gewinde-Einstellehren, wie im Bild I.5 unten rechts zu sehen, möglich macht.

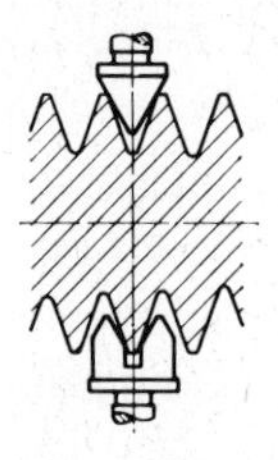

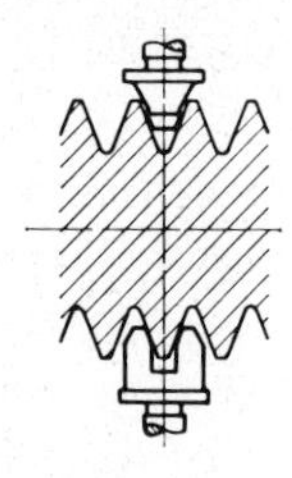

Bild I.3. Prüfeinsätze für Gewinde-Grenzrachenlehre (Kegel und Kimme)
linkes Bild:
Flankenwinkel zu schlank, Anlage der Meßeinsätze schlecht, folglich Flankendurchmesser zu groß gewesen.
rechtes Bild: Ausschaltung des Meßfehlers durch Meßeinsätze mit verkürzten Anlageflächen. Nachteil: Für jede Steigung ein Einsatzpaar nötig.

b) Grenzlehren für Innengewinde

Das Prüfen (Lehren) des Muttergewindes erfolgt mit Gewinde-Grenzlehrdornen. Das Bild I.6 zeigt eine Auswahl dieser gängigen Grenzlehrdorne. Die Gutseite trägt ein längeres Gewinde als die Ausschußseite. Der Längsschlitz auf dem Gutgewinde soll Fremdkörper abstreifen und aufnehmen können. Deutlich sind die verkürzten Gewindegänge der Ausschußseite zu erkennen.

Bild I.4. Gewinde- Grenzrollen-Rachenlehren

Bild I.5. Gewinde-Grenzrollen-Rachenlehre mit Gewinde-Einstellehren für gut und Ausschuß

Bild I.6. Gewinde-Grenzlehrdorne

Bild I.7. Innengewinde-Schnellmeßdorn

Der Ausschußlehrdorn darf höchstens „anschnäbeln". Zur leichteren Handhabung befindet sich vor den Gewindegängen noch ein zylindrischer Zentrierzapfen.

Zur Schnellprüfung haben sich auch Innengewinde-Schnellmeßdorne eingeführt, die im Bild I.7 in zwei Größen zu sehen sind. Sie werden für Gewinde von M 2 bis M 20 angeboten. Mit einem Meßvorgang läßt sich das Innengewinde prüfen; die Meßuhr zeigt dann die Lage des Istmaßes zwischen zwei vorher eingemessenen Grenzmarken mit dem Zeiger an. Das Einmessen erfolgt mit einem Lehrring. Diese „anzeigenden Lehren" finden ihre Parallele in den Schnellmeßdornen für zylindrische Bohrungen.

3. Einige Meßverfahren für Gewinde

Vorwiegend bei der Fertigung von Gewindelehren muß der Fertigungsgang durch wiederholtes Nachmessen der einzelnen Bestimmungsgrößen überwacht werden. Mit diesen Meßergebnissen lassen sich die noch notwendigen Zustellungen an der Werkzeugmaschine (Schleifmaschine) erreichen. Meist beschränkt man sich auf das Messen der drei Größen:

1. Flankendurchmesser,
2. Teilflankenwinkel,
3. Steigung.

a) Messen des Flankendurchmessers

Ob das Gewinde von Bolzen und Mutter ineinander paßt, hängt von den beiden Flankendurchmessern (Mutter und Bolzen) ab. Das Bild I.8 veranschaulicht die einseitige Flankenanlage, axiale Luft auf der Gegenseite, besser als weitere Erklärungen. Bei dem Prüfen mit der Lehre überprüft die Gutseite zwar den einen Flankendurchmesser, doch im Fertigungsgang ist für die exakte Positionierung des Werkzeuges das Zustellmaß wichtig, das nur durch eine Messung zu erkennen ist.

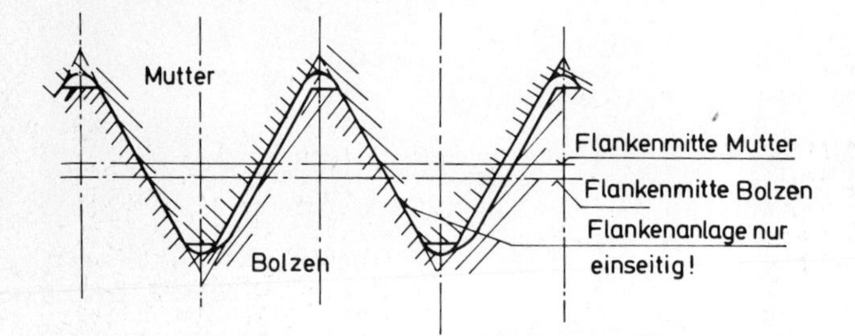

Bild I.8
Gewinde „klappert", weil nur Flankendurchmesser des Bolzens zu klein, daher Flankenspielraum (axiale Luft). Die übrigen Bestimmungsgrößen erreichen den Sollwert.

Bügelmeßschraube mit Meßeinsätzen: Kimme und Kegel. Diese recht einfache Meßanordnung ist für Außengewinde anwendbar. Die Meßeinsätze überdecken mehrere Steigungen, haben aber den Nachteil, bei Abweichungen des Flankenwinkels nicht mehr richtig anzuliegen. Daher sind die Meßeinsätze mit verkürzter Anlage günstiger, wie im Bild I.3 gezeigt, doch muß dafür in Kauf genommen werden, daß zu jeder Steigung ein passender Meßeinsatz gehört. Bei diesen Spezial-Bügelmeßschrauben läßt sich der Amboß besonders einfach mit einer Rändelschraube einstellen. Das Einmessen (Kalibrieren) erfolgt mit einem Grenzlehrdorn oder einem speziellen Prüfmaß. Das Bild I.9 zeigt diese Bügelmeßschraube in Meßstellung. Im Aufbewahrungskasten ist eine Anzahl von Meßeinsätzen zu erkennen.

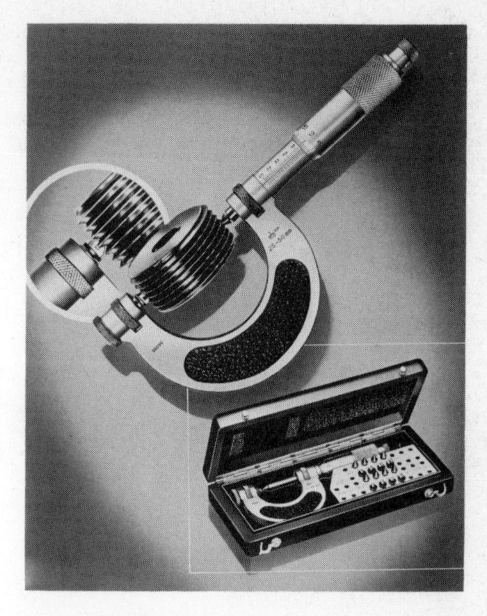

Bild I.9. Bügelmeßschraube mit Kimme und Kegel zum Messen des Außen-Flankendurchmessers

Messung mit dem Dreidraht-Verfahren. Das exakteste mechanische Verfahren verwendet drei Meßdrähte, die eine nur punktförmige Anlage an den Flanken besitzt. Es wird eine normale Bügelmeßschraube benutzt oder eine Kleinmeßmaschine (Bild I.10). Noch praktischer lassen sich die Meßdrähte mit Ösen handhaben, sie sind im Bild I.11 zu erkennen. Bei dieser Meßanordnung ist die Bügelmeßschraube in einem Halter festgeklemmt und die Drähte hängen an Fäden herunter, so daß sie nicht verloren gehen können, wenn der Meßgegenstand wieder die Meßstation verlassen hat.

Die Meßdrähte sollen in ihrem Durchmesser so ausgewählt werden, daß die Anlage in Flankenmitte erfolgt. Für metrische Gewinde ergibt sich ein Drahtdurchmesser von $d = 0{,}577 \cdot h$ (h = Steigung des Gewindes). Die Normreihe enthält die Meßdrahtdurchmesser, die für die Steigungen der Gewindesysteme (metrisch und Zoll) geeignet sind.

Bild I.10. Messen des Flankendurchmessers mit dem Dreidraht-Meßverfahren

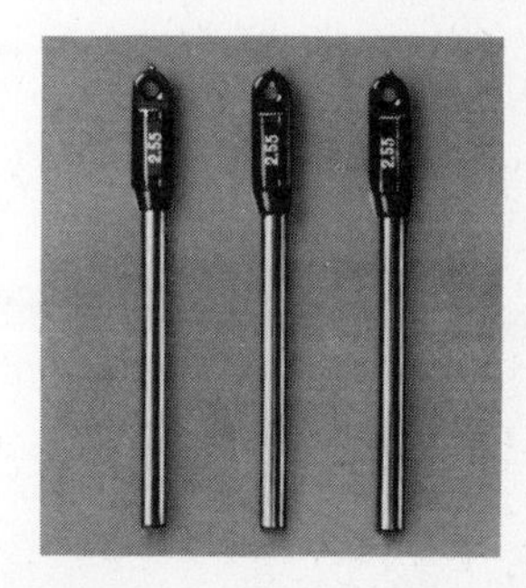

Bild I.11. Satz Meßdrähte mit Aufhängeösen

b) Optisches Messen des Flankendurchmessers

Das optische Meßverfahren wird nur selten angewendet. Der Grund dafür ist die Schwierigkeit, zweimal den Meßgegenstand anzutasten, einmal die Flanke und dann die gegenüberliegende Flanke. Um eine ausreichende Meßsicherheit zu erreichen, ist das mechanische Antasten mit Schneiden üblich, die zur anliegenden Schneide einen parallellaufenden feinen Riß aufweisen (siehe Bild C.21). Das Ausrichten der Meßschneiden birgt viele zufällige Fehler, auf die hier nicht näher eingegangen werden soll.

c) Messen des Flankendurchmessers bei Innengewinde

Bei Innengewinde ist das Messen des Flankendurchmessers infolge Platzmangels wenn nicht unmöglich, so doch erschwert. Nur das Zweikugel-Meßverfahren nach den Bildern I.12 und I.13 läßt sich mit den passenden Meßbügeln auf einem Komparator oder einer Kleinmeßmaschine verwirklichen. Hierbei ist die Schiefstellung des Gewindes zu berücksichtigen, wie es das Schema der Meßanordnung auf dem Bild I.13 zeigt.

Bild I.12
Messen des Flankendurchmessers bei Innengewinde mit dem Zweikugelmeßverfahren

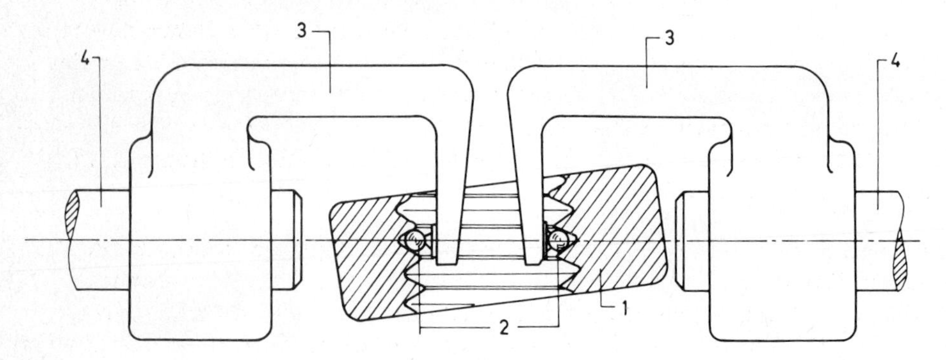

Bild I.13. Zweikugel-Gewindemeßverfahren
1 Meßgegenstand (Grenzlehrring), 2 Meßeinsatz (Kugel), 3 Meßbügel, 4 Pinole der Meßmaschine

d) Messen der Gewindesteigung

Außengewinde. Die Steigung des Gewindes ist der achsenparallele Weg der Mutter nach einer Umdrehung. Hierbei darf die Anlage der Flanken nicht auf die andere Seite wechseln.

Es gibt hierbei zwei Verfahren:

1. Messen der Steigung *ohne* Mutter,
2. Messen der Steigung *mit* Mutter.

Die Aufsatzmeßgeräte brauchen keine Mutter. Sie tasten zwei mit größerem Abstand voneinander entfernte Gewindeflanken mit Kegelspitzen ab. Diese Messung ermittelt nicht den achsenparallelen Abstand zweier Gewindeflanken, sie erfüllt daher nicht die Begriffsbestimmung der Steigung. Im Bild I.14 ist ein derartiges Aufsatzmeßgerät zu sehen. Die zwei Reiter sichern nicht nur die radiale Lage sondern auch die wichtige axiale Richtung des Gerätes. Die linke Tastkugel ist starr, die rechte, bewegliche überträgt die Meßgröße, die Steigungsabweichung, auf eine Meßuhr.

Das Einstellen beider Tastkugeln erfolgt, wie im Bild I.14 unten angedeutet, mit Parallelendmaßen, denen beidseitig spezielle Meßschnäbel angeschoben worden sind. Sie nehmen die Tastkugeln in einer Zentrierbohrung auf.

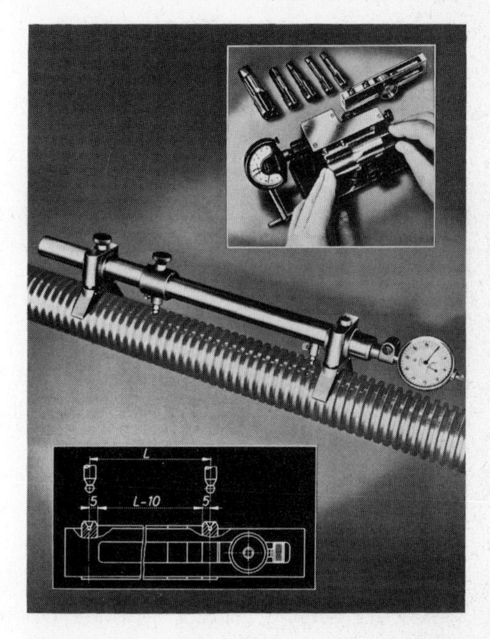

Bild I.14. Steigungsmeßgerät als Aufsetzgerät

Ein anderes Meßgerät ist im Schema des Bildes I.15 dargestellt. Die Messung erfolgt auf einem Komparator, der einen Strichmaßstab (Normal) besitzt. Auf dem Meßgegenstand, der Spindel, lagert eine Mutter. Damit erfüllt diese Meßanordnung die Definition der Gewindesteigung, da durch die Mutter die benachbarten Flanken in die Messung eingehen. Die Spindel lagert zwischen zwei Spitzen und ist mit einem Teilkopf (Normal für Winkel) gekuppelt. Somit lassen sich sowohl volle Umdrehungen als auch nur bestimmte Bruchteile davon auf die Spindel übertragen.

Anstelle der geschlossenen Originalmutter ist ein selbstgefertigtes Mutternsegment zu empfehlen. Das ist ein Abguß der Spindel aus Woodschem Metall (Schmelzpunkt bei 80 °C), der durch eine behelfsmäßige Gießform (Blechmantel mit Kittabdichtung) entstehen kann. Das Woodsche Metall schrumpft nicht, sondern dehnt sich sogar nach dem Erstarren aus, es hat einen negativen Ausdehnungsbeiwert. Der Mutternersatz erhält oben eine Strichplatte, deren Kreuz von dem Mikroskop eingefangen werden muß. Dazu

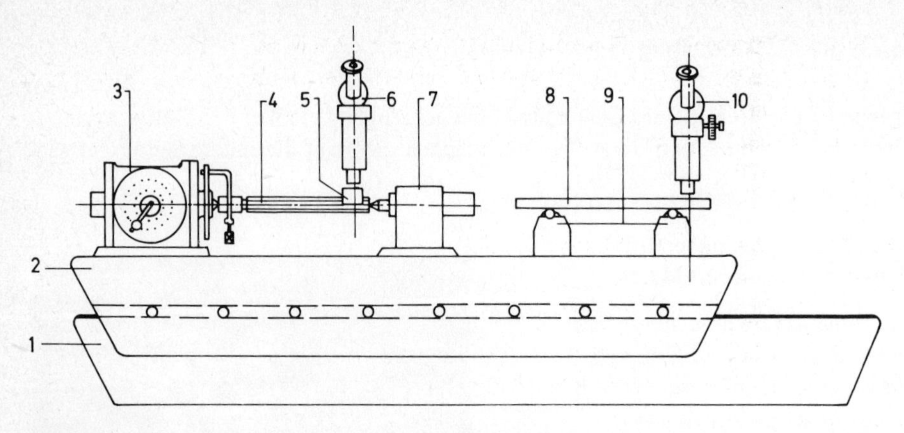

Bild I.15. Messen der Gewindesteigung mit dem Komparator

1 Komparatorbett, 2 Meßschlitten, 3 Teilkopf, 4 Meßgegenstand (Spindel), 5 Muttersegment (Abguß), 6 Mikroskop zum Einfangen des Strichkreuzes von 5, 7 Reitstock, 8 Strichmaßstab (Normal), 9 Auflageböcke im Abstand der Besselschen Punkte, 10 Meßokular im Mikroskop 2

gehört noch eine Röhrenlibelle, die quer zur Längsachse aufgeklebt wird, um die unveränderte waagerechte Lage der Mutter nach jeder Drehung der Spindel beobachten zu können.

Diese Meßanordnung hat nur den Nachteil der großen Baulänge, die für eine lange Spindel kaum zu verwirklichen ist. Deshalb kann man längere Leitspindeln (Drehmaschinen) nur meterweise auf ihre Steigungsabweichungen nachmessen. Der Gesamtfehler ergibt sich dann aus der Summe der Einzelfehler.

Messen der Steigung bei Innengewinde. Das Bild I.16 zeigt das Schema der Meßanordnung. Auch hier tastet ein Meßeinsatz mit Kugel die Gewindeflanke ab. Die Meßuhr zeigt die

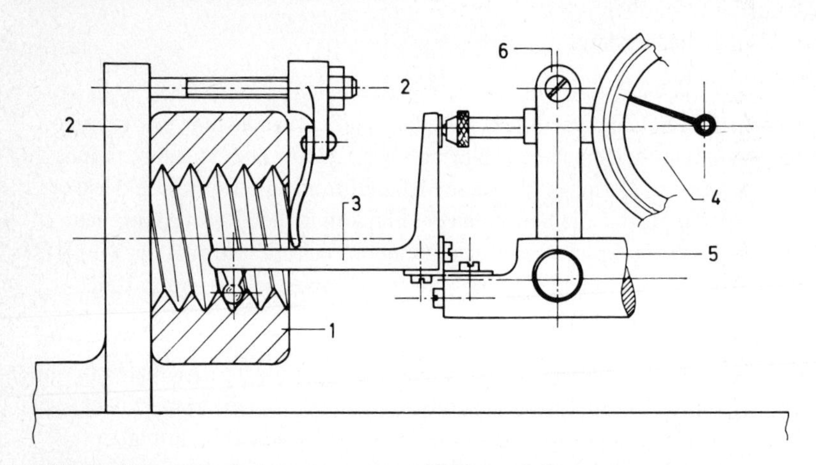

Bild I.16. Schema der Steigungsmessung am Muttergewinde

1 Meßgegenstand (Grenzlehrring), 2 Aufnahme für 1, 3 Tasthebel mit Kugelmeßeinsatz im Kreuzbandfedergelenk gelagert, 4 Meßuhr, 5 Pinole zur Meßmaschine, 6 Meßuhrhalter

Lageänderung des Tasthebels an, falls während des Meßweges der Pinole ein Höhenunterschied zwischen der Mantellinie des Gewindes und der Ebene der Pinole besteht. Es werden zwei benachbarte Flanken ausgemessen, somit erfüllt diese Messung die Steigungsdefinition.

e) Messen des Flankenwinkels und des Teilflankenwinkels

Beim Messen des Flankenwinkels kommt es nicht nur auf die Größe des Winkels an sondern auch seine symmetrische Lage bestimmt die Anlage der Flanken zwischen Bolzen und Mutter. Aus diesem Grunde sollte auch die Größe der beiden Teilflankenwinkel überprüft werden, um ein „schiefes" Gewinde zu entdecken.

Das Messen dieser Größen ist mit mechanischen Mitteln schwierig, daher soll hier nur das übliche optische Meßverfahren erläutert werden.

Die Teilflankenwinkel lassen sich am besten mit dem Winkelmeßokular (Goniometer) ermitteln. Die Ablesemöglichkeit liegt bei 1'.

Vor der Messung muß aber die Übereinstimmung zwischen der Gewindeachse und der Bezugsachse des Meßmikroskops vorhanden sein. Dieses Ausrichten der beiden Achsen kann man sich ersparen, wenn zwei gegenüberliegende Gewinderillen ausgemessen werden, dann ergibt sich für die Teilflankenwinkel die Beziehung aus dem algebraischen Mittelwert:

$$\alpha_1 = \alpha_1' + \beta = \alpha_1'' - \beta; \qquad \alpha_1 = \frac{\alpha_1' + \alpha_1''}{2}$$

$$\alpha_2 = \alpha_2' - \beta = \alpha_2'' + \beta; \qquad \alpha_2 = \frac{\alpha_2' + \alpha_2''}{2}$$

Die oben genannten Winkel sind aus dem Bild I.17 zu ersehen.

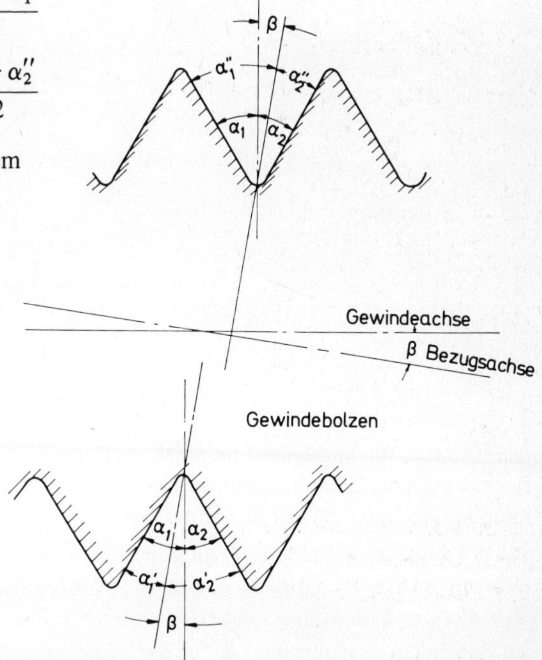

Bild I.17
Ermittlung der Teilflankenwinkel α_1 und α_2, Bezugsachse und Gewindeachse bilden Winkel β

K. Messen an Zahnrädern

1. Allgemeines

Zahnräder bilden Getriebe, die zwangsläufig (formschlüssig) Drehbewegungen übertragen, um bei Erzeugnissen der Feinwerktechnik, wie Uhren, in der Hauptsache nur hohe Übersetzungen zu erzeugen. Eine weitere Gruppe von Getrieben, die dem Maschinenbau zugehört, überträgt Drehmomente und Leistungen. Hierbei steht bei Fahrzeugen die Wandlung des Antriebsdrehmomentes oder bei den Arbeitsmaschinen (Werkzeugmaschinen) die Änderung der Drehzahl im Blickpunkt.

Bei all diesen Getrieben kommen Zahnräder mit *Evolventenverzahnung* in Betracht. Diese Zahnflankenform entsteht beim Abwälzen einer Geraden vom Kreisumfang, wie es im Bild K.1 zu erkennen ist. Eine andere Wälzkurve, die Zykloide, ist nur noch bei Verzahnungen der Feinwerktechnik anzutreffen. Sie entsteht, wenn ein Kreis auf dem Wälzkreis des Zahnrades abrollt.

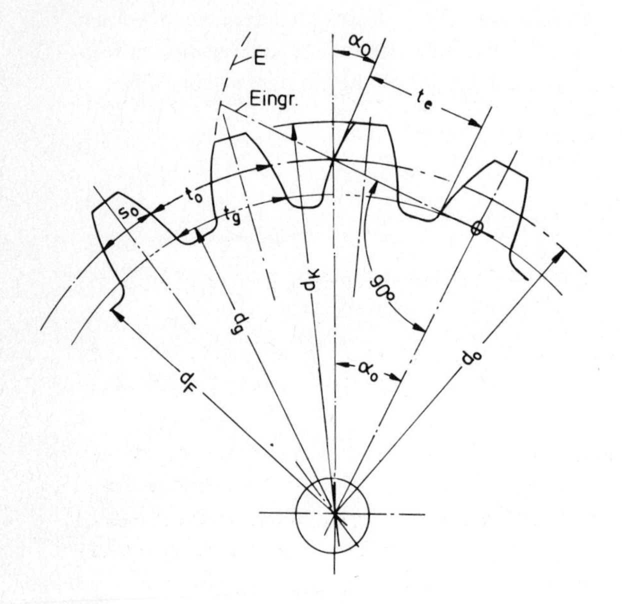

Bild K.1
Bestimmungsgrößen am geradverzahnten Stirnrad nach DIN 3960

d_K	Kopfkreis
d_0	Teilkreis
d_g	Grundkreis
d_F	Fußkreis
α_0	Eingriffswinkel
s_0	Zahndicke
m	Modul $\frac{t_e}{\pi}$
t_e	Eingriffsteilung
t_g	Grundkreisteilung
t_0	Teilkreisteilung
E	Evolvente
Eingr.	Eingriffslinie
z	Zähnezahl

Als Wälzgetriebe bezeichnet man Stirnrad- und Kegelradgetriebe. Von untergeordneter Bedeutung sind die Schraubenrad- und Schneckentriebe, die wegen des schlechten Wirkungsgrades ($\eta = 0{,}5$) nur in Sonderfällen zum Einsatz kommen.

In DIN 3960 findet man die Grundbegriffe, Bestimmungsgrößen und Fehler an Stirnrädern. DIN 867 enthält die Stirnradverzahnung mit Evolventenflankenform. Für Kegelräder gilt DIN 3971 und für Schneckengetriebe DIN 3975.

Im Folgenden wird nur das Gebiet der geradverzahnten Stirnräder behandelt.

2. Verzahnungsfehler

Das Messen an Zahnrädern kann Einzelfehler, Sammelfehler oder beide Fehlerarten erfassen.

Die Ermittlung der *Einzelfehler* ist zeitraubend und wird meist für die Überwachung von Verzahnungsmaschinen durchgeführt.

Das Messen der *Sammelfehler* läßt die örtliche Auswirkung der Einzelfehler erkennen. Die Messung erfolgt meist bei der Gütekontrolle, da hiermit ein Urteil über das Laufverhalten gefällt werden kann. Verzahnungsfehler verursachen in der Hauptsache Laufgeräusche, sie stellen daher die wahllose Austauschbarkeit der Zahnräder in Frage. Als Bestimmungsgrößen gelten nach Bild K.1 die folgenden Meßgrößen:

1. Flankenform,
2. Teilkreisteilung t_0,
3. Eingriffsteilung t_e,
4. Zahndicke s_0,
5. Zahnweite W, siehe Bild K.10
6. Rundlauf,
7. Flankenrichtung oder Schränkungswinkel bei Schrägverzahnung.

3. Messen der Flankenform

Nach DIN 3960 sind Flankenformfehler Abweichungen von der Evolvente des Grundkreises. Zum Prüfen der Flankenform benutzt man:

a) Blechschablonen,
b) Schattenbildprojektoren,
c) Evolventen-Prüfgeräte.

Die Blechschablone eignet sich nur für grobe Verzahnungen. Diese Prüfung (Lehrung) ergibt keine vergleichbaren Zahlenwerte, sondern ein subjektives Urteil.

Besser ist das Vergleichen des projizierten Schattenbildes bei 50-facher bis 100-facher optischer Vergrößerung, mit einer entsprechend groß gezeichneten Evolvente, die der Sollform entspricht.

Schließlich prüfen die speziellen Meßgeräte die Flankenform durch mechanisches Antasten des Prüfgegenstandes und einer Vergrößerung der Meßgröße durch mechanische oder induktive Feinzeiger. Bei diesen Prüfgeräten ist die Registrierung der Meßwerte auf Trommeln oder Kreisscheiben häufig anzutreffen. Das Bild K.2 zeigt das Schema dieses Evolventenprüfgerätes.

Bei diesem Gerät lagert der Prüfgegenstand (Zahnrad) auf gleicher Achse mit einer Kreisscheibe, die dem Durchmesser des dazugehörigen Grundkreises entspricht. Der Grundkreis d_g ergibt sich nach der Formel:

$$d_g = d_0 \cdot \cos \alpha_0$$

d_0 Teilkreis

α_0 Eingriffswinkel (siehe Bild K.1)

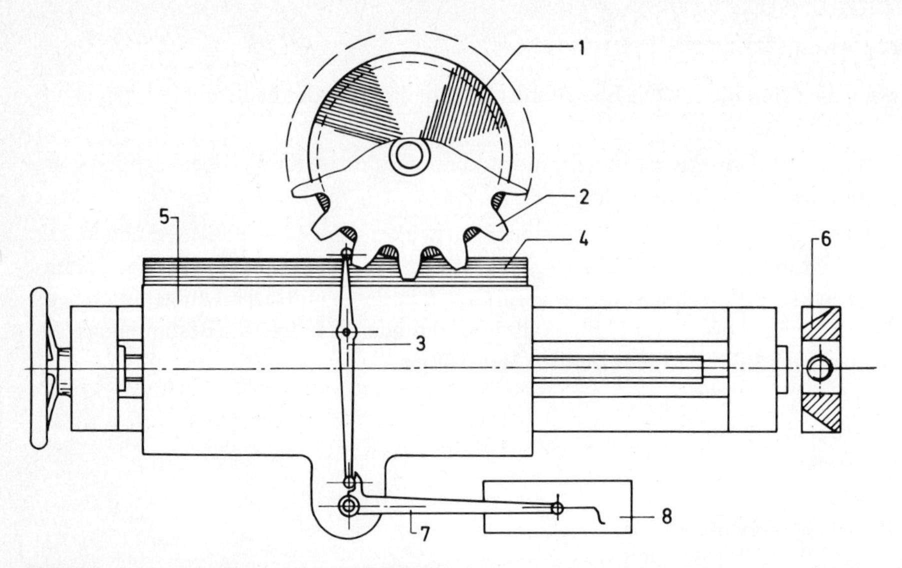

Bild K.2. Schema des Evolventen-Prüfgerätes

1 Grundkreisscheibe, auswechselbar, 2 Prüfgegenstand, 3 Tasthebel, 4 Wälzlineal, 5 Meßschlitten mit Antriebsspindel, 6 Schwalbenschwanz-Führung, 7 Schreibhebel, 8 Tisch mit Diagrammpapier

Bild K.3. Evolventen- und Zahnschrägen-Prüfmaschine

Bild K.4. Evolventenprüfung mit dem Mahrgerät

Der Meßvorgang umfaßt zwei kraftschlüssig erzwungene Bewegungen:

1. Der Meßschlitten wird geradlinig mit der Spindel verschoben, er wälzt dabei die Grundkreisscheibe mit seiner Wälzschiene ab.
2. Deckt sich der Meßkugelmittelpunkt des Tasters mit der Vorderkante der Wälzschiene, so beschreibt dieser bei der Drehung des Zahnrades eine Evolvente.

Das Bild K.3 zeigt ein derartiges Prüfgerät in der Gesamtansicht. Eine Teilansicht gibt das Bild K.4 wieder. Hier wird die Evolvente eines Schneidrades (Wälzstoßwerkzeug) gemessen.

Tritt zwischen den beiden Evolventen, einmal der abgetasteten Zahnform und zum anderen der abgewälzten Grundkreisscheibe, keine Abweichung auf, so ergibt sich keine Anzeige, der Schrieb bleibt geradlinig. Nur wenn sich die Zahnform von der theoretischen Evolvente unterscheidet wird der Fehler in der vorgesehenen Vergrößerung dargestellt. Diese Messungen finden in einem klimatisierten Prüf- und Meßraum statt.

4. Messen der Teilung

Bei dieser Messung ist zwischen der Teilkreisteilung t_0 und der Eingriffsteilung t_e zu unterscheiden. Das Bild K.5 veranschaulicht diese Unterschiede. Demnach ist die Eingriffsteilung t_e eine gerade Strecke, dagegen die Teilkreisteilung ein Bogen.

Die Abweichungen der Eingriffsteilung können mit dem Meßgerät nach dem Bild K.6 ermittelt werden. Durch leichtes Hin- und Herschwenken zeigt der Umkehrpunkt des eingebauten Feinzeigers den Unterschied zum Sollmeßwert an. Das Einmessen erfolgt zuvor mit einem Normal, das hier durch einen Einstellblock dargestellt wird, der für jeden Prüfgegenstand nötig ist.

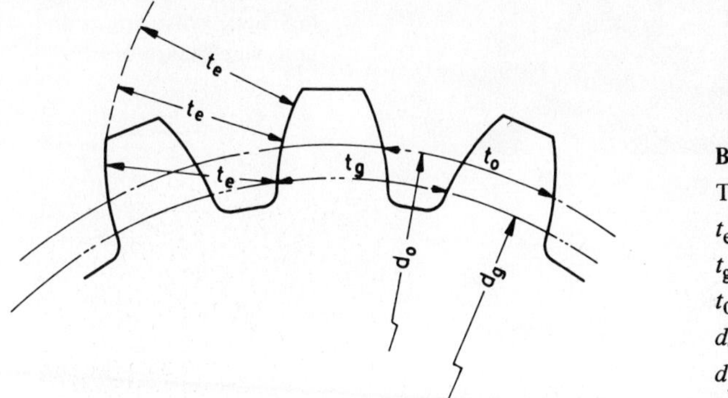

Bild K.5
Teilungen am Zahnrad
t_e Eingriffsteilung
t_g Grundkreisteilung
t_0 Teilkreisteilung
d_0 Teilkreis
d_g Grundkreis

Im Bild K.7 ist eine unmittelbare Messung der Teilung t_0 zu sehen. Als Normal dient ein optischer Teilkopf. Die Antastung erfolgt mit einem Null-Einstellgerät, das eine optische Auflösung aufweist.

Bei einem anderen Gerät (Bild K.8) berühren die Meßtaster die Zahnflanken in der Höhe des Teilkreises. Es handelt sich hierbei um eine Differenzmessung von Teilung zu Teilung. Bei dieser Messung geht die Exzentrizität des Fußkreises als Fehler in den Meßwert ein.

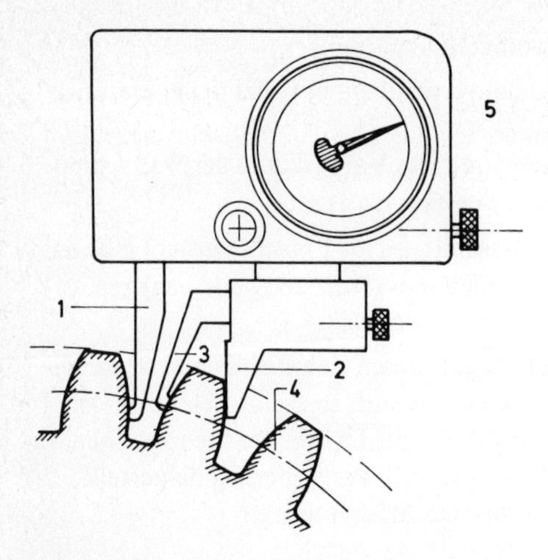

Bild K.6
Eingriffsteilungs-Meßgerät
1 Tasthebel
2 fester Taster
3 einstellbarer Anschlag
4 Prüfgegenstand
5 Meßwertdarsteller

Bild K.7
Teilungsprüfung an einem Kegelrad mit Nulleinstellgerät in Schwenkvorrichtung und optischer Teilkopf

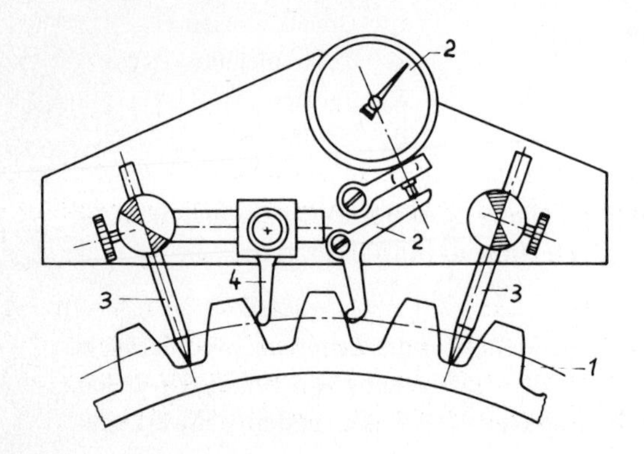

Bild K.8
Teilkreisteilungs-Meßgerät
1 Prüfgegenstand
2 Meßuhr oder Feinzeiger mit Winkelhebel
3 Stützen
4 Anschlag

5. Messen der Zahndicke s_0 und der Zahnweite W

Die Zahndicke s_0 (siehe Bild K.1) ist die Länge des Kreisbogens zwischen den beiden Flanken auf dem Teilkreisdurchmesser. Für die Messung der Sehnenlänge sind spezielle Meßschieber nach Bild K.9 mit Noniusteilung entwickelt worden.

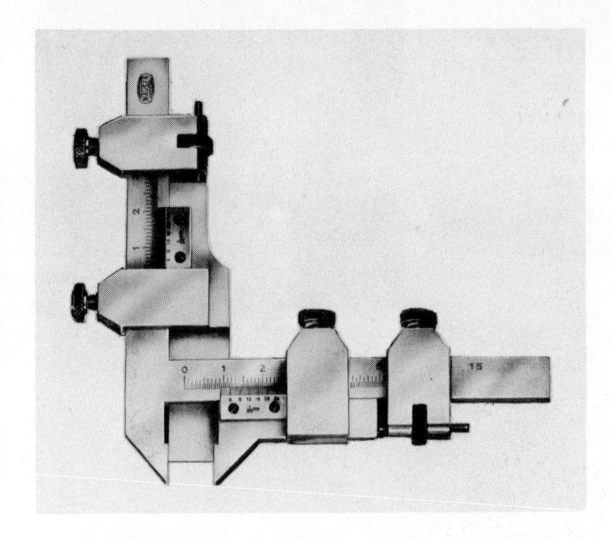

Bild K.9
Zahnmeßschieber

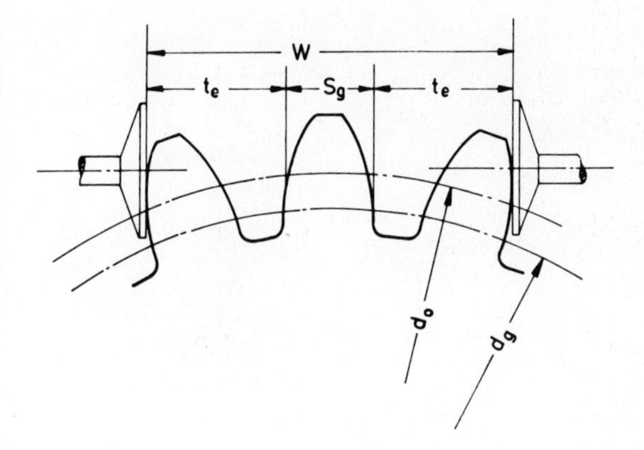

Bild K.10
Zahnweitenmessung
W Zahnweite
t_e Eingriffsteilung
s_g Zahndicke am Grundkreis
d_0 Teilkreis
d_g Grundkreis

Die Messung der Sehnenzahndicke bei einer bestimmten Zahnkopfhöhe ist nicht zu empfehlen, da die Meßwerte vom Durchmesser und der Außenmittigkeit des Kopfkreises abhängen. Das sind aber Meßgrößen von zweitrangiger Bedeutung.

Die Zahnweite W dagegen ist vom Kopfkreis des Zahnrades (meist nur geschruppt) unabhängig. Die Meßteller der Bügelmeßschraube (Bild K.10) liegen tangential an den Gegenflanken an. Das Meßergebnis ist, vom Einfluß der Zahnformabweichung abgesehen, unabhängig von der Lage der Meßachse, die den Grundkreis berührt. Die Messung kann dadurch einfach und ohne zufällige Fehler durchgeführt werden. Das Bild K.11 zeigt einen Meßbügel mit einem Feinzeiger, der mit Endmaßen oder Lehrzahnrad (Normal) eingestellt wird.

Die Zahnweite W setzt sich nach dem Bild K.10 aus einer Zahndicke im Grundkreis s_g und mehreren Eingriffsteilungen t_e, hier nur zwei, zusammen. Damit die Meßteller die Flanken in der Nähe des Teilkreises berühren, muß eine Anzahl Zähne zwischen den Meßflächen liegen. Es gibt Tabellen, aus denen man die Zahnweite W aus den Parametern, Modul, Zähnezahl und Eingriffswinkel, entnehmen kann.

Bild K.11. Zahnweitenmeßgerät

Den Zusammenhang zwischen den Abmaßen der Zahnweite und der Spandicke p läßt Bild K.12 erkennen

$$p = \frac{W}{2}$$

Damit wird gesagt, daß das halbe Zahnweiten-Abmaß gleich der auf der Flanke befindlichen Spandicke p ist.

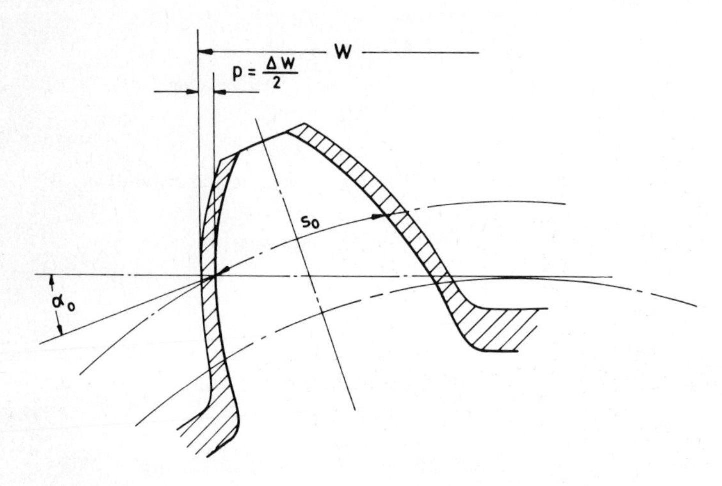

Bild K.12. Einfluß des Zahnweiten-Abmaßes auf die Spandicke p

W Zahnweite

s_0 Zahndicke

6. Maß über Rollen (Rollenmaß)

Die Meßanordnung über zwei in die gegenüberliegenden Zahnlücken gelegten Rollen ermöglicht eine noch exaktere Bestimmung der Zahndicke s, da die Zahndicke-Abmaße eine vielfach größere Änderung des Rollenmaßes verursachen. Damit die Rollen in Teilkreisnähe die Zahnflanken berühren, müssen ihre Durchmesser berechnet oder zeichnerisch durch vergrößerte Zeichnungen der Zahnlücke ermittelt werden.

Die gegenüber der Zahndicken-Toleranz mehrfach größere Rollenmaß-Toleranz ist ein beachtlicher Vorteil gegenüber der Zahndicken- und Zahnweiten-Messung. Sie bietet eine Verminderung der Meßunsicherheit bei dieser Einzelfehlermessung.

7. Wälzprüfung zur Ermittlung der Sammelfehler

Als Sammelfehler bezeichnet man die gleichzeitigen Auswirkungen mehrerer Einzelfehler, wie Form- und Lageabweichungen der Zahnflanken. Es gibt: *Zweiflanken-* und *Einflanken-Wälzprüfungen.*

Bei der *Zweiflanken-Wälzprüfung* werden die Änderungen des Achsabstandes der spielfrei miteinander kämmenden Zahnräder gemessen und auf einem Wälzfehler-Schaubild aufgezeichnet. Es gibt zwei Paarungen:

1. Werkrad + Lehrzahnrad,
2. Werkrad + Gegenrad.

Die Radpaare kämmen miteinander und werden dabei mit gleichgroßer Anpreßkraft ineinandergedrückt. Im Bild K.13 zeigt das Schema eine einfache Feder, die natürlich diese Bedingung nicht erfüllt. Das Werkrad (Prüfgegenstand) ist mit seinem Lagerzapfen in einer

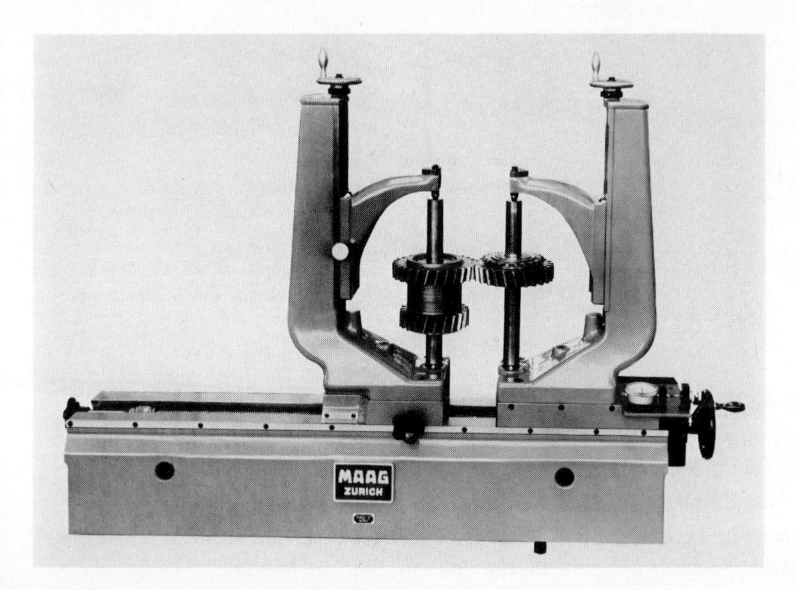

Bild K.13. Zweiflanken-Wälzprüfgerät

spielfreien Kugelführung oder, wie im Bild K.14, mit Parallelogrammfedern gelagert. Die Längsbewegung des Meßschlittens vergrößert die Schreibvorrichtung, die gleichzeitig mit Zahnrädern angetrieben wird. Die Räder drehen sich beim Messen langsam. Dabei ändert sich der Achsabstand durch die Fehler der Verzahnung.

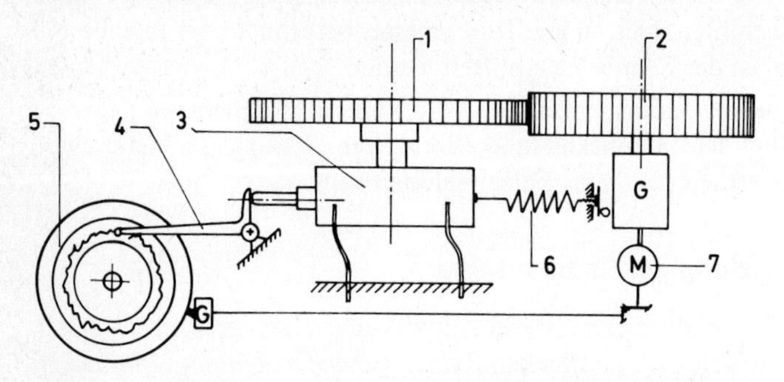

Bild K.14. Schema eines Zweiflanken-Wälzprüfgerätes

1 Werkrad, 2 Lehrzahnrad, 3 Meßschlitten mit Federgelenken gelagert, 4 Schreibfeinzeiger 100 bis 500 fache Übersetzung, 5 Registriertisch mit Antrieb, 6 Stellfeder, 7 Motor, *G* Getriebe

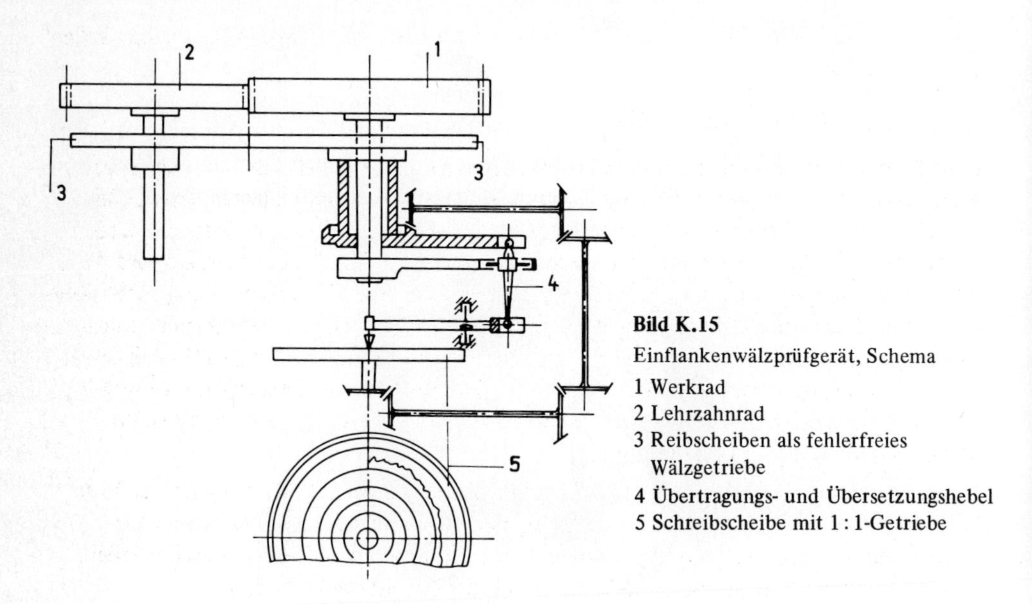

Bild K.15

Einflankenwälzprüfgerät, Schema

1 Werkrad
2 Lehrzahnrad
3 Reibscheiben als fehlerfreies Wälzgetriebe
4 Übertragungs- und Übersetzungshebel
5 Schreibscheibe mit 1 : 1-Getriebe

Diese Prüfung gibt Aufschluß über die Rundlauf-, Eingriffteilungs- und Zahnformfehler.

Diese Vielseitigkeit ermöglicht einen weiten Anwendungsbereich dieser Meßanordnung. Es sollte aber trotzdem nicht übersehen werden, daß die Änderung des Achsabstandes nicht dem tatsächlichen Betriebszustand des Getriebes entspricht.

Die *Einflanken-Wälzprüfung* gibt ein wirklichkeitsgetreueres Bild, da sie die Gleichförmigkeit der Bewegungsübertragung getrennt für die linke und für die rechte Flanke im exakten Einbau-Achsenabstand prüft. Die Wälzbewegung der Zahnräder wird mit einem fehlerlosen Vergleichsgetriebe verglichen, das aus zwei Reibscheiben besteht. Bei der Drehung der Räder kommen entweder die rechten oder die linken Flanken zur Anlage. Durch die Verzahnungsfehler entstehen ungleichförmige Drehbewegungen gegenüber dem Getriebenormal, die mit dem schreibenden Feinzeiger gemessen und aufgezeichnet werden. Bild K.15 vermittelt das Schema dieser Meßanordnung von höchster Qualität.

Anschaffungspreis und laufende Kosten sind höher als bei der Zweiflanken-Wälzprüfung, so daß diese Prüfung nur für die Großserie und dann im Prüfraum für besondere Aufgaben der Gütekontrolle zu finden ist.

L. Das Messen dünner Schichten

1. Allgemeines

Das Messen von Schichtdicken auf Werkstücken ist meist eine Aufgabe der Gütekontrolle. Man unterscheidet

metallische und nichtmetallische

Schichten, die oft das unedlere Metall der Unterlage durch dünne, dichte Auflagen vor Korrosion schützen sollen. Die Elektro-Industrie braucht auf Isolierplatten leitende Metallschichten. Die Planartechnik erzeugt auf Einkristallen Schichten aus leitenden und nichtleitenden Stoffen, die integrierte Schaltkreise (IC) bilden. Im Motorenbau sind die Schichten von Mehrschicht-Gleitlagermetallen zu messen und die Beschichtung der Kolben und Kreiskolben zu prüfen. Offsetplatten und Tiefdruckwalzen werden auf ihre Schichtdicke gemessen. Die optische Industrie ist auf transparente Metallschichten für halbdurchlässige Spiegel angewiesen und braucht vielerlei Strichplatten für die Längenmeß- und Wägetechnik. Endlich ist für die Schmuckwarenindustrie die Beschichtung mit edlen Metallen noch von großer Bedeutung.

Für die Auswahl der Meßverfahren ist die Unterscheidung wichtig, ob während der Messung die Oberfläche zerstört oder das Meßergebnis ohne Schaden des Werkstückes ermittelt werden kann. In der Folge werden nur zerstörungsfreie Meßverfahren behandelt. Man unterscheidet magnetische, elektrische und Strahlungs-Meßverfahren.

2. Magnetische Verfahren

Die Dicke einer unmagnetischen Schicht auf einer magnetischen Unterlage kann aus der Abreißkraft eines Dauermagneten ermittelt werden. Ein Magnetstäbchen mit 1 . . . 2 mm Durchmesser und etwa 30 mm Länge ist halbkugelförmig poliert und in einer Glashülse axial geführt. Der Magnet haftet durch die Kugelgestalt fast punktförmig und gestattet daher, auf gewölbten Oberflächen zu messen. Die Haftkraft des Magneten nimmt mit zunehmender Schichtdicke ab, die wie ein hemmender Luftspalt zwischen Magnet und magnetischer Unterlage wirkt. Die jeweilige Haltekraft wird mit einer kalibrierten, reibungsfreien Feder, meist einer Spiralfeder, gemessen. An der Skale ist sofort die Schichtdicke abzulesen. Die magnetische Unterlage muß mindestens 0,25 mm dick sein, sonst wird das Meßergebnis zu stark verfälscht. Die Fehlergrenzen dieses Handgerätes sind erheblich. Die größte Streuung ergibt die feinste Schichtdicke: 30 % bei 5 μm, die auf 12 % bei einer Dicke von 50 μm zurückgeht.

3. Elektrische Meßverfahren

Ein älteres Meßverfahren für Schichten auf magnetischem Werkstoff benutzt eine Sonde nach Bild L.1, die auf induktivem Wege die EMK der Sekundärspule als Maß für den Luftspalt, also der Schichtdicke, ermittelt. Die Kopplung der Primär- und Sekundärspule ist umso enger, je näher die Sekundärspule an dem magnetischen Joch anliegt, was gleichbedeutend mit der Dicke der Isolierschicht ist. Die Speisefrequenz beträgt 3 MHz, um einen Skineffekt für die Wirbelströme zu erzielen. Die Mindestdicke der magnetischen Unterlage muß 1 μm betragen.

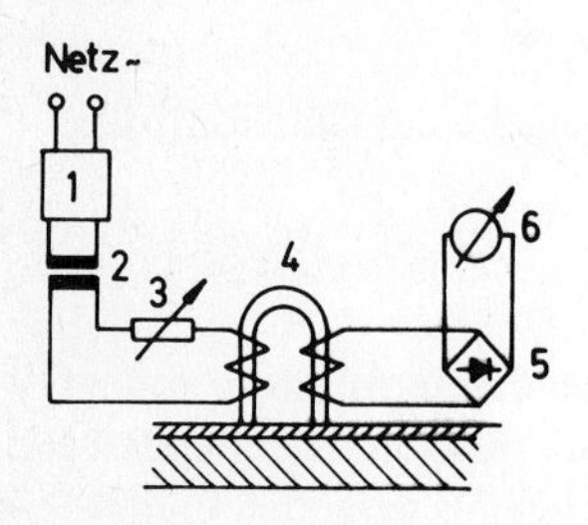

Bild L.1
Induktives Schichtdickenmeßgerät
1 Oszillator
2 Trafo
3 Steller
4 Aufnehmer
5 Meßgleichrichter
6 Anzeige

Der Meßbereich beträgt 20 . . . 200 μm und der Meßfehler ± 1 % vom Endwert des Meßbereiches.

Ein neuzeitlicheres Meßverfahren wendet ein magnetostatisches Verfahren an. Es lassen sich auch unmagnetische Schichten auf magnetischer Unterlage mit einem Dauermagneten messen. Der Magnetfluß des Magneten, der als konstant angesehen wird, verändert die zu messende Schicht. Der Meßwertaufnehmer besteht wieder aus einer Sonde, die einen winzigen elektronischen Baustein, eine *Feldplatte,* enthält. Diese ist ein magnetisch empfindlicher Halbleiter, der den Gaußeffekt zeigt. Dieser Effekt beruht darauf, daß der elektrische Widerstand in der Längsrichtung von der Feldstärke des Magnetfeldes abhängig ist. Man nennt den Effekt auch magnetischen Widerstands-Effekt.

Feldplatten sind feine Plättchen aus Indiumantimonid, in die winzige Nadeln aus Nickelantimonid parallel und senkrecht zur Stromrichtung eingelagert worden sind. Damit entsteht eine Reihenschaltung mehrerer kurzer, aber breiter Halbleiterstreifen, die durch die gut leitenden Nadeln voneinander getrennt sind. Das Bild L.2 zeigt schematisch den Elektronenfluß ohne magnetische Einwirkung. Wirkt jedoch ein Magnetfeld senkrecht zur Bildebene auf die Feldplatte ein, so tritt eine seitliche Ablenkung des Elektronenflusses auf. Nach Bild L.3 legen somit die Elektronen einen längeren Weg zurück, der elektrische Widerstand wächst damit an.

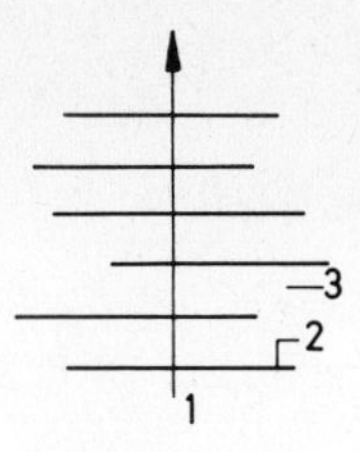

Bild L.2. Schema der Feldplatte (Gaußeffekt)

1 Elektronenbahn ohne magnetische Einwirkung von außen, 2 leitende Metallnadeln, 3 Halbleiterstreifen

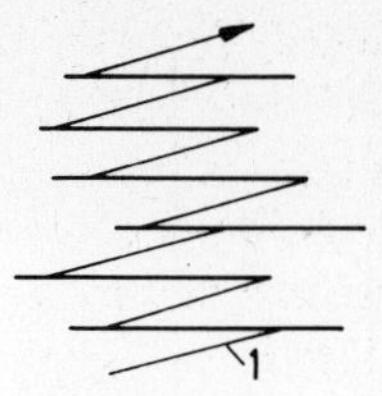

Bild L.3. Schema der Feldplatte (Gaußeffekt)

1 Elektronenbahn unter magnetischer Einwirkung von außen, Magnetfeld wirkt senkrecht auf die Zeichenebene

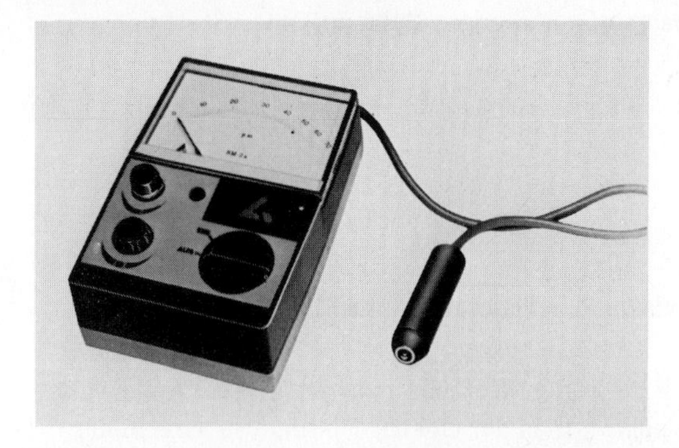

Bild L.4
Schichtdickenmeßgerät „Diameter"

Das Schichtdicken-Meßgerät (Diameter, List) im Bild L.4 zeigt sofort beim Aufsetzen der Sonde die Dicke der unmagnetischen Schicht an. Eine ferromagnetische Platte dient zum Nulleinstellen des Gerätes.

Die Meßunsicherheit liegt bei ± 5 % des Endwertes. Bild L.4 vermittelt die günstigen Abmessungen des Handgerätes.

4. Strahlungsmeßverfahren

Ein vielseitiges, berührungsloses Meßverfahren steht durch das Beta-Strahlen-Rückstreuverfahren zur Verfügung.

a) Betastrahlen

Derjenige Teil der radioaktiven Strahlung, der im elektrischen Feld nach der Anode hin abgelenkt wird, heißt Betastrahlung. Sie besteht aus Trägern negativer Ladung. Bild L.5 zeigt die drei Strahlungsarten, die radioaktive Strahler abgeben.

Durch Bestimmung von Masse und Ladung der β-Teilchen ergibt sich, daß es sich bei ihnen um Elektronen handelt, die mit hoher Geschwindigkeit den Atomkern verlassen. Ihre kinetische Energie ist auch entsprechend hoch. Ihre Anfangsgeschwindigkeit kann von etwa 100 000 km/s bis zu 99 % der Lichtgeschwindigkeit betragen.

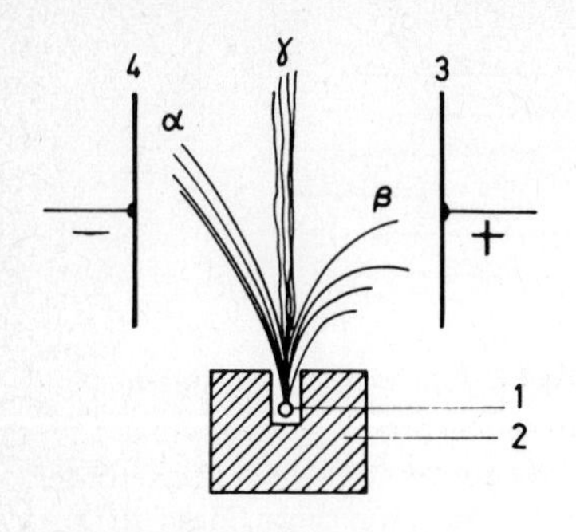

Bild L.5

Zerlegung der radioaktiven Strahlung im elektrischen Feld

1 Strahler
2 Bleiummantelung
3 Anode
4 Kathode

Strahlungsquelle: Radium mit seinen Zerfallsprodukten

b) Rückstreuung

Prallen die Teilchen (Quanten) auf ihrer sonst geradlinigen Bahn auf einen Stoff mit höherem Flächengewicht G

$$G = \frac{d}{\gamma}$$

d Dicke des Werkstoffes,
γ spezifisches Gewicht

und werden dabei abgelenkt, gelangen also in den Halbraum zurück, aus dem sie kamen, handelt es sich um *Rückstreuung.*

Dieser Vorgang ist mit der aus der Optik bekannten Reflexion zu vergleichen. Anders als bei der Optik erfolgt die Rückstreuung nicht nur an der Oberfläche sondern auch in der Tiefe der Deckschicht. Bild L.6 zeigt diesen Vorgang in schematischer Vereinfachung, da die rückgestreute Strahlung stets im gleichen Winkel dargestellt ist und die Absorbtion der unabgelenkten Strahlung weggelassen wurde.

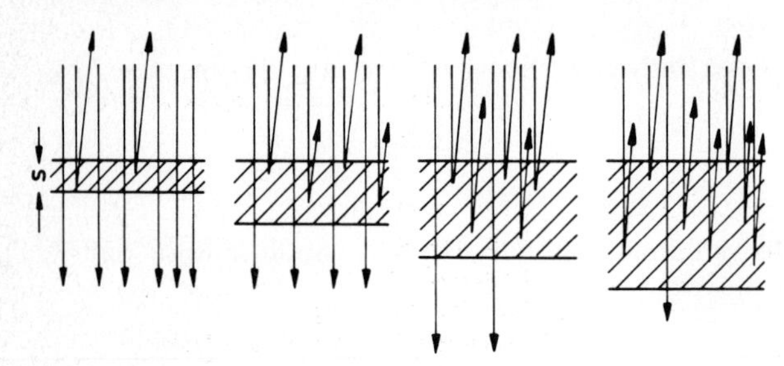

Bild L.6

Schema der Rückstreuung radioaktiver Strahlung bei unterschiedlicher Werkstoffdicke

Die Intensität der Rückstreuung steigt mit der Ordnungszahl Z des Meßgegenstandes, damit auch mit dem Flächengewicht G. Bei konstanter Ordnungszahl steigt die Rückstreuung mit der Dicke der Deckschicht. Hier ist eine Einschränkung zu beachten, denn nur die halbe Eindringtiefe (Grenzdicke) der Strahlung kann ausgenutzt werden, da das rückgestreute Quant noch ausreichend Energie aufweisen muß, um den Rückweg zurücklegen zu können. Der Rückweg besteht aus der Eindringtiefe und dem Luftweg bis zum Detektor hin. Den Meßbereich bis zur Grenzdicke stellt das Bild L.7 dar. Auf der Abszisse ist die Dicke als Vielfaches der Halbwertschichtdicke $d_{1/2}$ aufgetragen.

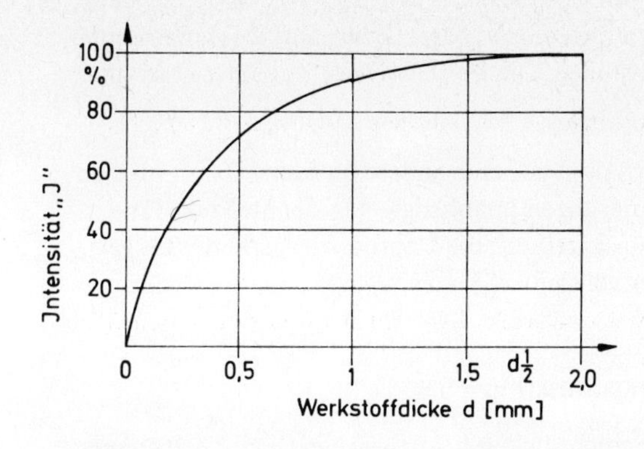

Bild L.7
Intensität I der Rückstrahlung in Abhängigkeit der Werkstoffdicke d

c) Meßanordnung

Der Meßgegenstand wird von einem scharf gebündelten Strahl des β-Strahlers getroffen. Dazu dient als Veranschaulichung das Bild L.8, das schematisch einen Schnitt durch die Meßsonde zeigt. Mit einer Blende wird die Meßfläche begrenzt und gleichzeitig ein konstanter Abstand zwischen Meßgegenstand, Radionuklid und Strahlungsdetektor festgelegt. Der Kristalleinsatz besteht aus Saphir, er dient zur exakten Begrenzung, die praktisch keinem Verschleiß unterliegt. Die Blendenöffnungen sind nach Normzahlen gestuft. Die kreisförmigen Blenden beginnen mit 0,32 mm Durchmesser und die schlitzförmigen mit 0,16 mm Breite. Für das Betascope gibt es Handmeßsonden und auch spezielle Sondenformen für das Messen von Bohrungen.

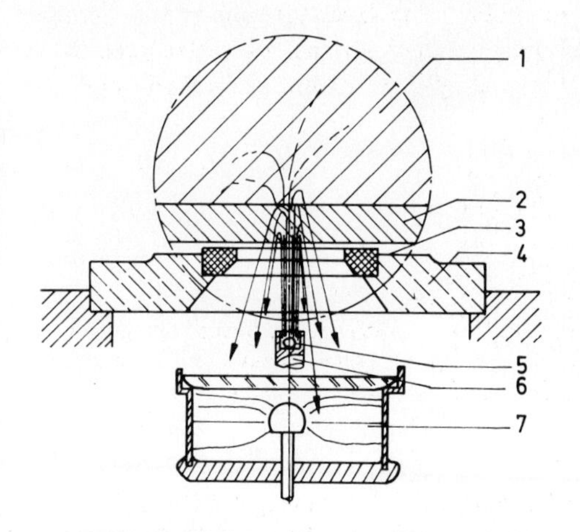

Bild L.8
Schnitt durch die Meßanordnung der Sonde
1 Trägerwerkstoff
2 Schicht
3 Juweleinsatz (Saphir)
4 Blendenring
5 Radionuklid
6 Metallabschirmung
7 Strahlungsdetektor (Geiger-Müller-Zählrohr)

d) Meßverfahren

Die in den rückwärtigen Halbraum rückgestreuten Teilchen werden über den Strahlungsdetektor, das ist ein Geiger-Müller-Zählrohr, mit einer Zählschaltung in einer einstellbaren Zeit summiert. Der durch die Schicht entstandene Anteil der Rückstreuung bildet den eigentlichen Meßeffekt. Die Zählimpulse werden zunächst linear untersetzt und dann analog und/oder digital angezeigt.

Die Anzeige entspricht einer Zählrate für einen einstellbaren Zeitraum; beim Betascope lassen sich 6 Stufen von 7,5 . . . 240 s einstellen. Die Zeitbasis wird mit einer Quarzuhr gesteuert.

Die Anzeige ändert sich nicht beim Umschalten auf eine andere Meßzeit. Damit bleiben die mit Einstellnormalen erstellten Kalibrierungen unabhängig von der Meßzeit. Eine lange Meßzeit verringert jedoch die Meßunsicherheit; die Reproduzierbarkeit wird verbessert, indem sich der relative Meßfehler verkleinert.

e) Anwendungsgebiete der Strahlungsmessung

Der Einsatzbereich für die Messung von Schichtdicken liegt zwischen 0,05 . . . 100 μm. Grundsätzlich kann die Dicke jedes Beschichtungsstoffes gemessen werden, dessen Rückstreuung zu dem des Trägerwerkstoffes genügend verschieden ist. Für praktische Anwendungen gilt, daß das Betastrahlen-Rückstreumeßverfahren dann eingesetzt werden kann, wenn die Ordnungszahl Z der Schicht sich etwa um 20 Prozent von der des Trägerwerkstoffes unterscheidet. Im Bild L.9 sind die Ordnungszahlen des periodischen Systems der Elemente über der Rückstreuung abgetragen. Hieraus läßt sich jede Meßmöglichkeit zuvor übersehen. Die Messungen vereinfachen sich immer dann, wenn die Ordnungszahlen von Schicht- und Trägerwerkstoff weit auseinanderliegen. Liegen die Ordnungszahlen von Schicht und Träger außerhalb des verschiebbar zu denkenden, schraffierten Bereiches, so ist eine Messung möglich.

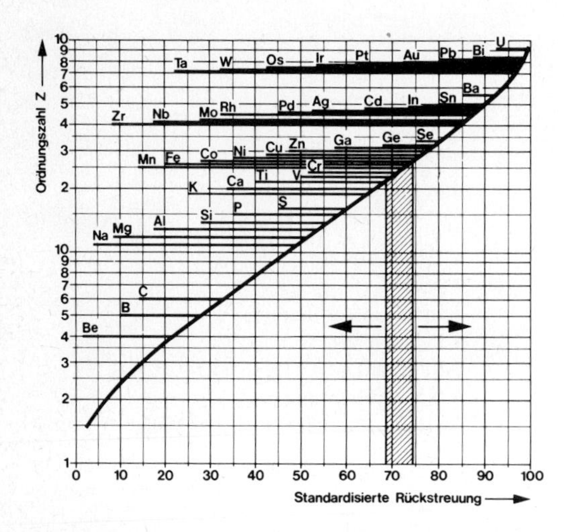

Bild L.9

Ordnungszahl Z über der standardisierten Rückstreuung

Einige Beispiele für den Einsatz des Betascope zeigt folgende kleine Auswahl der Meßmöglichkeiten: Gold-, Silber-, Rhodium-, Palladiumschichten auf Stahl, Stahl-Nickellegierungen (nichtrostender Stahl), Nickel, Kupfer, Bronze, Messing, Aluminium, *Keramik* und *Glas.*

Das Bild L.10 zeigt ein Betascope mit analoger und digitaler Anzeige.

Bild L.10. Ansicht des „Betascope" Schichtdickenmeßgerätes

5. Lichtschnittmeßverfahren

Das Lichtschnittmeßverfahren, von *Schmaltz* 1932 entwickelt, kann die Dicke *transparenter* Schichten meßtechnisch erfassen. Dieses Verfahren ist wohl auch berührungsfrei, aber die Notwendigkeit der Transparenz der Schicht engt ihre Einsatzmöglichkeiten stark ein. So lassen sich nur Lackschichten und die Eloxalschichten auf Aluminium als Trägerwerkstoff mit diesem optischen Meßverfahren ausmessen.

Das Bild L.11 zeigt den Strahlengang des Lichtschnittmikroskops. Auf dem Bildschirm des Gerätes erscheinen zwei Lichtbänder, die den Abstand s darstellen. Dieser Abstand

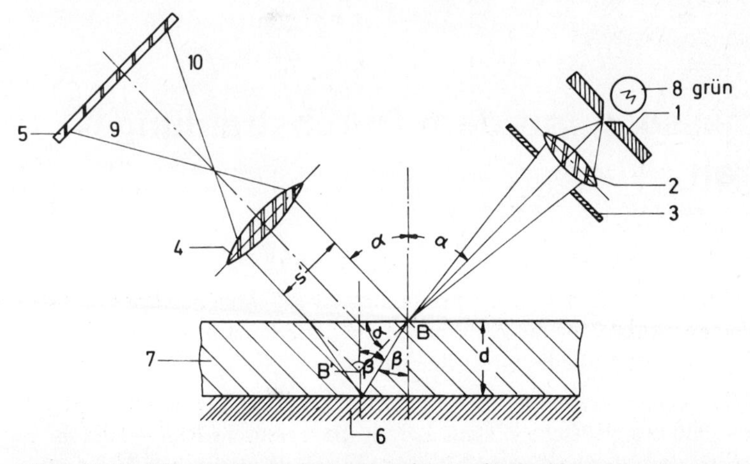

Bild L.11. Strahlengang des Lichtschnittverfahrens für das Messen von transparenten Deckschichten
1 Spalt, 2 Objektiv, 3 Blende, 4 Projektiv, 5 Bildschirm, 6 Grundwerkstoff, 7 Schicht (Eloxal), 8 Lichtquelle, 9 Lichtband der Oberfläche, 10 Lichtband der Oberfläche des Trägerwerkstoffes 6
s' Lichtbänderabstand, B Bildpunkt, B' zweiter Bildpunkt, d Schichtdicke

kann durch eine Verschiebung des Fernrohres mit einer Meßschraube sofort in Längeneinheiten abgelesen werden. Für gleichbleibenden Einfallswinkel α (45°) und konstanten Brechungsindex „n" kann die Trommel der Meßschraube auf die Schichtdicke in Millimeter eingemessen werden.

Das Bild L.12 zeigt Meßbeispiele, *a* Eloxalschicht, *b* Metalloberfläche mit transparentem Lack überzogen und *c* Klarsichtfolie als Dickenmessung.

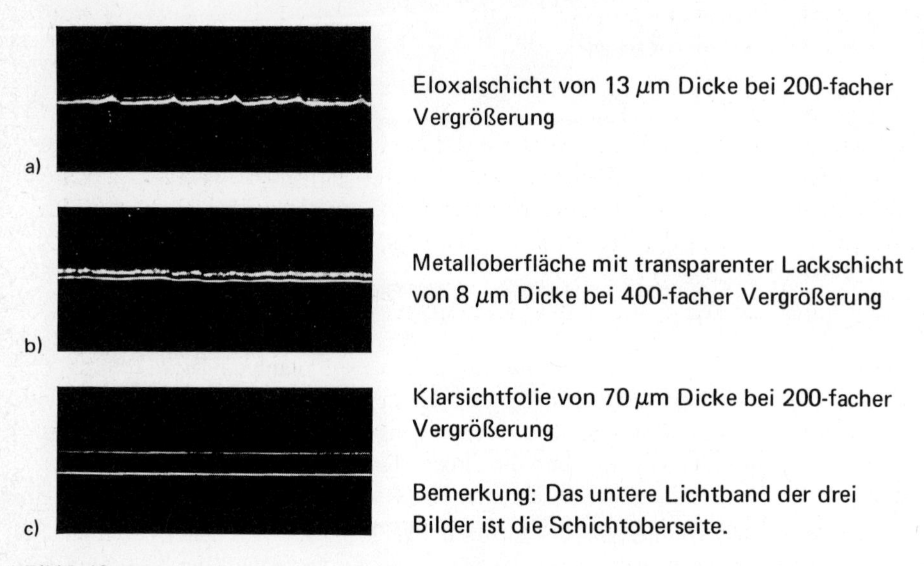

Bild L.12. Lichtschnittprofile von Oberflächen mit transparenten Schichten

M. Dickenmessung mit dem Durchstrahlungsmeßverfahren

1. Allgemeines

Im Kapitel „Schichtdickenmessung" wurde ein Strahlungsmeßverfahren beschrieben. Damit eröffneten sich neue Aussichten auf berührungsfreie Längenmeßverfahren, die für die Dickenmessung immer mehr an Bedeutung gewinnen.

Obwohl schon 1895 *Röntgen* die nach ihm benannten Strahlen entdeckte, untersuchten erst in den Jahren um 1930 drei deutsche Wissenschaftler die technische Röntgendurchstrahlung. 1931 durchstrahlten *Berthold* und *Kolb* eine genietete Kesseltrommel für ein Berliner Kraftwerk. Ähnlich verhielt es sich mit der Gamma-Strahlung, die von *Marie Curie* um 1900 für eine Radium-Gamma-Aufnahme einer Geldbörse der Öffentlichkeit vorgeführt wurde, die als Inhalt einen Schlüssel und eine Münze im Schattenbild zeigte.

Eine breitere Anwendung der Gamma-Strahlen brachte die Entdeckung der Kernspaltung, die es ermöglichte, durch Neutronenbeschuß künstlich radioaktive Stoffe zu erzeugen. Vor allem waren diese Strahler wesentlich billiger als die seltenen natürlichen radioaktiven Quellen. In der BRD stehen erst seit dem Jahre 1950 künstliche radioaktive Strahler zur Verfügung.

Die Durchstrahlung mit Isotopen findet ihren Einsatz bei der kontinuierlichen Messung der Dicke von Bandwerkstoffen, wie sie in Walzwerken der Stahl- und Metallindustrie, sowie in der Papier- und Textilindustrie üblich ist.

2. Absorptions-Meßverfahren

Im Gegensatz zu dem Rückstreuungsverfahren, das mit den Betastrahlen betrieben wird, wendet man für das *Absorptions-Meßverfahren* die noch energiereicheren Gammastrahlen von radioaktiven Isotopen an. Die aufwandreicheren *Röntgenstrahlungsverfahren* werden mehr für die Untersuchung der Grobstruktur (Risse, Lunker und andere Fehlerstellen in Stahl und Betonwerkstücken) verwendet.

Das Bild M.1 zeigt das Prinzip dieser Meßanordnung mit einer Gamma-Strahlenquelle.

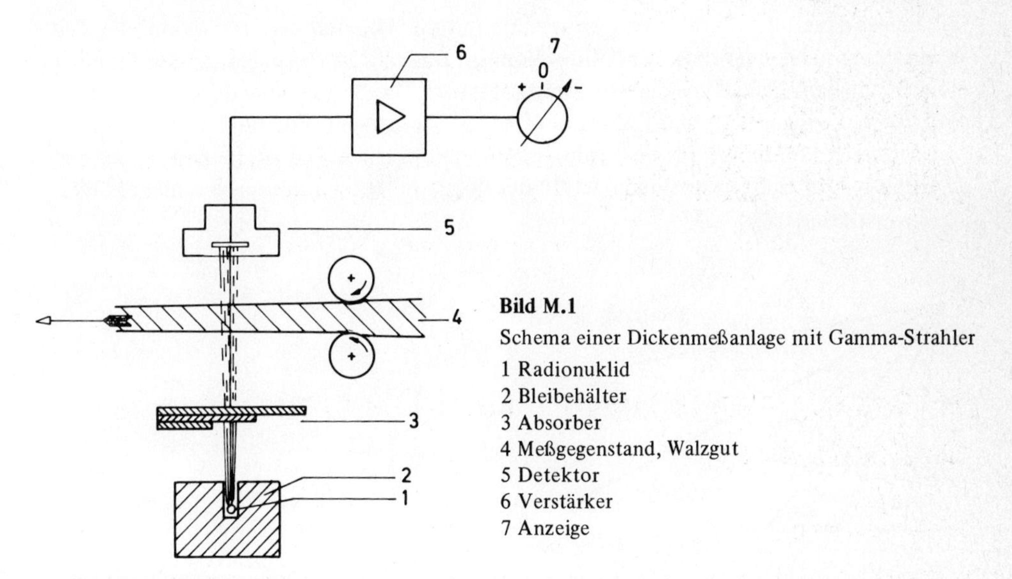

Bild M.1
Schema einer Dickenmeßanlage mit Gamma-Strahler
1 Radionuklid
2 Bleibehälter
3 Absorber
4 Meßgegenstand, Walzgut
5 Detektor
6 Verstärker
7 Anzeige

Unter dem zu messenden Walzgut (Breitband) ist ein Bleibehälter eingebaut, in dem sich eine gewisse Menge radioaktiver Stoffe als γ-Strahlungsquelle befindet. Der Bleibehälter hat oben noch eine enge Öffnung, durch die die γ-Strahlen austreten können. Oberhalb des Bleches, senkrecht über dem Strahler, befindet sich der Detektor für die γ-Strahlung, an den über einen Verstärker das Anzeigegerät angeschlossen ist. Zwischen dem Strahler und dem Meßgegenstand liegt noch ein Absorber, das ist ein in Stufen übereinander gelegtes Blechpaket, das aus dem gleichen Stoff mit der gleichen Ordnungszahl Z bestehen muß. Der Absorber besteht aus Blechstücken unterschiedlicher Dicke und wird so in den

Strahlengang eingeschoben, daß die Dicke des Absorbers mit der Soll-Dicke des Walzgutes gerade eine solche Strahlungsschwächung verursacht, daß sich die Anzeige auf seine Mittellage einspielt. Diese Mittellage hat den Wert „Null“.

Ist das Istmaß des Walzgutes kleiner oder größer als das Sollmaß, kommt mehr oder weniger Strahlung auf den Detektor, der das Meßsignal über eine verstärkende Zwischenschaltung zur Anzeige bringt. Die Skale des Analoganzeigers ist auf die Blechdicke in Millimeter eingemessen. Die Kalibrierung gilt nur für Werkstoffe mit der gleichen Ordnungszahl.

3. Strahlungsquelle

Die Aktivität eines Strahlers wird in Curie (c) gemessen. 1 Curie (1 c) ist dann vorhanden, wenn in einer Sekunde $3{,}7 \cdot 10^{10}$ Atome des Nuklids zerfallen. Dieser Zerfall ist unabhängig von allen Einflüssen, wie

1. Chemische Verbindung,
2. Druck,
3. Temperatur.

Infolge des dauernden Zerfalls von Atomen nimmt die Aktivität der Strahler mit der Zeit ab, und zwar nach einer Exponentialfunktion. Im Bild M.2 ist dieses Nachlassen für einige in Dickenmeßanlagen verwendete Isotope dargestellt. Die Begradigung der Kennlinien wird durch die logarithmische Teilung der Ordinate verursacht. Für die Bestimmung der Nutzungszeitdauer nimmt man bei Isotopen die Halbwertzeit. Das ist die Zeit, in der die Aktivität bis zur Hälfte abgesunken ist. In der Praxis sollte die Halbwertzeit nicht kürzer als ein Jahr sein.

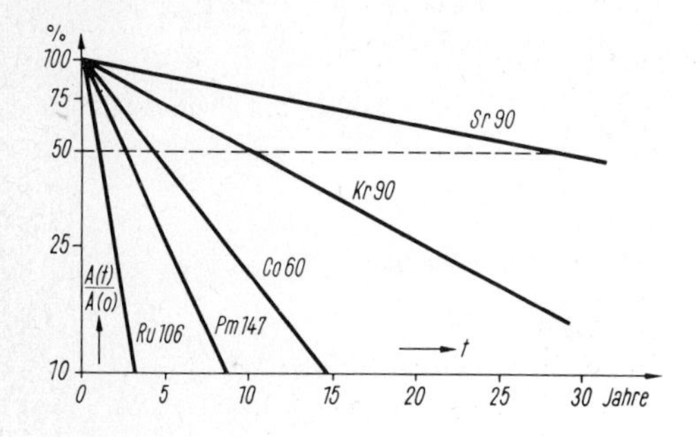

Bild M.2
Zeitlicher Abfall der Aktivität für einige in Dickenmeßanlagen verwendete Radioisotope

Bei den verfügbaren Radioisotopen besteht eine Lücke zwischen dem Anwendungsbereich der hochenergetischen Beta-Strahler und den Gamma-Strahlern, da es keine niederenergetischen Gamma-Strahler mit genügender Halbwertzeit gibt. Deshalb verwendet man einen Beta-Strahler. Wenn dessen Strahlen auf einen inaktiven Werkstoff, einen Schirm (target), fallen, so entsteht beim Abbremsen der Elektronen eine als *Bremsstrahlung* bezeichnete Gamma-Strahlung. Das Targetmaterial, dies sind meist Metalle, wie Titan, Aluminium, Silber und Kohlenstoff, um nur einige zu nennen, ist mit dem Beta-Strahler zu einem Bremsstrahlpräparat vereinigt.

4. Strahlungsaufnehmer oder Detektor

Zum Messen der Strahlungsintensität verwendet man Ionisationskammern. Eine solche Kammer besteht aus einem gasdichten Gehäuse mit Elektroden im gasgefüllten Innenraum. Eine davon, die Saugelektrode, liegt an hoher Gleichspannung, die andere, als Meßelektrode bezeichnet, leitet den Ionisationsstrom zum Verstärker weiter. Die Strahlung dringt durch ein Fenster in die Kammer ein, ionisiert das Füllgas (Argon), wandert durch die Saugspannung weiter und influenziert auf ihrem Wege gleichgerichtete Stromstöße, die sich zum Ionisationsstrom summieren. Dieser ist von der Saugspannung unabhängig, aber steht zu der Intensität des Strahlers in proportionalem Verhältnis. Dieses gilt, wenn die Saugspannung so hoch gewählt ist, daß die Ionisationskammer gesättigt ist.

Im Bild M.3 ist ein Strahlerhalter (unten) mit einem Strahlungsaufnehmer (Detektor) (oben) in einem Kalandergerüst zu sehen.

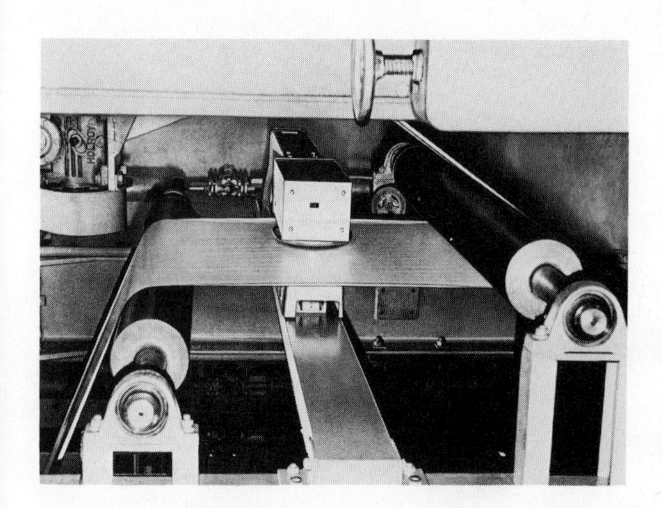

Bild M.3
Strahlerhalter (unten) mit Strahlungsaufnehmer in einem Kalandergerüst

5. Meßschaltung für Dickenmeßanlage

Die Ausgangsgröße der Ionisationskammer ist ein schwacher Gleichstrom, der der einfallenden Strahlung proportional ist. Die engen relativen Fehlergrenzen von 0,5 . . . 1 ‰ können nicht mit einem Ausschlag-Meßverfahren eingehalten werden, sondern nur ein Kompensations-Meßverfahren führt zu einem befriedigenden Erfolg. Das Bild M.4 zeigt die Meßanordnung, die Sollwert-Abweichungsanzeige genannt wird. Hier dient der Sollwert, der den momentanen Istwert als Sollwert-Abweichung zur Anzeige bringt, als Kompensationsgröße.

Vor Jahren wurden noch Schwingkondensator- und Elektrometer-Röhrenverstärker eingesetzt, die jedoch von den Kapazitätsdiodenverstärkern (ähnlich den Ladungsverstärkern für Piezokristall-Meßschaltungen) abgelöst worden sind. Auch hier hat die Elektronik mit ihren Halbleiterbausteinen einen raschen Wandel geschaffen, der sich durch hervorragende Nullpunktkonstanz und geringen Linearitätsfehlern auszeichnet.

Das Bild M.5 stellt eine komplette Dickenmeßanlage dar. Der Meßkopf wandert mit E-Motorantrieb quer über der gesamten Breite des Meßgutes hin und her.

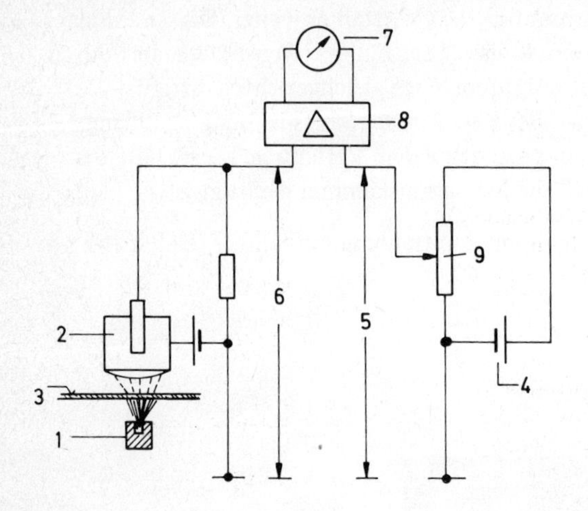

Bild M.4

Sollwert-Abweichungsanzeiger

1 Strahler
2 Strahlungsdetektor
3 Meßgegenstand, Walzgut
4 Normalspannungsquelle
5 Sollwert
6 Meßspannung
7 Anzeige
8 Verstärker
9 Sollwerteinstellung

Bild M.5

Dickenmeßanlage, komplett für Papier- oder Textilgut

Sachwortverzeichnis